生态环境产教融合系列教材

进出口业务操作

主 编：卢 萌

副主编：陈潇伊 刘雪飞 曹 岚 李彦丽 聂延庆

U0251825

中国环境出版集团·北京

图书在版编目（CIP）数据

进出口业务操作 / 卢萌主编. -- 北京：中国环境
出版集团，2024.9. --（生态环境产教融合系列教材）.
ISBN 978-7-5111-5902-1

Ⅰ. F740.4

中国国家版本馆CIP数据核字第2024NZ4929号

责任编辑　宾银平
封面设计　宋　瑞

出版发行　**中国环境出版集团**
　　　　　（100062　北京市东城区广渠门内大街 16 号）
　　　　　网　　　址：http://www.cesp.com.cn
　　　　　电子邮箱：bjgl@cesp.com.cn
　　　　　联系电话：010-67112765（编辑管理部）
　　　　　　　　　　010-67113412（第二分社）
　　　　　发行热线：010-67125803，010-67113405（传真）
印　　刷　北京中献拓方科技发展有限公司
经　　销　各地新华书店
版　　次　2024 年 9 月第 1 版
印　　次　2024 年 9 月第 1 次印刷
开　　本　787×1092　1/16
印　　张　15.25
字　　数　376 千字
定　　价　58.00 元

生态环境产教融合系列教材编委会

（按拼音排序）

主　任：李晓华（河北环境工程学院）

副主任：耿世刚（河北环境工程学院）
　　　　张　静（河北环境工程学院）

编　委：曹　宏（河北环境工程学院）
　　　　崔力拓（河北环境工程学院）
　　　　杜少中（中华环保联合会）
　　　　杜一鸣［金色河畔（北京）体育科技有限公司］
　　　　付宜新（河北环境工程学院）
　　　　高彩霞（河北环境工程学院）
　　　　冀广鹏（北控水务集团）
　　　　纪献兵（河北环境工程学院）
　　　　靳国明（企美实业集团有限公司）
　　　　李印杲（东软教育科技集团）
　　　　潘　涛（北京泷涛环境科技有限公司）
　　　　王喜胜（北京京胜世纪科技有限公司）
　　　　王　政（河北环境工程学院）
　　　　薛春喜（秦皇岛远中装饰工程有限公司）
　　　　殷志栋（河北环境工程学院）
　　　　张宝安（河北环境工程学院）
　　　　张军亮（河北环境工程学院）
　　　　张利辉（河北环境工程学院）
　　　　赵文英（河北正润环境科技有限公司）
　　　　赵鱼企（企美实业集团有限公司）
　　　　朱溢镕（广联达科技股份有限公司）

生态环境产教融合系列教材
总 序

　　引导部分地方本科高校向应用型转变是党中央、国务院的重大决策部署，其内涵是推动高校把办学思路真正转到服务地方经济社会发展上来，把办学模式转到产教融合、校企合作上来，把人才培养重心转到应用型技术技能型人才、增强学生就业创业能力上来，全面提高学校服务区域经济社会发展和创新驱动发展的能力。为推动我校转型发展，顺利完成河北省转型发展试点高校的各项任务，根据教育部、国家发展改革委、财政部《关于引导部分地方普通本科高校向应用型转变的指导意见》（教发〔2015〕7号），《河北省本科高校转型发展试点工作实施方案》等文件精神，特组织编写生态环境产教融合系列教材。

　　我校自被确立为河北省转型发展试点高校以来，以习近平新时代中国特色社会主义思想为指导，坚持立德树人根本任务，坚定不移培养德、智、体、美、劳全面发展的高素质应用型人才；以绿色低碳高质量发展需求为导向，优化学科专业结构，建设与行业产业需求有机链接的专业集群；以产教融合为人才培养主要路径，建立产教融合协同育人的有效机制；以培养高素质应用型人才为根本目标，探索"五育并举"的实现形式，创新产教融合人才培养模式，改革课程体系和教育教学方法，打造高水平"双师双能型"教师队伍，把学校建设成为教育教学理念先进、跨学科专业交叉融合、多元主体协同育人充满活力、服务地方经济社会能力突出、生态环保特色彰显的应用型大学。为深入推进转型发展，切实落实各项任务，确保实现"12333"转型发展目标，学校实行转型发展项目负责制，共包含产业学院建设项目、专业产教融合建设项目和公共课程平台建设项目3类。根据OBE教育理念，构建"跨学科交叉、校政企共育共管、多元协同促教"的产教融合人才培养模式，着眼于建设特色鲜明高水平应用型大学的办学目标，通过实施项目负责制精准推进产教融合。25 个本科专业实现了校企合作办学全覆盖，7 个产业学院、10 个专业和 5 个课程平台投入建设，通过多层次、多渠道与相关行业企业开展实质性合作办学，不断深化产教融合、校企合作，校企协同育人机制初步形成。

编写产教融合教材是转型发展工作中的重要环节，是学校与企业之间沟通交流的重要载体。教材建设团队坚持正确的政治方向和价值导向，将先进企业的生产技术、管理理念和课程思政教育元素融入教材。教材的编写推进了启发式、探究式等教学方法改革和项目式、案例式、任务式企业实操教学等培养模式综合改革；有利于促进人才培养与技术发展衔接、与生产过程对接、与产业需求融合；有利于促进学生自主学习和深度学习。产教融合教材和对应课程依据合作企业先进的、典型的任务而开发，满足学生顶岗实习需求、项目教学需求、企业人员承担教学任务需求。课程开发和教材编写人员组成包含共建实习实训基地项目和创新创业项目人员及顶岗挂职人员，确保教材能够将人才链、创新链、产业链有机融合，为应用型人才培养贡献力量。

前　言

2023 年，我国货物贸易进出口总值达 41.76 万亿元，有进出口记录的外贸经营主体首次超过 60 万家。我国开放的大门越开越大，开放的水平越来越高，需要更多的懂政策、会操作的应用型人才来支撑我国外贸新优势。为了便于广大读者理解进出口业务的基本知识，掌握外贸业务的实际应用技能，特编写本教材。本教材具有以下特点：

1. 产教融合，对接需求

教材以成果导向教育（outcome based education，OBE）理念为指导，将企业工作、案例等要素融入课程开发和教材编写过程，契合应用型人才培养和产业发展的双向需求，精心设计来自产业链岗位的学习项目和典型工作任务，实现与岗位职业标准对接。

2. 项目引领，任务驱动

教材采用"项目引领任务，任务带动操作"的体例，通过任务介绍、任务解析、知识储备、任务操作、项目小结、项目综合实训等环节，做到"教、学、做"一体化。

3. 实境实例，应用为先

教材任务操作环节，以同一企业的进口和出口两笔真实业务贯穿全书，在实境实例中完成体验和操作，同时增加了课后实训和单据，贴近企业需要，提高实战能力，与外贸业务员、国际商务单证员、跟单员等职业紧密结合。

本书既可以作为应用型本科院校的国际经济与贸易、国际商务、市场营销、物流管理等专业的课堂教材，也可作为外贸业务员、国际商务单证员、国际货运代理员等进出口相关业务从业人员的自学读物。

本教材由河北环境工程学院卢萌担任主编，由河北环境工程学院陈潇伊、刘雪飞、曹岚、李彦丽，秦皇岛职业技术学院聂延庆任副主编。昌黎县嘉辉水产食品有限责任公司国际业务部主任李敬伟、秦皇岛市跨境电子商务协会秘书长贾华东为本书提供了大量的操作案例和丰富的实操数据，同时对实训项目的设计、体例提供了技术支持和指导。本教材在编写过程中，参考了大量国内外书刊资料和业界的研究成果，得到了中国环境出版集团的大力支持，在此一并表示感谢。

由于能力与精力有限，书中难免存在不足和疏漏之处，敬请广大读者批评指正。

编　者

目　录

项目一 出口准备工作

出口准备工作充分与否，直接关系到出口业务的成败。出口业务操作之前，外贸业务员首先要熟悉产品、了解市场。要使自己的产品打入国际市场，企业必须了解国际市场，对国际市场进行调研。了解市场之后，开始采用集中有效的途径寻找客户，建立业务关系并达成交易。

任务一 熟悉产品和了解市场

 任务介绍

熟悉产品和了解市场是外贸业务员出口业务工作的起点。只有熟悉商品和了解国内外市场行情之后，才能确定贸易商品，才能在出口磋商中胸有成竹。

 任务解析

一、熟悉产品

熟悉产品相关信息是开展出口业务工作的基础。其工作任务包括：到打样间、生产车间熟悉产品的种类、规格、成分、性质、包装、生产工艺、生产能力等情况；到采购部门了解原材料采购价格和采购渠道等信息；到财务部门了解各项产品的相关财务费用等；在相关行业网站查询各种产品的标准；关注和熟悉各类新产品的情况等。

（一）熟悉产品的途径

1. 专业书籍、专业网站

通过专业书籍补充产品知识的优势主要在于专业书籍通常对于专业知识有较为系统的介绍。但不足也很明显，主要在于：一是容量有限，内容覆盖面相对较窄；二是受印刷成本限制，大多数内容仅限于文字介绍，缺少直观印象；三是内容再整理编辑不易；四是内容通常具有一定的滞后性。专业网站内容相对丰富、信息量较大，但知识零散，不成体系，需要业务员自行整理。此外，网络资源虽然方便，但对于信息真伪及新旧需要业务员有较高的辨别能力。

2. 样品间或工厂

经常深入样品间或工厂来增长自身的产品知识，可以给业务员形象、直观、感性的认识，有助于业务员将原有的书本知识转化为直观印象，对业务员业务能力的提高至关重要。

外贸业务员需要将产品知识的感性认识与抽象认识相结合，不仅要提高自身的业务素质，也要增加专业知识储备。

3. 向老业务员请教

外贸业务员在成长过程中需要老业务员言传身教地传、帮、带，这对业务经验的传承来说有着非常重要的作用。因此，在熟悉产品时，向老业务员请教也是重要的方法之一。

（二）熟悉产品的内容

（1）产品生产过程及工艺：了解产品的生产基本流程、关键生产环节及工艺。

（2）产品专业分类：了解产品的不同分类，明确产品品种，为业务洽谈奠定基础。

（3）产品生产标准及品质标准：了解产品生产需要满足的生产标准及品质标准，包括出口产品需要满足的国内外标准的内容。

（4）产品专业词汇：掌握产品的专业词汇，包括中英文专业词汇。

（三）选择产品的原则

对于新外贸业务员来说，在选择出口产品时，一般要遵循以下几个原则。

1. 选择具有比较优势的产品

首先，外贸业务员应该选择自己在社会资源上有比较优势的产品作为出口产品，要充分利用相关的社会资源。其次，外贸业务员应该选择本国或者本地区具有比较优势的产品，以便在出口时能以较低的成本收购该产品，减少运费、保险费等其他费用，增加产品的竞争力，不宜选择具有比较劣势的产品。

2. 选择易耗品

一般情况下，外贸业务员应该选择易耗品作为出口产品，而不宜选择耐用品作为出口产品。因为易耗品使用寿命短、周期短，需求量较大，其潜在出口贸易量大；而耐用品则相反，使用寿命长、周期长，需求量较小，其潜在出口贸易量就小。

3. 选择远洋产品

根据产品特定消费国家或地区到我国距离的远近，贸易产品分为远洋产品和近洋产品。远洋产品是指销往离我国较远消费国家或地区的产品，如销往非洲、南美洲等国家或地区的产品；近洋产品是指销往离我国较近消费国家或地区的产品，如销往日本、韩国等国家的产品。选择远洋产品的原因是，进口国离我国越远，对我国产品的价格、原材料等相关情况的了解就越难，了解的信息就越少，即交易双方之间信息不对称的程度更大，从而我方在与其谈判时就越有利，利润就更多。近洋产品则相反。

4. 不宜选择价格低、体积特别大的泡货

一般情况下，外贸业务员不宜选择价格低、体积特别大的泡货（如不能套装的空箱等），因为这类商品的运输成本很高。若经营此类商品，容易亏损。

值得注意的是，以上选择产品的原则只是一般情况。在实际业务中，还要依据各地区、各公司、个人等的实际情况而定。

二、了解市场

了解市场要做到：掌握市场信息来源的渠道；了解国内市场情况；对国际市场环境和

国际市场商品情况进行调研。

（一）了解市场的途径

外贸业务员了解国内外市场可以借助多种途径实现：通过网络途径了解信息，如各搜索引擎、各专业网站、第三方平台等；通过各政府部门了解信息，如中华人民共和国商务部、中华人民共和国海关总署、中华人民共和国国家外汇管理局、中国驻外外交机构等部门；通过银行等机构了解信息；通过行业协会等组织了解信息；派调研人员到目标市场进行考察；通过企业在世界各地的销售网点从市场反馈中得到信息。了解市场信息的途径众多，对于不同信息的搜集途径也不同，优秀的业务员要善于利用各种途径来了解市场。

（二）了解市场的内容

1．了解国际市场

外贸业务员在了解国际市场时，应该对国际市场尤其是目标国市场规模、经济环境、政策及法律环境，甚至文化环境进行了解与调研。在此基础上，还需要对目标国市场上商品供给、需求情况进行了解，以做到"知己知彼"。

2．了解国内市场

外贸业务员在了解国际市场的同时，还需要充分了解国内市场。外贸业务员对于国内市场的了解，不仅包括国内同类产品的同类生产企业行情（如生产技术、生产能力、竞争情况等），还包括同类产品的国家标准、国家政策等。

 任务操作

秦皇岛市拥有 162.7 千米海岸线，捕捞作业渔场 1 万千米^2，15 米等深线内浅海增养殖面积 80 万亩[①]，20 米等深线内 310 万亩，滩涂 7.5 万亩，发展水产养殖和加工条件优越。2021 年秦皇岛市有水产品加工企业 44 家，年加工量 30 万吨，年水产品加工总产值 50 亿元，出口创汇 1.8 亿美元，占河北省出口总量的 80%以上。

河北越洋食品有限公司（HEBEI YUEYANG FOOD Co.，Ltd）坐落在秦皇岛，是集水产养殖、深加工、冷藏及进出口贸易于一体的专业化水产公司。公司主营虾夷扇贝、海湾扇贝等系列产品，产品一直深受广大客户的喜爱，产品远销美洲、澳大利亚和亚洲等的 30 多个国家和地区。2023 年 1 月，公司因为业务需要招聘了一名新业务员李伟，从事水产品的出口业务工作。作为新业务员，李伟必须为独立开展出口业务做好充分的准备工作。李伟的工作任务是：通过多种方式熟悉水产品知识，如网络搜索、向老业务员请教、深入样品间或工厂等；通过多种方式了解水产品出口市场等信息。

操作指南

1．通过多种方式熟悉水产品知识

第一步：外贸业务员李伟通过网络搜索水产品的基础知识，重点了解了产品分类、产品生产工艺、产品专业术语等，丰富了自己对产品的了解，经过一段时间的积累，李伟掌

---

① 1 亩≈666.67 米^2。

握了水产品的多种分类。此外，李伟还初步了解了水产品生产的主要工序。掌握产品专业术语，包括中英文专业术语需要一个长期的积累过程，李伟专门准备了笔记本，随时记录遇到的专业词汇。

第二步：外贸业务员李伟还经常与老业务员沟通、向老业务员请教，以进一步掌握水产品生产过程的关键环节，掌握控制产品品质的关键要素，为业务洽谈积累专业知识。

第三步：外贸业务员李伟利用每一次机会深入样品间或工厂，了解产品的生产过程，提高感性认识，使自己对产品的了解进一步增强。深入了解一类或一种产品的专业知识，对业务员来讲是至关重要的，是业务员顺利开展业务的基础。

2. 通过多种方式了解水产品出口市场

第一步：外贸业务员李伟通过网络搜索我国水产品出口的主要目标国。由于接触水产品出口行业时间不久，对水产品出口的主要情况并不了解，所以李伟首先通过商务部网站（http://www.mofcom.gov.cn）了解到水产品主要出口国家为美国、加拿大、韩国。这样，自然也就更多关注这 3 个国家对我国水产品的政策。

第二步：外贸业务员李伟通过网络搜索、向老业务员请教，丰富了自己对不同目标国的情况了解。

例如，韩国，地处亚洲大陆东北部，朝鲜半岛南端，面积为 10.04 万千米^2，北与朝鲜接壤，西与中国隔海相望，东部和东南部与日本隔海相邻。截至 2023 年 6 月，韩国人口约为 5 139.27 万。2018—2022 年，韩国第一产业占 GDP 比重平均为 1.9%，第二产业平均占比为 35.8%，第三产业平均占比为 62.3%。韩国海运比较发达，其 99.7%的进出口物流量通过海运实现。韩国对外贸易法规主要包括《对外贸易法》《外汇交易法》《关税法》以及与贸易有关的个别行政法规等。韩国在农畜水产品方面的进出口商品检验检疫法规有《水产生物疾病管理法》《水产品品质管理法》《农水产品品质管理法》《农水产品原产地标识相关法律》《渔业资源保护法》《畜产品卫生管理法》。[①]韩国饮食由各种蔬菜、肉类、鱼类共同组成。泡菜（发酵的辣白菜）、海鲜酱（盐渍海产品）、豆酱（发酵的黄豆）等各种发酵保存食品以其营养价值和独特的味道而闻名。

通过以上准备工作的完成，李伟深知对目标市场的充分了解是需要花大力气去积累的，也必将是一个长期的过程，在以后的工作中还需要继续努力。

任务二　寻找客户

 任务介绍

"巧妇难为无米之炊"，外贸业务的"米"就是客户的订单。采用各种有效途径寻找客户，是拿到订单、达成交易的前提。外贸业务员开发客户是业务的核心环节。

---

① 商务部对外投资和经济合作司、商务部国际贸易经济合作研究院、中国驻韩国大使馆经济商务处：《对外投资合作国别（地区）指南　韩国 2023 年版》。

任务解析

一、寻找进口商的主要渠道

寻找进口商的渠道主要有：贸易促进机构；批发商名录；黄页（电话簿中的商业名录部分）；海外经商处；市场调查；商会；专业交易会；进口商协会；商业洽谈服务及其网页。

二、客户搜寻调查的重要性

搜寻潜在客户是销售的第一步，在很大程度上决定着今后的目标与方向。在销售工作的第一阶段，如果方向选择错误，将不得不面对失败，这是搜寻潜在客户重要性的原因所在。

正所谓："先做正确的事，再正确地做事。"

 知识储备

一、寻找境外客户

（一）建设公司网站，以吸引客户

为了使目标市场上的潜在客户能够比较全面地了解公司的整体情况，外贸企业应该在网络上建立一个自己企业的主页，包括中文、英文两种版本，内容应包括企业介绍和产品介绍。

企业介绍包括公司的经营范围，经营方式，经济实力，公司的名称、地址、电话、传真、网址、电子邮箱等。

产品介绍包括每种产品的名称、规格、编号、报价、产品标准等，最好附有产品照片。

（二）参加各类交易会或博览会

随着对外经济交往的增加，各种交易会或展览会已成为外贸企业获取商机的重要途径。

在展览会中，来自各方面的同行、买主、卖主、投资者等相聚一堂，彼此交流，不仅做成了生意，而且还调查了市场，获得了新信息，得到了新启发；同时，也客观地检验了自己的产品；多种益处同时集中在几天内获得，可成倍提高经济效益，大大降低成本。参加国际贸易展览会是企业产品扩大出口的重要手段，同时也是走向国际化的最佳途径。我国针对不同种类的商品开展的各类展会众多，其中以中国进出口商品交易会（广交会）最具代表性，其规模较大，涉及交易的商品种类繁多。

广交会由商务部及广东省人民政府主办，由中国对外贸易中心承办，覆盖工业品、水产品、医药保健品、日常消费品、礼品等五大类商品，每年举办两届，即春交会（每年4月中下旬举行）、秋交会（每年10月中下旬举行），有"中国第一展"之称。

当然，国外也有形形色色的商品交易会，但无外乎是为全球的采购商与供应商提供一个面对面的接触机会。

（三）利用企业名录

企业名录能够提供众多企业的基本信息，为外贸业务员寻找客户提供了方便。主要企业名录如北美制造企业名录（https://www.thomasnet.com）、欧洲黄页（https://www.europages.cn）等。外贸业务员在搜集和整理企业名录信息时，需要注意企业名录发布平台的调整更新。

（四）利用网络资源

外贸业务员应该充分利用网络资源开发客户，各国各地区均有大量网络平台为世界范围的贸易行为提供便利。包括：①社交媒体：利用如 Youtube、LinkedIn、Instagram、TikTok、Facebook 等社交媒体平台进行客户开发。②搜索引擎：应用谷歌、Bing 等浏览器工具进行客户背景调研，写开发信或打电话进行开发。③海关数据/B2B leads：购买进出口海关数据/B2B leads 来协助开发客户。④B2B 平台：在阿里巴巴国际站、环球资源、中国制造发布产品，等待客户的询盘。

（五）广告宣传

国际广告具有联系客户、实现企业目标的重要作用，是企业在国际市场上建立品牌形象和成功销售的重要手段。

（六）其他方法

外贸业务员还可以通过以下方法寻找境外客户。

（1）通过有关银行或咨询机构获取进口商资料。

（2）通过国内外的贸易促进机构或友好协会介绍客户。

（3）通过我国驻外使领馆商务处或外国驻华使领馆介绍合作对象。

（4）与国际经济组织、国外商业情报机构、研究机构、咨询公司、数据库建立经常联系，获得专项产品的市场报告。

（5）到客户所在市场/所在国家去拜访客户，考察市场。

二、选择合格的供应商

选择合格的供应商，主要从以下几个环节进行考虑。

（一）核实企业法人登记注册情况

第一步：审核企业登记注册材料。它主要包括：盖公章的企业营业执照复印件（并已办理当年度年检）、盖公章的企业税务登记证复印件（并已办理当年度年检）、企业法人代码证书经营许可证、商标注册证明、代理、经销商的代理、经销许可（授权书）、企业开户行资料、盖公章的增值税发票复印件。

第二步：审核材料的真实性。拿到上述材料后，可以到供应商所在地工商局或者通过登录国家企业信用信息公示系统（https://shiming.gsxt.gov.cn/）查询企业信息。

第三步：审核登记注册指标。其主要指标有企业法人名称、住所、经营场所、法定代表人姓名、经济性质（注册类型）、经营范围、经营方式、注册资本、实收资本、从业人数、成立时间、营业期限、分支机构等。

（二）解读供应商、生产企业财务审计报告

企业财务危机或失败不仅会给企业自身带来困境，而且会给各债权方、采购商带来损失。因此，需要对供应商、生产企业财务审计报告进行正确的解读。依据我国现行的法律法规，财务会计报告编完后，必须有注册会计师依法进行审计。

注册会计师出具的审计报告一般为简式审计报告，有标准格式，分为以下 4 种类型。

（1）无保留意见审计报告：表明公司报表的可靠性较高。

（2）保留意见审计报告：注册会计师经过审计之后，承认已审计单位会计报表，从整体来说，是公允的，但对个别的重要会计事项持保留意见。

（3）否定意见审计报告：说明公司的报表无法被接受，其报表已失去报表的价值。

（4）拒绝表示意见审计报告：注册会计师在审计过程中，由于受到种种限制，不能实施必要的审计程序，无法对会计报表整体发表审计意见。拒绝表示意见的审计报告说明公司经营中已出现重大问题，报表基本不能用。

（三）了解企业生产、经营能力及经营条件

在商务情报有限的情况下，如何正确判断一个企业的真实经营情况，落实好订单，保证按时、按质交货，对企业来讲就显得更重要了。

虽然可以从被调查企业的营业执照、财务审计报告、损益表、资产负债表等财务报表中定量分析企业生产、经营能力及经营条件，但仍不能就此做出企业生产、经营能力及经营条件状况好坏的结论，还需要更精确的分析和判断。

了解企业全年生产经营情况，包括工业企业生产、经营能力指标；批发和零售业企业经营能力指标。

核实企业生产经营条件，包括企业生产设备、经营场地、从业人员、质量管理情况、环保和安全情况、技术能力情况、企业内部经营管理能力等。

（四）测算企业实际生产能力

学会计算分析企业的生产能力，检查企业生产能否按期、保质、保量交货。

1．理想产能计算

假定所有的机器设备完好，每周工作 7 天，每天工作 3 班，每班工作 8 小时，其间没有任何停机时间，在此假设条件下计算的产能即为理想产能。

2．计划产能计算

计划产能根据企业每周实际工作天数、排定的班次及每班次员工工作时间来确定。

3．有效产能计算

有效产能是以计划产能为基础，减去因停机和产品不合格率所造成的标准工时损失。产品不合格的损失，包括可避免和不可避免的报废品的直接工时。

4．对企业生产能力不足的对策

当发现企业生产能力不足，不能保证订单按时交货时，为了保证交货期，业务员必须要求企业或生产部门采取以下措施。

（1）延长工作时间，由一班制改为两班制、三班制，或延长员工工作时间。

（2）增加机器设备台数，延长开机时间。

（3）增加其他车间生产支持，或将部分生产任务拨给其他车间承担。

（4）调整生产计划，将部分生产向后推。

（5）将部分产品进行外包生产。

（6）增加临时用工。

（7）产能长期不足时，应增加人员和机器设备。

任务操作

河北越洋食品有限公司新招的业务员李伟为寻找客户做准备。

操作指南

本次的任务主要包括：①邮件开发客户，英语函电首先要练好；②展会上努力锻炼自己，让外国客户多了解自己的产品；③注册 B2B 网站，有询盘时，认真对待报价；④建立自己的社媒平台账号，方便和客户交流。

项目小结

企业出口前，做好出口准备工作十分重要。

第一，进行国际市场商品情况调研，主要包括：①市场商品供给情况（商品供应的来源、渠道，其他生产厂家、生产能力、数量及库存，替代品和互补品的分析）；②市场商品需求情况（客户对商品的要求，客户购买方式、购买动机和禁忌偏好，客户需求的旺季和淡季、消费水平）；③市场商品价格情况（国际市场商品的价格、价格与供求变动的关系）。

第二，寻找客户。通过多种方式开发客户，在交易前，应对客户的资信情况进行全面调查，分类排列，选出成交可能性最大的合适客户。在寻找客户时，既要注意巩固老客户，也要寻找新客户，以便在广阔的国际市场上，形成一个广泛的、有活力的客户网。

项目实训

操作实训一：熟悉产品、了解市场

（1）选择一个产品，对该产品的原材料、工艺、成本、性能、产量、规格及包装方式、价格、用途、最终使用场所和二次开发的可能性进行调查。

学习中可借助的资料有百度搜索、Google、维基百科（wikipedia）、各种行业论坛、工厂提供的资料等。

网上查资料进行初步了解，再询问工厂的技术人员和负责人，最终得出正确的答案。

（2）通过多种方式了解出口市场。

汇总调查上述产品的出口市场等信息。

操作实训二：开发客户

作为新业务员，必须为独立开展出口业务做好充分的准备工作，在熟悉产品和产品市场后，新的工作任务是通过多种方式开发新客户。

假如你是一名新的外贸业务员，你会如何开发新客户？

操作实训三：查找下列网站及内容

在进出口业务中可能涉及下列内容，登录并查看相关内容。

反倾销、反补贴案件查询 https://cacs.mofcom.gov.cn/cacscms/dcz/ckdcz

中国国际贸易促进委员会原产地证书查询 http://check.ecoccpit.net

海关原产地证书查询 http://origin.customs.gov.cn

出口退税率查询 http://hd.chinatax.gov.cn/nszx/InitChukou.html

海关编码查询 http://wmsw.mofcom.gov.cn/wmsw/toolBox/codeContrast

进出口税率查询 http://wmsw.mofcom.gov.cn/wmsw

进出口信用信息查询 http://credit.customs.gov.cn/ccppwebserver/pages/ccpp/html/ccppindex.html

海运价格走势查询 https://fbx.freightos.com

海关出口数据统计情况查询 http://www.customs.gov.cn/customs/302249/zfxxgk/2799825/302274/302277/4185050/index.html

各国技术法规与准入标准查询 http://www.tbtsps.cn

出口商品技术指南 http://www.mofcom.gov.cn/article/ckzn/index.shtml

各国节日查询 https://www.timeanddate.com/calendar

中国银行汇率查询 https://srh.bankofchina.com/search/whpj/search_cn.jsp

国际快递查询 https://www.track-trace.com

项目二 出口报价核算与发盘

在国际贸易中,出口报价核算占有十分重要的地位,它是贸易磋商和合同订立的基础。出口报价核算工作的好坏,直接影响合同的履行,关系到买卖双方的经济利益。在出口报价前,出口企业要对国外客户的资信和贸易障碍进行深入调查。

任务一 调查客户资信和贸易障碍

任务介绍

在出口交易前,出口方必须通过各种有效途径搜集市场资料,包括国外市场供求状况、价格动态、政策法律和贸易习惯等,以便选择适当的目标市场。目标市场范围确定后,出口方通过各种途径对客户的政治文化背景、资信情况、经营范围、经营能力和经营作风等进行调查,进而选择交易对象。

任务解析

为防范信用风险,出口方可充分利用我国驻外使领馆、银行、国内商务机构、互联网、交易会、博览会、洽谈会和派出国代表团、专业资信调查机构,也可通过客户所在国的工商机构、商会、贸易协会等多种途径调查客户资信和所在国(地区)贸易障碍。

知识储备

一、调查客户资信

(一)资信调查的途径

1. 出口方利用国内往来银行向客户的往来银行调查客户资信。这种调查常是事先拟好文稿,附上调查对象的资料,寄给往来银行的资信部门。

2. 出口方直接向对方的往来银行调查,即出口企业直接将文稿和调查对象的资料寄给对方的往来银行进行调查。

3. 出口方通过国内的咨询机构调查客户资信。

4. 出口方通过国外的咨询机构调查客户资信。国外有名的资信机构,不仅组织庞大、效率高,而且其调查报告详细、准确。

5. 出口方通过国外商会调查客户资信。

6. 出口方通过本国驻外商务机构调查客户资信。

7. 出口方通过国外的亲友调查客户资信。

8. 出口方由对方来函自己判断调查客户资信。

9. 出口方要求对方直接提供资信资料。

（二）资信调查的内容

1. 企业的基本情况。买方企业的组织情况包括企业的组织性质、创建历史、主要领导人员、分支机构、英文名称。出口方可以从政府公司注册机构、劳工组织、税务机关、银行、信用评估机构获取相关资料，资料主要包括公司注册时间、地点、法人代表、股东名单、公司资金往来、贷款、债务余额、交税及退税额、经营范围等。

2. 品格和道德。贸易往来对象诚实可靠是交易成功的基础。在国际贸易中，不可靠的贸易对象，意味着拒收货物、信用证与合同不符、拒付货款等风险的增加。

3. 贸易经验。一个具有国际贸易经验的贸易对象至关重要。

4. 资信情况。买方的资信情况包括其资金和信用两个方面。资金指的是企业的注册资金、实收资金、其他财产及债务的情况等。信用是指企业的经营作风、履约守信等情况，这些情况是出口方做出经销、代理、独家包销、寄售等业务决定的重要参考。通过银行调查客户资信是一种常见的资信调查方法。在国内，这种资信调查一般是委托中国银行进行，由中国银行借助国外的分支机构或其他往来银行在当地进行调查。

5. 经营范围。调查买方的经营范围也是比较重要的，同时还要调查经营的性质，如代理商、零售商、批发商、实际用户等。

6. 经营能力。它是指买方每年的经营金额、销售渠道、贸易关系、经营做法等。

7. 往来银行名称。出口方了解买方往来银行的名称、地址同样重要。

（三）资信调查工作的要求

资信调查工作是信用风险管理工作的重要组成部分，资信调查工作的结果是其他决策的重要依据。出口企业做好资信调查工作，应该注意以下几点：

1. 企业应根据自身特点，制定企业资信调查制度。

2. 企业应重视资信调查途径的可靠性与科学性，提高资信调查人员的专业素质。

3. 企业要建立资信调查长效机制，将资信调查工作持续下去。

4. 企业资信调查工作要细致，要根据调查目标科学选择调查监测指标。

二、调查贸易障碍

在客户资信情况较好的情况下，出口方外贸业务员还要调查被磋商商品于客户所在国和本国是否存在贸易障碍。

（一）客户所在国的贸易障碍

1. 客户所在国的贸易障碍情形

客户所在国的贸易障碍情形主要包括：①被磋商商品在客户所在国正接受反倾销调查或已被征收反倾销税；②被磋商商品在客户所在国存在绿色壁垒等其他贸易壁垒；③被

磋商商品在客户所在国存在特殊的技术要求等。

2．客户所在国的贸易障碍对策

在前述 1 中第①种情形下，出口方一般选择放弃；在第①、第②种情形下，除非出口企业非常有把握达到客户所在国对该商品的各项要求，否则一般也应放弃。

（二）本国的贸易障碍

2020 年 12 月 1 日起正式实施的《中华人民共和国出口管制法》，适用于两用物项、军品、核以及其他与维护国家安全和利益、履行防扩散等国际义务相关的货物、技术、服务等物项的出口管制。根据《中华人民共和国出口管制法》，出口管制是指国家对从中华人民共和国境内向境外转移管制物项，以及中华人民共和国公民、法人和非法人组织向外国组织和个人提供管制物项，采取禁止或者限制性措施。出口企业可到中华人民共和国商务部中国出口管制信息网（http://exportcontrol.mofcom.gov.cn/index.shtml），查询出口管制商品信息。

1．对外贸易法或其他法律、行政法规规定禁止出口的商品

凡列入国家公布的禁止出口货物、技术目录以及其他法律、法规明令禁止或停止出口的货物、技术，任何对外贸易经营者都不得经营出口。

2．限制出口的商品

限制出口的商品包括限制出口货物和限制出口技术两类。

（1）限制出口货物

限制出口货物方式包括出口配额限制和出口非配额限制。

我国目前出口配额限制可分为两种管理形式，即出口配额许可证管理和出口配额招标管理。出口配额许可证管理是指国家对部分出口商品，在一定时期内规定出口数量总额，经国家批准获得配额的允许出口，否则不准出口的配额管理措施。出口配额招标管理是指国家对部分出口商品，在一定时期内规定出口数量总额，采取招标分配的原则，经招标获得配额的允许出口，否则不准出口的配额管理措施。其目的是增加经营者的出口成本，防止低价无序竞争，导致进口国的反倾销措施。这两种方式都是以规定绝对数量的方式来实现限制出口目的，申请者或中标者在取得配额证明后，凭配额证明申领出口许可证。

出口非配额限制是国家对限制出口货物采取的一种非数量控制措施。出口非配额限制是指在一定时期内根据国内政治、军事、技术、卫生、环保、资源保护等领域的需要，以及为履行我国所加入或缔结的有关国际条约规定，以经国家各主管部门签发许可证件的方式来实现各类限制的出口管理措施。目前，出口非配额限制主要包括出口许可证、濒危物种、两用物项出口以及军品出口等许可管理。

（2）限制出口技术

限制出口技术在政策上通常与限制进口技术一同出现，因此，本部分内容将两者合并来讲，即限制进出口技术。限制进出口技术实行目录管理。国务院对外贸易主管部门会同国务院有关部门，制定、调整并公布限制进出口的技术目录。属于目录范围内限制进出口的技术，实行许可证管理；未经国家许可，不得进出口。凡列入《中国禁止进出口限制进出口技术目录》《两用物项和技术进出口许可证管理目录》的技术，进出口经营者必须办理相关技术进出口许可证件，否则将承担由此而造成的一切法律责任。

由于贸易管制是国家对贸易的综合管制，所涉及的管理规定繁多，进出口管理证件的发放部门也不尽相同。进出口商在申领进出口证件时，可以参照表 2-1 向相关机构办理。值得注意的是，该表会有变动，进出口商要随时关注每年海关总署发布的信息。

表 2-1 2024 年进出口监管证件代码一览表

许可证或批文代码	监管证件名称	发证机构
1	进口许可证	商务部及其授权发证机关
2	两用物项和技术进口许可证	商务部及其授权发证机关
3	两用物项和技术出口许可证	商务部及其授权发证机关
4	出口许可证	商务部及其授权发证机关
5	纺织品临时出口许可证	商务部及其授权发证机关
6	旧机电产品禁止进口	商品编码后有此代码的商品，其旧产品禁止进口
7	自动进口许可证	商务部及其授权发证机关
8	禁止出口商品	商品编码后有此代码的商品禁止出口
9	禁止进口商品	商品编码后有此代码的商品禁止进口
A	入境货物通关单	国家市场监督管理总局
B	出境货物通关单	国家市场监督管理总局
D	出/入境货物通关单（毛坯钻石用）	国家市场监督管理总局
E	濒危物种出口允许证	国家濒危物种进出口管理办公室或其办事机构
F	濒危物种进口允许证	国家濒危物种进出口管理办公室或其办事机构
G	两用物项和技术出口许可证（定向）	商务部及其授权发证机关
I	精神药物进（出）口准许证	国家药品监督管理局
J	金产品出口证或人总行进口批件	中国人民银行
O	自动进口许可证（新旧机电产品）	商务部及其授权发证机关
P	进口废物批准证书	生态环境部
Q	进口药品通关单	国家药品监督管理局及其授权机构
S	进出口农药登记证明	农业农村部
T	银行调运外币现钞进出境许可证	国家外汇管理局和中国人民银行
U	合法捕捞产品通关证明	农业农村部渔业渔政管理局
W	麻醉药品进出口准许证	国家药品监督管理局
X	有毒化学品环境管理放行通知单	生态环境部
Z	进口音像制品批准单或节目提取单	文化和旅游部
e	关税配额外优惠税率进口棉花配额证	商务部及其授权发证机关
r	预归类标志	直属海关
t	关税配额证明	商务部及其授权发证机关

 任务操作

河北越洋食品有限公司是一家流通型外贸企业，新招聘了外贸业务员李伟。2023 年 3 月 12 日，李伟收到来自韩国新客户 OCEANS Co., Ltd.的电子邮件，内容如下。

Dear Sirs,

We are very interested in your FROZEN RAW SCALLOP MEAT，which is 8~10 capsules/LB. Please quote us the price based on CFR Busan and L/C 120 days after sight.

Meanwhile，please mail a sample of the FROZEN RAW SCALLOP MEAT by DHL as soon as possible. We will pay the express charge via DHL Account No. 966769888.

Looking forward to hearing from you.

Yours sincerely,

SMITH

李伟通过中国银行秦皇岛分行在韩国釜山的往来银行调查客户 OCEANS Co.，Ltd.的资信及贸易障碍。

操作指南

1．客户资信调查

李伟通过中国银行秦皇岛分行在韩国釜山的往来银行对 OCEANS Co.，Ltd.进行资信调查获知，该公司是信用等级为 A、规模中等、专门经营海产品的进口商。从资信调查结果看，OCEANS Co.，Ltd.是一个比较值得信赖的进口商。资信调查申请书如下。

<table>
<tr><td colspan="5" align="center">资信调查申请书</td></tr>
<tr><td colspan="3">致：中国银行秦皇岛分行</td><td colspan="2">日期：_____</td></tr>
<tr><td colspan="3">兹委托贵行对下述对象作资信调查：</td><td colspan="2">编号：_____</td></tr>
<tr><td rowspan="4">调查对象</td><td>国外客户全称
（中英文）</td><td colspan="3">韩国 OCEANS 公司
OCEANS Co.，Ltd.</td></tr>
<tr><td>地址
（中英文）</td><td colspan="3">韩国首尔市江城区马都港区 6 路
6-RO，GANGSEO-GU，SEOUL，REPUBLIC OF KOREA</td></tr>
<tr><td>电传号</td><td>82-2-3151-1896</td><td>电话</td><td>82-2-3151-1896</td></tr>
<tr><td>往来银行
名称及账号</td><td>WOORI BANK LOS ANGELE 2001930345589415</td><td>电 传</td><td>82-2-3151-2000</td></tr>
<tr><td colspan="2">调查内容及目的</td><td colspan="3">企业经营能力、资金状况、商业信誉等</td></tr>
<tr><td colspan="2">调查方式</td><td>你行　Y　电询　函询</td><td colspan="2">代理行 Y 电复 函复</td></tr>
<tr><td colspan="2">委托须知</td><td colspan="3">1．银行对调查结果的真实性不负任何责任。
2．你行对调查过程中邮电、通信造成的延误、丢失以及代理行的延误或不回复概不负责。
3．委托人同意支付银行有关费用（包括你行费用和国外行可能收取的外币费用）。
4．委托人保证对调查内容保密，并保证对由此引起你行蒙受的一切损失负全部责任。</td></tr>
<tr><td rowspan="4">委托单位</td><td>全称及地址</td><td colspan="3">河北越洋食品有限公司（HEBEI YUEYANG FOOD Co.，Ltd.）</td></tr>
<tr><td>开户行
及账号</td><td colspan="3">中国银行秦皇岛分行
10510120190356</td></tr>
<tr><td>联系人</td><td align="center">李伟</td><td>电话</td><td>1354792××××</td></tr>
<tr><td colspan="4" rowspan="2" align="center">银行审核意见

经办　　日期</td><td>委托单位签章</td></tr>
<tr><td>负责人：　　日期</td></tr>
</table>

2. 贸易障碍调查

在进行资信调查的同时，外贸业务员李伟还进行了如下的贸易障碍调查：首先，他对客户欲购的冷冻生扇贝肉（雪花带子）进行归类，确定其海关编码。接着，李伟查询中华人民共和国海关总署官网，得知该商品属于法定检验商品，其出口需向出入境检验检疫机构办理报检。企业出口报关时需提供出境货物通关单。出口退税率为 9%。其次，李伟调查发现，冷冻生扇贝肉出口到韩国，没有贸易限制。

任务二　拟写建交函

任务介绍

企业通过各种渠道找到国外客户后，须先对客户资信情况进行调查，然后考虑选择客户并与之建立业务联系。建立业务联系是交易的基础，草拟建立业务联系的信函是每个外贸业务人员必须掌握的技能。

任务解析

国际贸易中，买卖双方业务关系的建立，往往是由交易一方通过主动向对方写信、发传真或 E-mail 形式进行。一笔具体的交易往往始于出口商主动向潜在客户发函建立业务关系。

知识储备

就标准规范的层次而言，建立业务关系的信函一般应包括如下内容。

一、开头部分

1. 信息来源，即说明如何取得对方的资料，如通过他人介绍、网上信息等。
2. 言明去函目的，如扩大交易或地区、建立长期业务关系等。

二、介绍部分

介绍部分应能调动对方的兴趣，让对方对本公司的基本情况和产品情况有大致的了解，一般可以从以下几个方面进行介绍。

1. 本公司基本情况介绍，主要包括公司性质、业务范围、宗旨、公司经营优势等。
2. 公司产品介绍。出口方在明确对方需求的情况下，其宜选取某类特定产品，进行具体的推荐；出口方不明确对方需求时，其宜对企业产品整体情况（质量标准、价格、销路等）作笼统介绍，可能的情况下，附上商品目录、报价单或另寄样品供对方参考。

三、结尾部分

信函结尾部分通常包括希望对方给予回应、下订单或告知意见并表示敬意等语句。

任务操作

针对 OCEANS Co.，Ltd.的来函，李伟给对方发一份 E-mail，并寄一套产品最新目录。下面是公司的有关情况介绍。

河北越洋食品有限公司是生产型外贸企业，主要经营虾夷扇贝、海湾扇贝等系列产品进出口业务。公司产品一直深受广大客户的喜爱，产品远销美洲、澳大利亚和亚洲等 30 多个国家和地区。公司拥有经验丰富的专业人员、品质管理人员及国际贸易人员，并于 2019 年通过最佳水产养殖规范（best aquaculture practices，BAP）认证，公司产品工艺的高品质以及持续改进，保证了货源质量。

操作指南

根据上述资料，可以从以下三个方面着手写建交函。

1. 建交函开头部分，说明河北越洋食品有限公司从网上得知对方公司求购冷冻生扇贝肉，并说明去函目的是想在互惠互利、共同发展的基础上与对方建立业务联系。

2. 建交函介绍部分首先要说明河北越洋食品有限公司的情况：本公司是生产型外贸企业，主要经营海产品进出口业务，公司拥有经验丰富的专业人员、品质管理人员及国际贸易人员，可确保稳定的货源及质量。其次，说明公司的产品情况：公司经营各类海产品的出口业务，包括虾夷扇贝、海湾扇贝等系列产品。公司产品远销美洲、澳大利亚和亚洲等的 30 多个国家和地区，并附上产品最新目录等。

3. 建交函结尾部分主要希望对方早日回应并表示敬意等。

Dear Sir or Madam，

We learned from the Internet that you are in the market for FROZEN RAW SCALLOP MEAT，which just fall into our business scope．We are writing to enter into business relations with you on a basis of mutual benefits and common developments．

Our corporation，as a production oriented foreign trade organization，deals in the import and export of relevant products for seafood．We have a Seafood Products Department，which specialize in the export of various kinds of seafood including shrimp scallop，bay scallop and other products．Our products are exported to over 30 countries and regions including the Americas，Australia，and Asia．

Enclosed is our latest catalogue on FROZEN RAW SCALLOP MEAT，which may meet with your demand．If there isn't，please let us know your specific requirements．We can also produce according to your designated styles．

It will be a great pleasure to receive your inquiries against which we will send you our best quotations．

We are looking forward to your prompt reply．

Yours faithfully，

HEBEI YUEYANG FOOD Co.，Ltd.

LI WEI

任务三 打样与寄样

 任务介绍

出口方在调查客户资信和贸易障碍的同时，其外贸业务员应该向相应产品合作过的供应商索取样品或要求打样（若为新产品），然后按照客户要求尽快寄样。样品是指从一批商品中抽取出来或由生产、使用部门设计、加工，可以反映和代表整批商品品质的少量实物。样品代表企业的商品品质，外贸业务员要重视样品的相关工作。

 任务解析

在外贸交易中，打样与寄样工作是客户了解货物品质最直观的方式。打样与寄样的主要步骤为：第一，明确自己公司的打样与寄样原则；第二，判断是否需要打样与寄样；第三，考虑打样与寄样费用；第四，打样；第五，寄样。

 知识储备

一、样品的作用

1. 样品代表产品的品质

样品是整批商品品质的代表。交易各方凭样品买卖时，样品的品质就是卖方交付货物的品质依据。卖方交付的货物与样品的品质如果不同，则要承担违约责任。

2. 样品代表企业的形象

样品的处理过程是买方了解卖方公司业务水平、服务质量的一个有效窗口。外贸业务员不能忽视样品的处理。样品的妥善处理与否，直接决定着交易的成败。

3. 样品决定交易价格

按质论价是商品经济的基本原则，凭样品买卖，就是依据样品的品质来确定商品的成交价格。

4. 样品是对生产企业生产能力的检验

样品是产品生产工艺、生产工序和生产效率的确认，是生产企业生产能力的检验。

5. 样品是验货和索赔的依据

样品是商品品质的标尺，买方验货的一项重要内容即是衡量卖方所交货物品质是否与样品品质相同。在交易双方发生争议时，样品是交易一方索赔的依据。

二、样品的种类

1. 原样

原样（original sample）是指卖方所提供的能充分代表日后整批交货品质的少量实物，也称代表性样品（representative sample）或标准样品（type sample）。

2. 复样

复样（duplicate sample）是指卖方向买方送交样品时，卖方留存的一份或数份同样的样品，也称留样。

3. 对等样品

对等样品（也称回样、确认样品）（counter/return sample）是卖方根据买方来样仿制或从现有货物中选择品质相近的样品提供给买方，以供买方确认的样品。

4. 测试样

测试样（test sample）是卖方交由买方客户的用于测试检验卖方产品品质的样品。如果样品测试结果不能达到客户的要求，客户可能不会下单订货。

5. 修改样

修改样（modified sample）是指买方对样品的某个方面提出修改，卖方修改后又重新寄回买方确认的样品。

6. 确认样

确认样（approved sample）是指买卖双方认可、最后经买方确认的样品。

7. 产前样

产前样（pre-production sample）是指生产之前需寄客户确认的样品。

8. 生产样

生产样（production sample）是大货生产中的样品。

9. 出货样

出货样（shipping sample）也称船样，是产品已经做好准备出货之前的样品。

10. 封样

封样（sealed sample）是指由第三方或由公证机关在一批货物中抽取同样质量的样品若干份，每份样品采用铅丸、钢卡、封条等方式加封识别，由第三方或公证机关留存一份备案，其余供当事人使用的样品。

 任务操作

河北越洋食品有限公司的外贸业务员李伟 2023 年 3 月 12 日收到韩国 OCEANS Co., Ltd.的询盘后，立即通知公司生产部按照韩国客户的要求打样并核算报价。产品相关信息如下：CNY 46/千克（含税价），增值税率为 13%，每个塑料袋装 0.5 千克产品，20 个塑料袋装 1 个出口纸箱。纸箱尺寸为 60 厘米×40 厘米×40 厘米，每箱毛重为 10.97 千克，净重为 10 千克。公司月生产能力为 60 000 千克，最低起订量为 20 000 千克。公司要求买方交货时付款，工厂交货。李伟给公司生产部的通知书如下。

2023 年 3 月 13 日，李伟收到生产部的样品，并通过 DHL 把一件样品寄给韩国的 OCEANS Co., Ltd.，该样品为测试样，样品邮寄运费到付。另一件样品本公司留存，并标注留样的货号/款式号、寄送日期、客户名称、快递单号等信息，以便日后与客户联系时用。考虑到两件样品的货值不高，公司同意免费提供样品。

河北越洋食品有限公司

HEBEI YUEYANG FOOD Co.，Ltd.

NO.　73 HEBEI ROAD，QINHUANGDAO，P.R.CHINA

中国秦皇岛市河北路 73 号

TO：河北越洋食品有限公司生产部

　　我部接一国外客户关于雪花带子询价函，规格：8～10 粒/磅。希望能在两天内提供样品，同时要注明包装方式、包装尺寸、毛净重、月生产能力和最低起订量等详细信息。

　　盼复！

此致

　　敬礼

李伟

2023 年 3 月 12 日

任务四　核算出口报价

 任务介绍

　　商品价格是买卖双方磋商谈判的焦点。影响商品价格的主要因素包括商品的品质、包装、交易数量、付款方式和付款时间、运输、保险、季节、相关政策、汇率风险、目标利润率等。在核算出口报价时要充分考虑上述因素的影响。

 任务解析

　　核算出口报价的流程如图 2-1 所示。

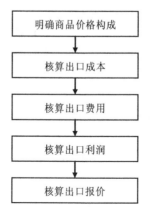

图 2-1　核算出口报价的流程

知识储备

一、出口报价的基本原则和主要方式

1．出口报价的基本原则

出口报价的基本原则是，报价者要通过反复比较和权衡，尽可能找出报价者所得利益与该报价被接受的成功率之间的最佳结合点。

2．出口报价的主要方式

出口报价的主要方式有高价报价法与低价报价法。

二、出口报价核算

出口报价核算一般包括明确商品价格构成、核算出口成本、核算出口费用、核算出口利润和核算出口报价 5 个步骤。为了方便核算和表述，没有特别说明的情况下，书中所提到的各项核算指标都是指单位商品的指标。

（一）明确商品价格构成

明确商品价格构成是出口报价核算的前提。商品价格主要有以下 4 种：离岸价格，也称船上交货价格（free on board，FOB 价）；成本加运费价格（cost and freight，CFR 价）；成本加保险费加运费价格（cost insurance and freight，CIF 价）；运费及保险费付至价格（carriage and insurance paid to，CIP 价）。不同的商品价格构成，有不同的出口报价核算公式，具体如下：

$$FOB 价=出口成本+国内费用（+佣金）+出口利润$$
$$CFR 价=出口成本+国内费用+国外运费（+佣金）+出口利润$$
$$CIF 价=出口成本+国内费用+国外运费+国外保费（+佣金）+出口利润$$

（二）核算出口成本

出口成本也称实际成本，是外贸业务员出口报价考虑的最基本因素。在我国现行外贸制度下，要准确地对外报价，就必须区分企业成本核算的两个概念。

1．采购成本

$$增值税额=货价×增值税率$$
$$采购成本=货价+增值税额$$
$$=货价×（1+增值税率）$$

2．出口成本

$$出口成本=采购成本-出口退税额$$
$$出口退税额=货价×出口退税率$$
$$=采购成本÷（1+增值税率）×出口退税率$$

（三）核算出口费用

出口费用有两种核算方法：一是经验核算法，即根据企业经营状况和管理规定，按采购成本的一定比例（出口费用率）计算出口费用。例如，某商品采购成本为 CNY 50/件，出口费用率为 10%，则可计算出口费用为 50×10%= CNY5/件。二是明细核算法，即把可能产生的费用相加，计算出出口费用。下面着重介绍明细核算法。

出口费用包括国内费用、国外费用和佣金。国内费用包括国内运费、业务定额费、银行费用、垫款利息、认证费、商检费、其他国内费用等。国外费用包括国外运费、国外保费、其他国外费用。海运运费计收标准常见的有三种：一是按重量（weight，W）计费；二是按体积计费（measurement，M）；三是按照 W/M 计算运费，即重量和体积分别转化成公吨（metric ton，MT）和米^3（m^3），再比较两个数值，取数值较大的计算运用。

（四）核算出口利润

$$销售利润率=出口利润÷出口价格$$
$$成本利润率=出口利润÷采购成本$$

（五）核算出口报价

出口报价核算主要涉及以下公式。

$$出口价格=出口成本+出口费用+出口利润$$
$$出口成本=采购成本−出口退税额$$
$$采购成本=货价+增值税额=货价×（1+增值税率）$$
$$出口退税额=货价×出口退税率=采购成本÷（1+增值税率）×出口退税率$$
$$出口费用=国内费用+国外运费+国外保费+佣金$$
$$国内费用=国内运费+业务定额费+银行费用+垫款利息+认证费+商检费+其他国内费用$$
$$业务定额费=采购成本×业务定额费率$$
$$垫款利息=采购成本×贷款年利率×垫款天数÷360$$
$$国外运费=基本运费+附加运费$$
$$国外保费=CIF 价×（1+保险加成率）×各种保险费率之和$$
$$佣金=含佣价×佣金率$$
$$出口利润=采购成本×成本利润率=出口价格×销售利润率$$

提示：以上出口成本、国内费用、国外运费、国外保费、佣金、出口利润均是以单位商品计算的。

若外贸业务员得到的国外运费、出口利润等信息是以货物总量统计的，并给出相应汇率，核算出口报价公式可以进一步转化如下：

$$国内出口总成本=采购成本−出口退税额+国内费用$$
$$采购成本=货价+增值税额=货价×（1+增值税率）$$
$$出口退税额=货价×出口退税率=采购成本÷（1+增值税率）×出口退税率$$
$$国内费用=国内运费+业务定额费+国内银行费用+垫款利息+认证费+商检费+其他国内费用$$
$$国外费用=国外运费+国外保费+其他国外费用$$
$$出口利润=国内出口总成本（或采购成本）×成本利润率= FOB 价×现汇买入价×销售利润率$$
$$= FOB 价×（现汇买入价−换汇成本）$$
$$换汇成本=国内出口总成本（本币）÷FOB 价（外币）$$
$$销售利润率=1−换汇成本÷现汇买入价$$

$$出口价格=［（国内出口总成本+出口利润）÷现汇买入价+国外费用］ ÷出口数量$$

$$FOB 价=（国内出口总成本+出口利润）÷现汇买入价÷出口数量$$

$$CFR 价= FOB 价+国外运费÷出口数量$$

$$CIF 价= CFR 价+国外保费= CFR 价÷［1–（1+保险加成率）×保险费率］$$

 任务操作

2023 年 3 月 12 日，李伟收到公司生产部信息如下：

规格：8～10 粒/磅

含税价：CNY 46/千克

增值税率：13%

包装尺寸：60 厘米×40 厘米×40 厘米=0.096 米^3

包装方式：0.5 千克/塑料袋，20 个塑料袋/出口纸箱

毛重：10.97 千克/箱

净重：10 千克/箱

月生产能力：60 000 千克/月

最低起订量：20 000 千克

付款方式：交货时付款

交货地点：工厂交货

该笔出口业务的其他相关信息如下：

2023 年 3 月 12 日的美元牌价为 USD1= CNY 6.814 6/6.842；数量：21 000 千克；业务定额费为采购成本的 5%；国内运费为 CNY 500；国内其他费用为 CNY 500；预计垫款时间为 1 个月，银行贷款年利率为 6.12%；出口退税率为 13%，退税款利息忽略不计；银行手续费预计为出口报价的 0.5%；国外运费按 W/M 计费，运费为每吨 USD 18.75；预期利润率为 15%，请核算 CFR 出口报价（计算过程中，数值要保留到小数点后 4 位，最后的报价保留到小数点后 2 位）。

操作指南

1. 明确商品价格构成

据 OCEANS CO., LTD.的询盘函可知，商品价格构成是 CFR Busan and L/C at sight。因此，雪花带子的价格构成为：CFR 出口价格=出口成本+国内费用+国外运费+出口利润。若按 20 000 千克最低起订量作为出口报价核算的商品数量，设该商品出口报价为 X 美元/千克。

2. 核算出口成本

出口成本=采购成本–出口退税额

　　　　=采购成本–采购成本÷（1+增值税率）×出口退税率

　　　　=［46–46÷（1+13%）×13%］÷6.814 6=5.973 6（美元/千克）

3. 核算国内费用

国内运费=500÷21 000÷6.814 6=0.003 5（美元/千克）

业务定额费=采购成本×业务定额费率=46×5%÷6.814 6=0.337 5（美元/千克）

银行费用=出口价格×银行费用率=0.5%X

垫款利息=采购成本×贷款年利率×垫款天数÷360

　　　　=46×6.12%×30÷360÷6.814 6=0.034 4（美元/千克）

其他费用=500÷21 000÷6.814 6=0.003 5（美元/千克）

国内费用=国内运费+业务定额费+银行费用+垫款利息+其他费用

　　　　=0.003 5 +0.337 5+0.5%X+0.034 4+0.003 5 = 0.378 9+0.5%X

4．核算国外运费

因为，M=0.6×0.4×0.4=0.096（米^3）＞W=0.011 0（公吨）

所以，按体积作为运费的计量单位。

国外运费=0.096×18.75÷10=0.18（美元/千克）

5．核算出口利润

出口利润=出口价格×销售利润率=15%X

6．核算出口报价

出口报价=出口成本+国内费用+国外运费+出口利润

X=5.973 6+（0.378 9+0.5%X）+0.18+15%X

X=7.73（美元/千克）

任务五　拟写发盘函

 ## 任务介绍

发盘（offer）在法律上又称为要约。《联合国国际货物销售合同公约》第 14 条规定，凡向一个或一个以上特定的人提出的订立合同的建议，如果内容确定，并且表明发盘人在当其发盘一旦被接受就将受其约束的意思，即构成发盘。发盘是合同成立必经的法律行为。

 ## 任务解析

发盘是进出口交易磋商过程中必不可少的重要环节。国际贸易中，买方对对方货物感兴趣，可以直接向对方发盘，询问货物相关信息；也可以在收到对方询盘时，给予对方发盘答复。出口方以发盘方式发布自己的产品信息询问对方的交易意图，这对达成交易具有不可替代的作用。

 ## 知识储备

发盘是交易一方向另一方就某项商品的出售或购买，愿意按一定交易条件和贸易方式成交订约的表示。发盘内容是确定的，体现为发盘所列的条件是完整的、明确的、终局的。发盘的交易条件可采用分条列项的形式写出，醒目清楚。

一、发盘的构成条件

1. 发盘要有特定的受盘人

特定的受盘人，可以是自然人也可以是法人，可以是多个人也可以是一个人，但不可以泛指公众。

2. 发盘的内容必须十分确定

依据《联合国国际货物销售合同公约》，一项关于订立合同的建议如果包含了以下三项内容，即符合"十分确定"的要求：①载明货物的名称；②明示或默示地规定货物的数量或规定如何确定数量的方法；③明示或默示地规定货物的价格或规定如何确定价格的方法。

3. 表明发盘人愿意承受约束的意旨

发盘人必须表明发盘人愿意按照发盘所列条件同对方签订合同的意思。因此，发盘一旦被对方接受，合同即告成立，发盘人即受到约束。

4. 送达受盘人

发盘在到达受盘人时生效。这里的"送达受盘人"是指将发盘内容通知对方或送交对方本人或其营业地址或通信地址。

二、发盘的生效与有效期

依据《联合国国际货物销售合同公约》，发盘于到达受盘人时生效。明确发盘的生效时间对于其后发生的一系列行为有着决定性意义。

发盘的有效期是指可供受盘人做出接受的期限。发盘都是有有效期的，如"Offer subject to reply here October 15th"（发盘限 10 月 15 日复到有效）。

三、发盘的撤回、撤销与失效

1. 发盘的撤回与撤销

发盘的撤回是发盘人在发盘到达受盘人之前或同时到达受盘人，收回发盘阻止其生效的行为。发盘的撤销是发盘已到达受盘人并已开始生效，发盘人通知受盘人撤销原发盘，解除其生效的行为。

2. 发盘的失效

所谓发盘的失效，是指发盘法律效力的消失。发盘失效的原因有很多，归纳起来，主要有以下几种情况：第一，发盘在有效期内未被接受而过期。明确规定有效期的发盘，在有效期内如未被受盘人接受即失效；未明确规定有效期的发盘，在合理时间内未被接受即失效。第二，受盘人表示拒绝或还盘。第三，发盘人依法撤销发盘。第四，人力不可抗拒的意外事故造成发盘失效。第五，发盘人或受盘人在发盘被接受前丧失行为能力、死亡或法人破产等。

 任务操作

河北越洋食品有限公司外贸业务员李伟于 2023 年 3 月 12 日收到来自韩国新客户 OCEANS Co., Ltd.的电子邮件。次日，李伟收到生产部的两个样品，其马上寄给韩国客户 1 个样品并发盘。内容如下：雪花带子，8～10 粒/磅，7.73USD/千克 CFR Busan AS PER

INCOTERMS2020，0.5 千克装 1 个塑料袋，20 个塑料袋装 1 个出口纸箱，纸箱尺寸为 60 厘米×40 厘米×40 厘米。2023 年 3 月 19 日前复到有效。最迟装运日期为 2023 年 5 月 30 日，允许转运，不允许分批装运。不可撤销议付信用证必须于 2023 年 4 月 1 日之前开给出口商。按买方要求投保。发盘信息如下。

HEBEI YUEYANG FOOD Co.，Ltd.

NO．73 HEBEI ROAD，QINHUANGDAO，P.R.CHINA

TO：OCEANS Co.，Ltd.

ATTN：Smith

DATE：MAR.13，2023

Dear Sirs，

　　Thanks for your inquiry on Mar. 12，2023．Our offer is as follows：

① FROZEN RAW SCALLOP MEAT，Style No．8-10 pills/pound.

② Packing：0.5 kilograms packed in one polybag，20 polybags in one standard export carton.

　　The size of export carton：60cm×40cm×40cm

③ Unit price：USD7.73/KGS CFR Busan AS PER INCOTERMS2020

④ Quantity：21 000 .00KGS

⑤ Payment：By irrevocable Letter of Credit at sight，reaching the seller before Apr.1，2023

⑥ Shipment：Not later than May 30，2023

⑦ Insurance：To be effected by the buyer

This offer is valid subject to your reply here before Mar. 19，2023．As we have been receiving a rush of orders now，we would advise you to place your order ASAP.

　　Furthermore，we have mailed a sample of FROZEN RAW SCALLOP MEAT，Style No. 8-10 pills/pound by DHL on Mar. 13，2023. The sample is free of charge. Please tell us if you have any special requirement for the goods，we will remake the sample to meet your demand.

　　We wish we could become your good trade partner.

　　Awaiting your early reply.

Yours truly，

LI WEI

 项目小结

　　出口交易磋商与出口报价核算是签订出口销售合同的基础。做好出口交易磋商，有利于下一步进行出口还价及核算，并最终达成交易。一般来说，它主要包括以下 5 个环节。

　　（1）调查客户资信和贸易障碍是出口交易前准备工作中的第一步。

（2）拟写建交函也是交易前的一个重要环节，它主要包括 3 个部分的内容：开头部分说明信息来源、去函目的，中间部分介绍公司基本情况和产品，结尾部分希望对方尽早回应并表示敬意等。

（3）打样、寄样和样品确认实际上是买卖双方就商品质量进行确认的一项工作。

（4）出口方在掌握出口报价的基本原则、主要方式、主要策略的基础上，明确商品价格构成、核算出口成本、核算出口费用、核算出口利润，最终核算货物出口报价，并决定继续磋商还是放弃出口。

（5）发盘主要包括 4 项内容：①对客户的询盘表示感谢，可顺便再介绍一下产品的优点；②明确答复对方在来信中所询问的事项，准确阐明各项交易条件（包括商品名称、规格、数量、包装、价格、付款方式、运输和保险等），以供对方参考；③声明此项发盘的有效期及其他约束条件和事项；④鼓励对方尽早订货，并保证供货满意。

 项目实训

操作实训一：资信调查

天津华伦服装品进出口公司是一家外贸服装品公司，日前收到新加坡的 OVERSEAS TRADING Co.，Ltd.发来的一封希望提供男式 T 恤报价的询盘。天津华伦服装品进出口公司以前与 OVERSEAS TRADING Co.，Ltd.没有业务联系，对该客户经营能力、经营范围、资信情况以及新加坡的贸易障碍不了解。因此，出口方想通过中国银行天津市分行的往来银行——中国银行新加坡分行调查 OVERSEAS TRADING Co.，Ltd.的资信状况和贸易障碍。

天津华伦服装品进出口公司给中国银行天津市分行的《资信调查申请书》如下。

<table>
<tr><td colspan="5" align="center">资信调查申请书</td></tr>
<tr><td colspan="5">致：中国银行天津市分行　　　　　　　　　　　　　　　　日期：2023-12-01
兹委托贵行对下述对象作资信调查：　　　　　　　　　　　编号：0101034</td></tr>
<tr><td rowspan="5">调查对象</td><td>国外客户全称
（中英文）</td><td colspan="3">OVERSEAS TRADING Co.，Ltd.</td></tr>
<tr><td>地址
（中英文）</td><td colspan="3">100 JULAN SULTAN #01-20 SULTAN PLAZA SINGAPORE</td></tr>
<tr><td>电传号</td><td>（065）6401070</td><td>电话</td><td>（065）6401074</td></tr>
<tr><td>往来银行名称
及账号</td><td>中国银行新加坡分行
BANK OF CHINA，
SINGAPORE 03040159</td><td>电传</td><td></td></tr>
<tr><td>调查内容及目的</td><td colspan="3">了解客商的资本、信誉及经营作风等情况。</td></tr>
<tr><td colspan="2">调查方式</td><td colspan="2">你行　Y　电询　　函询</td><td>代理行　Y　电复　函复</td></tr>
<tr><td colspan="2">委托须知</td><td colspan="3">1. 银行对调查结果的真实性不负任何责任。
2. 你行对调查过程中邮电、通信造成的延误、丢失以及代理行的延误或不回复概不负责。
3. 委托人同意支付银行有关费用（包括你行费用和国外行可能收取的外币费用）。
4. 委托人保证对调查内容保密，并保证对由此引起你行蒙受的一切损失负全部责任。</td></tr>
</table>

委 托 单 位	全称及地址	天津华伦服装进出口公司（TIANJIN　HUALUN TEXTILES IMPORT & EXPORT CORP.） 86，ZHUJIANG ROAD，HEXI DISTRICT，TIANJIN，CHINA		
	开户行及账号	中国银行天津市分行　　　10510120190356		
	联系人	王鹏	电　话	××
银行审核意见		经办　　　　日期	委托单位签章 负责人：张航　　　　日期	

操作实训二：打样、寄样

HEBEI SHENGDBAN Co.，Ltd. 2023 年 2 月 5 日收到来自荷兰鹿特丹阿拉巴马贸易公司的电子邮件，内容如下：男式 T 恤，STYLE X.L01，STYLE X.L02，CIF ROTTERDAM，要求尽快通过敦豪速递公司寄样，货到付速递费。

HEBEI SHENGDBAN Co.，Ltd.立即通知公司生产部门按照客户要求打样、寄样，内容如下：男式 T 恤，STYLE X.L01 200 打，每打 60 美元，CIF ROTTERDAM，STYLE X.L02 300 打，每打 72 美元，CIF ROTTERDAM。两种样式各寄样品 1 件，留样各 1 件，并在留样上标注货号/款式号（STYLE X.L01，STYLE X.L02）、寄送日期（Feb.6，2023）、客户名称（阿拉巴马贸易公司）、快递单号（CHECKING No.）等信息，以便日后与客户联系时用。告知对方尽快回复。

操作实训三：出口报价核算和发盘

2023 年 4 月 12 日，浙江环力进出口有限公司外贸业务员刘美收到美国老客户 Kike Corporation 经理 Andy Smith 的电子邮件，欲购无纺布手提袋，内容如下。

无纺布手提袋相关信息		
发件人	andysmith@kike．com	
收件人	liumei@huanli.com	
日　期	2023-04-12　10：03：25	
主　题	Enquiry on Non-Woven Bag	
附　件	non-woven bag.jpg	

Dear Miss Liu，

　　We are satisfied with your sample of Non-Woven Bag，item no. BG126 on Mar. 31，2023. Please give us the best price in USD/pc FOB Shanghai a.s.a.p.

　　The order quantity is 150 000 pieces. The delivery time is not later than Jun. 15，2023. The payment will be made against the fax copy of B/L by T/T.

Best regards，

Andy Smith

Kike Corporation

Add：467，South Flower Street，35th Floor，Los Angeles，CA 90071，U.S.A.

Tel：001-1213-6888779　　Fax：001-1213-6888778　　E-mail：andysmith@kike．com

刘美立即通知供应商温州大新箱包厂张厂长报价，当日其收到其报价如下：含税价 CNY 2.3/个，月生产能力 800 000 个，增值税率为 17%；每 125 个装 1 个纸箱；交货时付款；工厂交货。

若 2023 年 4 月 12 日的美元牌价按 USD1=CNY 6.53/6.57 计；经查询，该无纺布手提袋的海关监管证件代码为"无"，出口退税率为 15%；国内费用为采购成本的 3%；预期出口成本利润率为 10%（按采购成本计算）。请核算 FOB 上海的出口报价是多少。（计算过程中的数值要保留到小数点后 3 位，最后结果保留到小数点后 2 位）

4 月 12 日，请你以外贸业务员刘美的身份，根据 Andy Smith 当天电子邮件内容、出口报价核算的结果和以下信息，在下列方框内给 Andy Smith 用英文书写发盘函。

（1）支付：30%合同金额在合同签订后 15 天内电汇支付，余款凭提单传真件电汇支付。

（2）交货：收到预付款后 30 天内交货。

（3）发盘的有效期：2023 年 4 月 20 日前复到有效。

项目三　出口还价核算与还盘操作

一般情况下，当谈判一方发盘后另一方不会无条件地接受对方的报价。双方往往要进行多次讨价还价，即还盘阶段。还盘是谈判的关键阶段，也是谈判最困难、最紧张的阶段，往往持续时间也最长。还盘业务中，外贸业务员应该运用适当的还价策略，准确地进行出口还价核算，并能够正确地书写还盘函。

任务一　还价策略运用

任务介绍

在收到对方还盘后，我方要透过其还盘内容，来判断对方的意图，即进行还价分析。若我方还盘，还盘的幅度应如何掌握；我方对原发盘所做的变动、补充和删减，哪些能为对方所接受，哪些是对方急于讨论的问题。在此基础上，我方运用正确的还价策略进行讨价还价。

任务解析

我方针对对方的还盘进行还价分析，分析如何使交易既对我方有利又能满足对方的某些要求。我方将双方的意图和要求逐一进行比较，弄清楚双方分歧所在及谈判的重点，并运用正确的还价策略还价。完成本任务的步骤如下：

第一步：我方进行还价分析。

第二步：我方运用适当的还价策略还价。

知识储备

一、谈判双方的分歧

谈判双方的分歧可以分为实质性分歧和假性分歧两种。实质性分歧是原则性的根本利益的真正分歧。谈判人员要认真对待实质性分歧，反复研究做出某种让步的可能性，并做出是否让步的决定。必要时，我方根据预期的目标决定让步的阶段和步骤。当然，谈判人员的上述分析受经验和水平的限制不一定准确，需要其在谈判过程中不断地进行修正。假性分歧是由谈判中的一方或双方为了达到某种目的人为设置的难题或障碍，是人为制造的分歧，是谈判双方在谈判中为争取较多的回旋余地而形成。谈判人员细心观察和分析就能识别假性分歧，当我方看出对方是在虚张声势时，不要被对方的气势吓倒，只要坚持说理，就会取得最后的成功。

二、还价策略

针对对方的还盘，我方可以运用的还价策略主要有不让步策略、让步策略、迫使对方让步策略、阻止对方进攻策略。

（一）不让步策略

在出口磋商时，外贸业务员要说服客户接受原价，不做让步，其可以采用的理由主要有商品的品质、交易数量和包装。

（二）让步策略

1. 让步原则

（1）不做无谓让步：每次让步都应对我方有利，要争取换取对方在其他方面相应的让步。

（2）让步要有所侧重：在我方认为重要的问题上要力求对方先让步，而在较为次要的问题上，根据情况的需要，我方可以考虑先做让步。

（3）让步要恰到好处：做到我方较小的让步能给对方以较大的满足。

（4）让步应步步为营：一次让步的幅度不要过大，节奏不宜太快，应做到步步为营。

2. 让步策略的三种方式

（1）互利互惠的让步策略：争取互惠式让步，它需要谈判人员具有开阔的思路和视野，我方除了某些必须得到的利益要坚持以外，不要太固执于某一个问题的让步，应统管全局，分清利害关系，避重就轻，灵活地使对方的利益在其他方面得到补偿。例如，我方谈判人员提出让步时，可以向对方表明，做出这个让步是与公司政策或公司主管的指示相悖的，所以希望对方在某个问题上也能有所回报，这样就将我方的让步与对方的让步直接联系起来，实现互惠互利。

（2）予远利谋近惠的让步策略：我方可以通过给予对方期待的满足或未来的满足而避免给予其现实的满足，即为了避免现实的让步而给对方以远利。

（3）丝毫无损的让步策略：我方向对方表示我方充分理解对方的要求，但就目前的条件而言，实在难以接受对方的要求。我方同时保证，在这个问题上我方给其他客户的条件绝不比给对方的好，希望对方能够谅解。

（三）迫使对方让步策略

"最好的防守便是进攻"，在还价过程中采用迫使对方让步策略也是达到最终谈判目的的手段之一。我方迫使对方让步可以采用以下三种方式：

（1）利用竞争：制造和创造竞争条件是谈判中迫使对方让步最有效的武器和策略，当对方存在竞争对手时，其谈判的实力就大大减弱。因此，在谈判中，应注意制造和保持对方的竞争局面。

（2）软硬兼施：谈判过程中，对方在某一问题上应让步或可以让步但却坚决不让步时，谈判便难以继续下去，在这种情况下，谈判人员就可以利用软硬兼施的策略迫使对方让步。

（3）最后通牒：如果对方在某个期限内不接受我方的交易条件并达成协议，我方就宣布退出谈判，通过这种方式迫使对方让步。

（四）阻止对方进攻策略

在谈判中，我方除了需要一定的进攻以外，还需要有效的防守策略。掌握一些能够有效防止对方进攻的策略很有必要。阻止对方进攻的方式主要有以下三种。

（1）限制方式：还价过程中可以运用的限制因素有权利限制、资料限制、其他方面（如自然资源、人力资源、生产技术要求、时间等因素）的限制，都可以用来阻止对方的进攻。但要注意，限制策略不能运用过多，否则会使对方怀疑我方无诚意谈判而拒绝继续谈判。

（2）示弱以求怜悯：这种方式取决于对方谈判人员的个性以及对示弱者坦白内容的相信程度，因此具有较大的冒险性。

（3）以攻对攻：只靠防守无法有效地阻止对方的进攻，我方有时需要采取以攻对攻的策略。例如，如果买方要求卖方降低价格，卖方就可以要求买方增加订购数量或延长交货期限等，要么双方都让步，要么双方都不让步，从而避免对方的进攻。

 ## 任务操作

2023 年 3 月 14 日，河北越洋食品有限公司外贸业务员李伟收到了 Smith 的回复，还价每千克 6.5 美元。

操作指南

（1）李伟首先进行还价分析，得出双方价格上存在实质性分歧。

（2）为了达成交易，发展新客户，李伟决定采取小幅度让步策略，步步为营，使我方每一次的让步都能给对方以较大的满足；同时，李伟向对方表明，让步是与公司政策或公司领导的本意相悖的，是我方通过与公司领导多次协商沟通才做出的，希望对方能够体会并在今后的合作中能予以回报，为维持客户关系，扩大交易量打好基础。

任务二　出口还价核算

 ## 任务介绍

在还盘阶段，外贸业务员若想把握还盘的幅度，就要进行出口还价核算，从而确定是否需要对出口利润、采购成本或某项出口费用做出调整，并确定调整的幅度。

 ## 任务解析

出口还价核算根据作用的不同可以分为出口利润、采购成本和某项出口费用的核算三种类型。完成本任务需要掌握这三种核算的计算公式。

知识储备

1. 出口利润

我方根据进口商的还价进行出口利润核算，该核算是出口商是否接受还价的依据。其计算公式如下：

出口利润=出口价格–出口成本–出口费用

2. 采购成本

我方根据设定的出口利润，在出口费用不变的情况下，按进口商还价对采购成本进行核算，该核算是出口商是否要求供应商调价的依据。其计算公式如下：

采购成本=出口价格–出口利润–出口费用+出口退税额

3. 某项出口费用

我方根据设定的出口利润，在出口价格、采购成本和其他出口费用不变的情况下，对某项出口费用进行核算，该核算是出口商是否要调整某项出口费用的依据。其计算公式如下：

某项出口费用=出口价格–出口利润–出口成本–其他出口费用

 任务操作

1. 河北越洋食品有限公司收到 OCEANS Co.，Ltd.公司的还价 USD 6.5/千克后，计算出口利润率。

2. 根据 OCEANS Co.，Ltd.的 USD 6.5/千克还价，在出口费用不变的情况下，河北越洋食品有限公司要想实现 15%的预期销售利润率，其采购成本要降到多少？

操作指南

1. 根据 OCEANS Co.，Ltd.的还价计算出口利润率

河北越洋食品限公司根据 OCEANS Co.，Ltd.的还价，计算销售利润率和成本利润率。相关核算信息如表 3-1 所示。

表 3-1　相关核算信息

进货价（含税）	CNY 46/千克
数量	21 000 千克
增值税率	13%
出口退税率	13%
出口价格	USD 6.5/kg
2023 年 3 月 14 日的美元买入价	USD1= CNY 6.804 6
业务定额率（以采购成本为基础）	5%
国内运费	CNY 500
银行手续费（以出口报价为基础）	0.5%
银行贷款年利率（以采购成本为基础）	6.12%
其他国内费用	CNY 500
国外运费	USD 18.75

因为 出口价格=出口成本+出口费用+出口利润

所以 销售利润率=出口利润÷出口价格

      =（出口价格−出口成本−出口费用）÷出口价格

      =1−（出口成本+出口费用）÷出口价格

成本利润率=出口利润÷采购成本

     =（出口价格−出口成本−出口费用）÷采购成本

下面分三步核算销售利润率和成本利润率。

第一步：核算出口成本。

出口成本=采购成本−出口退税额

    =采购成本−采购成本÷（1+增值税率）×出口退税率

    =［46−46÷（1+13%）×13%］÷6.804 6

    =5.982 4（美元/千克）

第二步：核算出口费用。

① 国内费用。

国内运费=500÷21 000÷6.804 6=0.003 5（美元/千克）

业务定额费=采购成本×业务定额费率=46×5%÷6.804 6=0.338 0（美元/千克）

银行费用=出口价格×银行费用率=6.5×0.5%=0.032 5（美元/千克）

垫款利息=采购成本×贷款年利率×垫款天数÷360

    =46×6.12%×30÷360÷6.804 6

    =0.034 5（美元/千克）

其他国内费用=500÷21 000÷6.804 6=0.003 5（美元/千克）

国内费用=国内运费+业务定额费+银行费用+垫款利息+其他国内费用

    =0.003 5+0.338 0+0.032 5+0.034 5+0.003 5

    =0.412（美元/千克）

② 国外运费。

因为 M=0.6×0.4×0.4=0.096（米^3）＞W=0.011 0（公吨）

所以 以体积作为运费的计量单位。

国外运费=0.096×18.75÷10=0.18（美元/千克）

出口费用=国内费用+国外运费=0.412+0.18=0.592（美元/千克）

第三步：核算销售利润率和成本利润率。

① 计算销售利润率。

销售利润率=1−（出口成本+出口费用）÷出口价格

    =1−（5.982 4+0.592）÷6.5

    =−1.14%

② 计算成本利润率。

因为 采购成本=46÷6.804 6=6.760 1（美元/千克）

所以 成本利润率=出口利润÷采购成本

    =（出口报价−出口成本−出口费用）÷采购成本

    =（6.5−5.982 4−0.592）÷6.760 1

$$=-1.10\%$$

2．根据 OCEANS Co.，Ltd.的还价计算采购成本

假设采购成本为 x。

因为　采购成本=出口价格−出口利润−出口费用+出口退税额，所以采购成本计算如下。

第一步：核算出口利润。

$$出口利润=出口价格×销售利润率$$
$$=6.5×15\%$$
$$=0.975\ 0（美元/千克）$$

第二步：核算出口费用。

① 国内费用。

国内运费=500÷21 000÷6.804 6=0.003 5（美元/千克）

业务定额费=采购成本×业务定额费率=x×5%=0.05x

银行费用=出口价格×银行费用率=6.5×0.5%=0.032 5（美元/千克）

垫款利息=采购成本×贷款年利率×垫款天数÷360=x×6.12%×30÷360=0.005 1x

其他国内费用=500÷21 000÷6.804 6=0.003 5（美元/千克）

国内费用=国内运费+业务定额费+银行费用+垫款利息+其他国内费用
$$=0.003\ 5+0.05x+0.032\ 5+0.005\ 1x+0.003\ 5$$
$$=0.039\ 5+0.055\ 1x$$

② 国外运费。

国外运费=0.096×18.75÷10=0.18（美元/千克）

出口费用=国内费用+国外运费=0.039 5+0.055 1x+0.18=0.219 5+0.055 1x

第三步：核算出口退税额。

$$出口退税额=采购成本÷（1+增值税率）×出口退税率$$
$$=x÷（1+13\%）×13\%$$
$$=0.115\ 0x$$

第四步：核算采购成本。

采购成本=出口价格−出口利润−出口费用+出口退税额
$$x=6.5−0.975\ 0−（0.219\ 5+0.055\ 1x）+0.115\ 0x$$
$$x=5.643\ 5（美元/千克）=5.643\ 5×6.804\ 6=38.40（元/千克）$$

3．核算结果分析

据以上两项出口报价核算分析，我们发现若按照 OCEAN Co.，Ltd.的还价 6.5 美元/千克。

（1）如果成本、费用不做调整，预期销售利润率是−1.14%。

（2）如果出口费用不做调整，预期销售利润率为 15%，采购成本要降至 38.40 元/千克，比公司生产部报价 46 元/千克要低 7.6 元/千克，降 16.52%。

4．对 OCEANS Co.，Ltd.的还盘

外贸业务员李伟对 OCEANS Co.，Ltd.还盘时所采用的让步策略是小幅递减让步方式。第一次让步，从 7.73 美元/千克降到 7.33 美元/千克，降幅为 0.40 美元/千克；第二次让步，从 7.33 美元/千克降到 7.10 美元/千克，降幅为 0.23 美元/千克，最终双方同意按 7.00 美元/千克 CFR Busan 成交。

任务三　拟写还盘函

任务介绍

在还盘阶段，外贸业务员要根据具体交易条件的变更向对方发出还盘函，在函中表明我方的立场和能够做到的调整和让步。书写还盘函是还盘阶段的一项重要工作。

任务解析

受盘人不完全同意发盘人在发盘中提出的条件，对发盘提出修改意见就是还盘。还盘可以采用向对方发出还盘函的方式做出，正确书写还盘函是此任务的重点。

知识储备

一、还盘

还盘（counter-offer）又称还价，是受盘人对发盘内容不完全同意而提出修改或变更的表示。还盘可以用口头方式或者其他方式表达出来，一般与发盘采用的方式相符。还盘可以是针对价格也可以是针对商品的品质、数量、交货的时间及地点、支付方式等主要条件提出修改意见。例如，"你 6 日电收到，还价每箱 500 美元 CIF 大阪。"（"Your cable 6th has been received，we will accept that you reduce your price to USD500 per carton CIF Osaka."）

还盘是受盘人对原发盘的拒绝，也是受盘人以发盘人的地位向原发盘人提出新发盘。还盘一经做出，原发盘即失去效力，除非得到原发盘人同意，受盘人不得在还盘后反悔，再接受原发盘。

一方发盘，另一方如果对其内容不同意，可以进行还盘。同样，一方还盘，另一方如对其内容不同意，也可以再进行还盘。一笔交易有时不经过还盘即可达成，有时要经过还盘甚至多次的还盘才能达成。

二、还盘函的书写

卖方对价格的还盘主要有拒绝降价、做出降价让步和要求提价，这些必须在还盘函中具体写明。

（一）拒绝降价的还盘函

拒绝降价就是卖方对买方提出的价格条件的否定还盘。卖方书写还盘函时要强调坚持原价、无法降价的理由。

（1）开头句或开头段：首先感谢对方的还盘，表达不同意降价的歉意。

e.g.：While we very much thank you for your fax of July 22nd，we feel regretful that there is no possibility of offering you lower prices.（我们非常感谢您 7 月 22 日的传真，但很遗憾，我们无法提供更低的价格。）

（2）中间部分：写明不同意降价的具体原因。

① Directing your attention to the quality of our products, you will find our prices are fixed on a reasonable level. （着眼于我们的产品质量，你们就会发现我们的价格定位合理。）

② Our prices have been accepted by other buyers in your area, so we can't see our way clear to cut our prices with a lot of orders received in the last few months. （我们的报价已被你们那个地区的其他买主接受，在近几个月里由于收到了大量的订单，我们无法考虑降价。）

③ We are sorry that we can't reduce the price any more as there is little profit in the market for such goods now. （很遗憾，我们不可能再降价了，因为现在销售这样的货物几乎无利可图。）

（3）结尾句或结尾段：表达希望对方考虑、能尽早收到订单，或者尽管没成交但争取以后合作等愿望。

e.g.: We are still looking forward to your orders. （我们仍然期待着你方的订单。）

（二）做出降价让步的还盘函

做出降价让步，是卖方对买方提出的价格条件有条件地进行减让的还盘。这样的还盘函要注意坚持原报价的合理性，突出说明给予降价让步的动机和意愿。

（1）开头句或开头段：首先感谢对方的还盘，复述对方有关价格的意见。

e.g.: We are pleased to receive your cable of Oct.12th. It is informed that our price for the goods is too high to work on. （我们很高兴收到你方 10 月 12 日的电报。你方认为我们该商品的价格过高而无法成交。）

（2）中间部分：写明具体降价的幅度、给予降价让步的动机及需要对方做出的回应。

① To popularize the products, we have decided to offer you a special discount of 8% on all the catalogue during the month of August only. （为了推广这些产品，我们决定对目录本上的所有价格仅限 8 月给你们打 8%的折扣。）

② With a view to encouraging business between us, we are making a reduction of 2% on our offer. （为了促进我们之间的贸易，我们降价 2%。）

（3）结尾句或结尾段：催促对方早下订单。

e.g.: We are waiting for your early reply. （我们期待着你方的早日答复。）

（三）要求提价的还盘函

卖方在原定价格基础上提价也是对价格条件的还盘。例如，卖方受某些不利因素的影响，对双方曾经同意的某种商品进行价格上调。这样的还盘函要注意说明提价的客观原因，如商品市价在上涨、材料价格上涨、运输费用的提高等。

（1）开头句或开头段：告知对方要上调价格，表达涨价的歉意。

e.g.: We regret to inform that increase in our prices for the products are unavoidable as the materials have kept rising in the past few months. （我们很遗憾，由于过去几个月原材料价格持续上涨，我们产品的价格上涨是不可避免的。）

（2）中间部分：写明提价的具体原因。

① As the prices of materials have risen a lot recently, we have to adjust our prices to cover the increasing cost.（由于近来材料价格上涨很多，因此我们只有调整价格来弥补材料上涨的成本。）

② The sudden increase in freight rate has caused the rise in our prices.（运费的突然上涨造成了我们价格的上调。）

（3）结尾句或结尾段：提醒价格上涨是趋势，而且库存较紧张，说服对方继续订货。

e.g.：As the heavy demand has brought low stock level of our goods，we advise you to accept our prices soon.（由于需求量大，而我们的产品库存又不多，因此建议您尽快接受我们的价格。）

 任务操作

根据任务二中的出口还价核算结果，外贸业务员李伟对 OCEANS Co.，Ltd.进行还盘——雪花带子从 7.53 美元/千克降到 7.23 美元/千克，还盘函内容如下：

Dear Sirs，

Thank you for your fax of March 14，but we are regret to learn that you feel our prices too high. Considering the quality of the goods offered，we feel our prices realistic，the low prices leaves us with narrow margin of profit.

Therefore we are very sorry to say that we are not in a position to agree on your counter-offer. But we are anxious to do everything we can to aid a new customer like you to develop the trade. We are prepared to reduce the price to USD 7.23/kg on all orders coming to us before the end of this month.

We are looking forward to having your early order.

Yours sincerely，
LI WEI

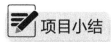 项目小结

在还盘阶段，我方（指卖方、出口商）首先要进行还价分析，根据不同的分析结果运用适当的还价策略。出口价格直接关系到预期销售利润率的实现及交易的达成，准确地进行出口还价核算就显得尤为重要。我方根据出口还价核算的结果，分别向国内供应商和国外进口商发出还盘函进行价格磋商，一方面要求国内供应商降低报价，另一方面说服国外进口商接受我方报价。外贸业务员要在还盘函中说明具体交易条件的变更及其原因，表明我方的立场和能够做到的调整和让步，措辞要严谨委婉，争取交易的达成。一笔交易往往要经过多次讨价还价才能最终达成。

 项目实训

河北新隆进出口有限公司（Hebei Xinlong I/E Co.，Ltd.）是一家流通型外贸企业。2023 年 4 月 8 日，该公司外贸业务员赵萍收到来自加拿大客户 LK Footwear Inc.的询盘。

询盘要求河北新隆进出口有限公司对雪地靴进行报价。赵萍立即通知雪地靴的供应商河北红景制鞋厂报价，次日收到其报价如下：雪地靴，最低起订量 1 200 双，CNY 93.6/双（含税价），增值税税率为 17%，每双装 1 个纸盒，每 6 盒装 1 个标准出口纸箱，纸箱尺寸为 70 厘米×45 厘米×40 厘米，每箱毛重为 12 千克，净重为 10 千克，1 200 双装 1×20'FCL（20 feet full container load，即 20 英尺集装箱整箱），月生产能力为 5 000 双，交货时全额付款，工厂交货。

经查询，该雪地靴的 H.S.编码为 6403120090，监管证件代码为 B，出口退税税率为 11%；若 4 月 9 日的美元牌价按 USD1=RMB 6.808/7.016 计，这笔业务预期的收款时间约 3 个月；国内运费为 RMB 2 400/20'FCL，其他所有国内费用为采购成本的 3%；新港至温哥华的海运费为 USD 1 560/20'FCL；预期出口利润率为 10%。

根据以上条件，赵萍对 LK Footwear Inc.雪地靴报价为每双 15.84 美元 CFR Vancouver，2023 年 4 月 10 日赵萍对 LK Footwear Inc.发盘，要求 2023 年 4 月 15 日前复到有效。2023 年 4 月 12 日赵萍收到对方的还盘，对雪地靴还价为每双 15.50 美元 CFR Vancouver。

试根据以上案例背景，完成以下实训。

操作实训一：还价策略的运用及原则

赵萍首先对 LK Footwear Inc.的还价进行分析，根据该分析结果将雪地靴的价格先从每双 15.84 美元降到每双 15.75 美元，后又降到每双 15.70 美元。试判断赵萍运用的是何种还价策略？正确运用该还价策略，需要遵循哪些原则？注意哪些问题？

操作实训二：根据 LK Footwear Inc.对雪地靴的还价，完成以下核算

（1）根据 LK Footwear Inc.的还价及背景资料，核算河北新隆进出口有限公司的出口利润率，并根据核算结果分析河北新隆进出口有限公司是否接受对方还价。

（2）根据设定的出口利润率，在出口费用不变的情况下，按 LK Footwear Inc.的还价核算采购成本，根据该结果分析河北新隆进出口有限公司如何向国内供应商进行还价。

操作实训三：发还盘函

根据任务二中的出口还价核算结果，请你以河北新隆进出口有限公司外贸业务员赵萍的身份向 LK Footwear Inc.发出还盘函，在函中表明我方所能做出的调整和让步以及原因。

项目四 接受与出口签约操作

交易一方的发盘经另一方接受，交易即告达成，合同即告成立，双方就应分别履行其所承担的合同义务。接受成立后，双方就进入出口签约操作阶段，出口方需要拟订销售确认书。正确、完整地拟订销售确认书的各项条款是此阶段的一项重要工作。

任务一 接 受

任务介绍

接受（acceptance）是指受盘人接到对方的发盘或还盘后同意对方提出的条件、愿意与对方达成交易，并及时以声明或行为表示出来。

任务解析

接受与发盘一样，既属于商业行为，也属于法律行为。接受产生的法律后果是双方达成交易，合同成立。

知识储备

一、接受的构成条件

1. 接受必须由特定的受盘人做出。如前所述，一项有效的发盘必须是向一个或一个以上特定的人做出的。因此，对发盘表示接受的人，也必须是发盘中所指明的特定的受盘人，而不能是其他人。

2. 接受必须以某种方式表示出来。如果受盘人在思想上愿意接受对方的发盘，但默不作声或不做出任何其他行动表示其对发盘的同意，那么，在法律上并不存在接受。正如《联合国国际货物买卖合同公约》所规定的："缄默或不行动（silence or inactivity）本身不等于接受。"

受盘人表示接受的方式有两种：①用声明来表示，即受盘人用口头或书面形式向发盘人表示同意发盘内容，这是国际贸易中最常用的表示方法，受盘人应用词简明，如"接受"或"确认"（accept、accepted 或 confirm、confirmed），可明确地表达受盘人同意发盘的意思。②用行为来表示，即在发盘明确规定的有效期内，或在合理时间内（如发盘未规定有效期），根据发盘的要求或依照当事人之间确定的习惯做法（如卖方备货或发运货物，买方支付价款等）行事。

3. 接受必须在发盘的有效期内传达到发盘人。根据法律的一般要求，接受必须在发盘的有效期内被传达到发盘人方能生效。

4. 接受的内容必须与发盘相符。接受是受盘人无条件同意发盘人所提出的内容的意思表示，接受的内容应当与发盘的内容相一致。如果受盘人在接受中将发盘的内容加以修改或增减，就不是接受而是一项新的发盘，其实质是对原发盘的拒绝。

二、逾期接受

如果接受通知超过发盘规定的有效期限，或发盘未具体规定有效期限而超过合理时间才传达到发盘人，就成为一项逾期接受。逾期接受在一般情况下无效。但是，按《联合国国际货物买卖合同公约》的规定，如果发盘人于收到逾期接受后，毫不迟延地通知受盘人，确认其为有效，则该项逾期接受仍有接受的效力。另一种情况是，一项逾期接受从它使用的信件或其他书面文件表明，在传递正常的情况下，本能及时送达发盘人，由于出现传递不正常的情况而造成了延误，这种逾期接受仍可被认为是有效的，除非发盘人毫不迟延地用口头或书面形式通知受盘人，他认为他的发盘已经失效。

三、接受的撤回

接受于表示同意的通知送达发盘人时生效。因此，在接受通知送达发盘人之前，受盘人可随时撤回接受，即阻止接受生效，但以撤回通知先于接受或与接受通知同时到达发盘人为限。

接受通知一经到达发盘人即不能撤销。因为，接受一经生效，合同即告成立，如要撤销接受，在实质上已属毁约行为，就是另一性质的问题了。

 任务操作

2023 年 3 月 16 日，外贸业务员李伟最终拿到了公司生产部价格降到 CNY 40/千克的通知；通过几轮的磋商，公司与 OCEANS Co.，Ltd.达成 USD 7.00/千克 CFR BUSAN 的成交价，并就其他条款达成了一致的协议，主要磋商谈判结果如下：

品名及货号：雪花带子，8～10 粒/磅

规格："80/100 55#"

数量：21 000 千克

包装：1 个塑料袋装 0.5 千克，20 个塑料袋装 1 个出口纸箱，纸箱尺寸为 60cm×40cm×40cm

单价：7.00 美元/千克 CFR BUSAN AS PER INCOTERMS 2020

金额：147 000 美元

数量与金额允许有不超过 10%的增减

装运期：从中国新港装运，装运至方釜山；最迟装运日期为 2023 年 5 月 31 日；允许转运，不允许分批装运。

付款方式：不可撤销议付信用证必须于 2023 年 4 月 1 日之前开给出口商。若信用证晚到，出口商则不承担晚交货责任，并有权撤销合同和要求进口商赔偿损失。

任务二　出口签约操作

 任务介绍

买卖双方经过询盘、发盘、还盘等环节，就货物买卖的交易条件达成一致，一方的发盘经过对方有效接受，合同即告成立。这一阶段，出口方要进行出口签约操作，即拟订销售确认书。

 任务解析

成立的合同要具有法律效力，需具备一些条件：出口方要采取双方协商一致的合同形式进行出口签约操作；出口方如果采用销售确认书形式，其要正确、谨慎地制定各项条款。

 知识储备

一、合同有效成立的条件

（1）当事人必须在自愿、真实的基础上达成协议。一方以欺诈、胁迫的手段或者乘人之危，使对方在违背真实意愿的情况下订立的合同，受害方有权请求人民法院或者仲裁机构变更或者撤销。

（2）当事人必须具有相应的行为能力。如果签订买卖合同的当事人为自然人，则必须是精神正常的成年人，神志不清、未成年人等不具有签订合同的合法资格。如果签订买卖合同的当事人为法人，必须是依法注册成立的合法组织，有关业务应当属于其合法单位的法定经营范围之内，且签订外贸合同的企业法人应该是拥有外贸经营权的企业，没有取得外贸经营权的企业或其他经济组织，必须委托有外贸经营权限的企业代理签订外贸合同。

（3）合同的标的和内容必须合法。合同的内容不得违反有关国家法律强制性的规定，不得违反公共政策或损害社会公共利益，合同的内容必须体现公平原则，买卖双方在合同中的权利义务应该是对等的、互利的、均衡的。

（4）合同必须有对价或约因。买卖合同从本质上讲属有偿合同，买卖双方当事人在获得合同利益的同时，必须付出对价。无对价或约因的合同不具备法律上的效力。

二、外贸合同的形式

外贸合同的订立可采用书面形式、口头形式或其他形式。其中，书面形式是指合同、信件和数据电文（包括电传、电报、传真、电子数据交换和电子邮件）等可以有形地表现所载内容的形式。

（1）合同和确认书。合同和确认书（contract and confirmation）是书面合同的主要形式，包括销售合同（sales contract）和销售确认书（sales confirmation）两类。

（2）协议。"协议"或"协议书"（agreement），在法律上是"合同"的同义词，合同本身就是当事人为了设立、变更或经过民事关系而达成的协议。

（3）备忘录。备忘录（memorandum）本身是用来记录买卖双方洽谈过程的文件，如果买卖双方将谈定的交易条件明确、具体地写在备忘录后经双方签字，则备忘录即可作为书面合同的形式之一。但是，备忘录在实际业务中应用较少。

（4）意向书。意向书（letter of intent）是指交易磋商达成协议前，买卖双方为了就达成某项交易而记录下双方共同争取实现的目标、意愿及初步商定的部分交易条件的文件。

（5）订单。订单（order）是指由进口商或实际买方拟定的货物订购单。

货物买卖合同虽然可以以上述 5 种形式出现，但为了避免贸易纠纷，确保合同的顺利履行，加强合同对买卖双方当事人的约束，更多的买方与卖方会选择合同或确认书的形式达成交易。

在出口业务中，外贸企业缮制合同或确认书一式两份，经签署后寄给国外客户，要求其签署后，将合同退回一份，以备存查。

三、外贸合同的内容

书面合同一般包括约首、正文和约尾三部分。约首是指合同的序言部分，一般包括合同的名称、合同编号、订约日期、订约双方当事人的名称和地址、双方订立合同的意愿和执行合同的保证等。正文是合同的主体部分，具体列明各项交易的条件或条款，主要包括品名、品质、数量、包装、价格、装运、保险、支付、商检、索赔、仲裁和不可抗力等条款。约尾一般列明合同的份数，使用文字及其效力，订约的时间、地点、生效的时间以及双方当事人的签字等内容。我国的出口合同的缔约地点一般写在我国。

下面具体介绍销售确认书正文部分条款。

（一）商品品名条款

商品的名称（name of commodity）或称"品名"，是指能使某种商品区别于其他商品的一种称呼或概念。

（二）商品品质条款

制定合理、科学的品质条款是确保交易得以顺利进行的根本所在。销售确认书的品质条款主要以商品品质表示方法为基础，部分商品根据产品特性可能会增加品质公差及品质机动幅度条款。

1. 商品品质的表示方法

在国际贸易中，由于交易的商品种类繁多，特点各异，表示货物质量的方法也有很多种，归纳起来，可以分为两大类。

（1）以实物样品表示品质的方法

以实物样品表示品质是指以作为交易对象的实际货物或以代表货物品质的样品来表示货物的质量。它又分为看货买卖和凭样品成交两种。看货买卖是根据现有货物的实际品质进行买卖，常用于寄售、展卖、拍卖当中，尤其适用于具有独特性质的商品，如珠宝、首饰、字画及特定工艺品等。凭样品成交是指买卖双方按约定的足以代表实际货物的样品，作为交货的品质依据的交易。根据提供样品方的不同，可分为以下三种：①凭卖方样品买卖（sale by seller's sample）是指以卖方样品作为交货品质的依据。样品要有足够的代表性，并妥善保管；要留有复样、编号、日期，以供将来组织生产、交货或处理品质纠纷时使用；在订立合同时，为了留有余地，可在合同中规定"卖方交货与所提供样品的品质大致相同，或基本相同"，以防买方因卖方所交货物与样品有微小差异而拒收或索赔；严格区分参考样品和标准样品。②凭买方样品买卖（sale by buyer's sample）是指以买方提供的样品磋商交易和订立合同，并以买方样品作为交货品质的依据。卖方应注意对方的来样是否是反动的、黄色的、丑陋的式样和图案；需注意原材料供应、加工生产技术和生产安排的可能性；防止侵犯第三者的工业产权。③凭对等样品买卖（sale by counter sample）（回样、确认样）是指卖方根据买方提供的样品，加工复制出一个类似的样品提供买方确认，经确认后的样品就是对等样品。

（2）以文字说明表示货物质量的方法（sale by description）

凡以文字、图表、照片等方式来说明货物质量的，均属于此范畴。

① 规格，是指用来反映货物质量的一些主要指标，如成分、含量、纯度、大小、长短、粗细等。

例如，东北大豆出口的规格如下：

水分含量（最高）	15%
含油量（最低）	18%
含杂质（最高）	1.5%
不完善粒含量（最高）	8.5%

用规格表示商品品质的方法简单易行、明确具体，而且具有可根据每批货物的具体情况灵活调整的特点，所以它在国际贸易中应用非常广泛。

② 等级，是指把同一类货物按其品质或规格上的差异，划分为不同的级别和档次，用数码或文字表示，从而产生品质优劣的若干等级。

货物的等级通常是由制造商或出口商根据长期生产和了解该类货物的经验，在掌握其品质规律的基础上制定出来的。它有助于满足各种不同的需要，有利于根据不同的需要安排生产和加工整理。买卖双方可根据合同当事人的意愿予以调整或改变，并在合同中具体订明。

例如，皮蛋按重量、大小分为奎、排、特、顶、大五级，奎级每千个皮蛋 75 千克以上，以后每差一级，减 5 千克。

③ 标准，是指将货物的规格和等级予以标准化。一般是由国家或有关部门规定并公布实施的标准化品质指标。

④ 凭牌名或商标买卖（sale by trade mark or brand）。牌名是指工商企业给其制造或销售的产品所冠的名称，以便与其他企业的同类产品区别开来。商标是生产或经营者用来识别其所生产或出售的货物的标志，其通常由一个或几个具有特色的词汇、字母、数字、图形或图片组成。使用商标时应注意其合法性和可商销性。适用于一些品质稳定的工业制成品或经过科学加工的具有特色的名优产品或国际市场上行销已久、信誉良好并为买主所熟悉的初级产品。

⑤ 凭产地名称买卖（sale by name of origin）。适用具有地方风味和特色的产品。这些产品受产区的自然条件、传统的加工工艺等因素的影响，在品质方面具有其他产区产品所不具有的独特风格和特色。

⑥ 凭说明书和图样买卖（sale by description illustration）。一般以说明书并附以图样、图片、设计图或分析表及各种数据，来说明产品具体的性能及构造的特点，有时还要订立卖方品质保证条款和技术服务条款。此方式适用于某些机器、电器、仪表、大型设备、交通工具等技术密集型产品，因为这些货物结构复杂，制作工艺不同，无法用样品或简单的几项指标来反映其质量全貌。有时除了说明书的内容以外，还要订立卖方品质保证条款和技术服务条款。

2．质量机动幅度与品质公差

质量机动幅度是指特定质量指标在一定幅度内可以机动，主要适用于初级产品，以及某些工业制成品的质量指标。因为卖方所交的初级产品的品质难以与合同规定的品质完全相符，所以为了便于卖方交货，往往在规定品质指标外，增加一定的机动幅度，并辅以价格调整条款，即允许卖方所交货物的品质在一定的幅度内有灵活性。

品质公差是指工业品生产中由于科学技术水平、生产水平及加工能力所限而产生的国际上公认的误差。

（三）商品数量条款

商品数量条款包括商品数量、计量方法、计量单位和数量机动幅度。

1．商品数量

商品数量的多少是制定单价和计算总金额的重要依据，不仅关系到交易规模的大小，还是影响价格和其他交易条件的重要依据。因此，商品的数量条件是买卖合同中的一项重要条件。

根据《联合国国际货物买卖合同公约》的规定：卖方所交货物数量如果多于合同规定的数量，买方可以收取也可以拒绝收取全部多交货物或部分多交货物。但如果卖方短交，买方可允许卖方在规定交货期届满之前补齐，但不得使买方遭受不合理的不便或承担不合理的开支，即使如此，买方也保留要求损害赔偿的权利。

2．计量方法

在国际贸易中，按重量计算的方法很多。用件数计量的商品，因其有固定的包装，比较容易计量，而大宗散装货物和无包装或简单包装的货物，则采用衡器检重。在计算重量时，通常有以下几种主要方法。

（1）毛重（gross weight）：是商品本身的重量加包装的重量。在多数情况下，它只作为搬运及装卸等场合的计算，一般适用于价值较低的交易。

（2）净重（net weight）：是指商品本身的实际重量，不包括包装的重量。在国际贸易中，对以重量计量的商品，大部分都按净重计价。

以毛作净（gross for net）是指有些商品因包装本身不便分别计量，或因包装材料与商品价格差不多，采用按毛重计价，即习惯上称为"以毛作净"，俗称"连皮滚"。

（3）公量（conditioned weight）：是指用科学方法除去其所含水分，然后再加上国际公认的标准含水量求出的重量。它适合于经济价值较高、含水量又极不稳定的商品，如生丝、羊毛和棉花等。

（4）理论重量（theoretical weight）：对于一些按固定形状规格和尺寸所生产和买卖的商品，只要其规格和重量一致、尺寸大小一致，每件商品的重量就是大体相同的，一般可以从其件数就能推算出总重量。它适用于马口铁、钢板等。

3．商品的计量单位

目前，国际货物买卖中常用的计量单位如表 4-1 所示。

表 4-1 国际货物买卖中常用的计量单位

计 量	应用情形	常见单位
重量单位	主要适用于羊毛、棉花、谷物、矿产品、盐、油类等天然矿产品，农副产品及矿砂、钢铁等部分工业制品	公吨（MT）、长吨（LT）、短吨（ST）、克（G）、千克（KG）、盎司（OZ）、磅（LB）等
个数单位	主要适用于成衣、文具、纸张、玩具、车辆、拖拉机、活牲畜、机器零件等杂货类商品及一般制成品	只（PC）、双（PR）、打（DZ）、台/架/套（ST）、辆（UNIT）、头（HAED）、袋（BAG）、卷（ROLL）等
长度单位	主要适用于布匹、塑料布、电线电缆、绳索、纺织品等	厘米（CM.）、米（M.）、码（YD.）、英尺（FT.）等
面积单位	主要适用于木材、玻璃、地毯、铁丝网、纺织品、塑料板、皮革等板型材，以及皮质商品和其他塑料制品	平方米（SQ.M.）、平方码（SQ.YD.）、平方英尺（SQ.FT.）、平方英寸（SQ.INCH）等
体积单位	主要适用于化学气体、木材等	立方米（CU.M.）、立方码（CU.YD.）、立方英尺（CU.FT.）、立方英寸（CU.INCH）等
容积单位	主要适用于汽油、天然气、煤油、酒精、啤酒等流体、气体物品	公升（L.）、加仑（GAL.）、蒲式耳（BU.）等

4．数量机动幅度条款

数量机动幅度条款是指卖方可以按合同规定的数量，多装或少装一定的百分比的条款，又称为溢短装条款（more or less clause）。溢短装条款主要包括溢短装百分比、溢短装决定权和溢短装部分计价三部分。

（四）商品包装条款

商品包装条款一般包括包装材料、包装方式、包装费用的负担及包装商品的数量或重量组成四部分内容。

1．包装材料

主要包装材料如表 4-2 所示。

表 4-2　包装材料

按包装方式分类	按包装材料分类	适用情形及有关说明
箱（case）	木箱（wooden case）、板条箱（crate）、纸箱（carton）、瓦楞纸箱（corrugated carton）、夹板箱（plywood case）	多由纸板、稻草、纤维板制成。内衬防潮纸或塑料薄膜、纸屑、木屑等，箱外常以铁皮、塑料带加固，适用于集装箱、托盘运输
捆包（bag packing）	包（bale）、捆（bundle）	适用于羽毛、羊毛、棉花、布匹、蚕丝等蓬松货物，运输前先压缩，再用帆布、麻布或棉布进行包裹，并用金属丝或塑料带加箍
袋（bag）	麻袋（gunny bag）、布袋（cloth bag）、塑料袋（plastic bag）、纸袋（paper bag）	适用于粉状、颗粒状和块状的农产品及化学原料包装，如水泥、化肥、面粉、糕点等
桶（drum、cask）	木桶（wooden cask）、铁桶（iron drum）、塑料桶（plastic cask）、纸板桶（card-board drum）	适用于挥发性液体、半液体及粉状、粒状商品运输包装。包装有二次销售价值，但一定要密封，防止渗漏、生锈
其他	瓶（bottle）、罐（can）、篓/筐（basket）	盐酸、硫酸、酒类、瓦斯等易发生化学反应的物品应用瓶罐装运；蔬菜、水果等一般用以竹片、柳条、藤条编织而成的篓装运

2．包装方式

包装方式依商品特性不同而不同，选择包装方式需同时考虑包装费用与包装作用双重因素，以最经济的方式达到对商品的最大保护。

3．包装费用的负担

包装费用一般包含在货价中，但如果买方要求特殊包装，则可以增加包装费用，此时，必须在合同中订明如何计费及何时收费。

4．包装商品的数量或重量组成

包装商品的数量或重量组成一般依买卖双方的约定进行包装，在磋商包装条款时，对于包装商品的数量或重量组成要综合考虑商品包装的承受能力、装卸效率、运输工具的承载空间等多项因素，还要考虑交易习惯等。

（五）商品价格条款

商品价格条款由商品单价及总值两部分组成，它是国际货物买卖合同的主要交易条件。
一项单价应包含的主要内容如下：

USD	300	per metric ton	CIF New York
计价货币	金额	计量单位	贸易术语

例：

CIF LONDON　USD　200.00　per M/T

FOB Shanghai　USD　200.00　per metric ton

（六）装运条款

装运条款主要包括装运时间、装运港、目的港、是否允许分批装运与转船等。

（七）保险条款

1. 货物保险条款的构成

货物保险条款包括投保责任归属、保险金额、投保险别及保险条款依据等 4 部分内容。例如，Insurance is to be covered by the seller for 110% of invoice value against all risks with People's Insurance Company of China，as per Ocean Cargo Clause of The People's Insurance Company of China dated 01/01/1981.（卖方应根据中国人民保险公司制定的 1981 年 1 月 1 日生效的海洋货物保险条款按合同金额的 110%向中国人民保险公司投保一切险。）

2. 货物保险条款签订的注意事项

（1）在 CIF 及 CIP 术语下，为出口货物办理货物运输保险是卖方的法定义务，卖方应确保保险合同于货物装船前或货交承运人前生效，以切实保证货物运输的安全。

（2）如果买方要求的投保加成超过 10%，通常卖方也可以接受，但需要明确因此产生的额外保费应该由买方来负责。

（3）货物运输保险的险别需要结合货物的品质特性和交易特点来确定，如出口瓷器及陶瓷制品，应选择加保碰损、破碎险；如出口目的国政局不稳，时有武装冲突出现，则应该加保战争险等。

（4）在 CIF 或 CIP 术语下，如果买卖双方在买卖合同中对保险险别未作规定，则卖方只需要按最低险别投保即算履行了投保义务。

（八）支付条款

1. 汇款支付方式的常见合同条款形式

汇款支付方式流程如图 4-1 所示。

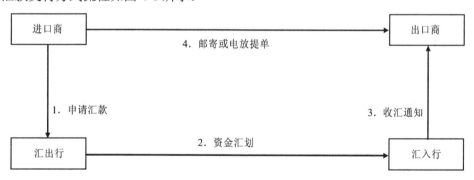

图 4-1 汇款支付方式流程

汇款支付方式的常见合同条款形式如下。

（1）The buyer shall pay 100% of the sales proceeds to the seller in advance by T/T not later than Feb.18，2023.（买方应最迟于 2023 年 2 月 18 日把全部货款用电汇方式预付给卖方，即装运前 T/T。）

（2）The buyer shall pay 100% of the sales proceeds to the seller by T/T within 30 days after the arrival of the goods.（买方应在货物到达目的地之后的 30 天内把全部货款电汇给卖方，即装运后 T/T。）

（3）The buyer shall pay 100% of the sales proceeds to the seller by T/T against the fax of B/L.（买方应在收到卖方的海运提单传真件后，把全部货款电汇给卖方，即装运后见提单传真件 T/T。）

（4）The buyer shall pay 30% of the sales proceeds to the seller in advance by T/T before Apr.1，2023，pay the balance by T/T against the fax of B/L.（买方应在 2023 年 4 月 1 日之前把 30%货款用电汇方式预付给卖方，余款在收到卖方的海运提单传真件后用电汇方式支付，即装运前 T/T+装运后见提单传真件 T/T。）

2．托收支付方式的常见合同条款形式

托收支付方式流程如图 4-2 所示。

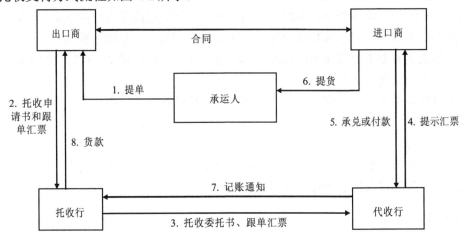

图 4-2　托收支付方式流程

托收支付方式的常见合同条款形式如下。

（1）Upon first presentation，the buyer shall pay against documentary drafts drawn by the sellers at sight. The shipping documents are to be delivered against payment only.（买方对卖方开立的即期跟单汇票需见票即付，付款后才能交单，即"即期 D/P"。）

（2）The buyer shall duly accept the documentary draft drawn by the seller at 30 days after sight upon first presentation and make due payment on its maturity. The shipping documents are to be delivered against payment only.（在提示卖方开立的见票后 30 天付款的跟单汇票时，买方做出承兑，在汇票到期日进行付款，付款后才能交单，即"远期 D/P"。）

（3）The buyer shall duly accept the documentary drawn by the seller at 30 days after sight upon first presentation and make due payment on its maturity. The shipping documents are to be delivered against acceptance.（在提示卖方开立的见票后 30 天付款的跟单汇票时，买方做出承兑，在汇票到期日进行付款，承兑后就能交单，即"D/A"。）

3．信用证支付方式的常见合同条款形式

（1）The buyer shall establish through a bank acceptable to the seller irrevocable letter of credit at sight to reach the seller before May 10，2023.（买方必须在 2023 年 5 月 1 日之前通过卖方可以接受的银行开立不可撤销的即期信用证并送达卖方。）

（2）The buyer shall establish irrevocable letter of credit at 60 days after B/L date，reaching the seller not later than Jun.13，2023 and remaining valid for negotiation in China for further 15 days after the effected shipment.（买方必须在 2023 年 6 月 13 日之前开立不可撤销的、海运提单日后 60 天付款的远期信用证并送达卖方，在装运日后的 15 天在中国交单议付有效。）

4．混合支付方式的常见合同条款形式

The buyer shall pay 30% of the sales proceeds to the seller in advance by T/T before Jun.1，2023，pay the balance by sight L/C which should be opened before Jun. 12，2023.（买方应在 2023 年 6 月 1 日之前把 30%货款以电汇方式预付给卖方，余款通过在 2023 年 6 月 12 日之前开立即期信用证支付，即"前 T/T+即期 L/C"。）

 任务操作

2023 年 3 月 16 日，根据河北越洋食品限公司与 OCEANS Co.，Ltd.磋商谈判的结果，河北越洋食品有限公司外贸业务员李伟拟定销售确认书如下，经双方盖章签字确认，合同开始生效。合同签订后就要进入履约阶段。

销售合同
SALES CONTRACT

Contract No.　合同编号：YY-23316
Date 日期：MAR.16，2023
Place 地址：QinHuangDao，HeBei，China

卖方：河北越洋食品有限公司
Seller：HEBEI YUEYANG FOOD CO.，LTD.
Add：NO.73 HEBEI ROAD，QINHUANGDAO，CHINA
TEL：0335-2083919　FAX：0335-2082899
买方：海洋有限公司
Buyer：OCEANS CO.，LTD
Add：6-RO，GANGSEO-GU，SEOUL，REPUBLIC OF KOREA

属产品的贸易条款为 The buyer agrees to buy and the seller agrees to sell the following goods on terms and conditions as follows：

1．品名及规格 Commodity & Specification	2．数量 Quantity	3．单价及价格条款 Unit Price & Trade Terms	4．金额 Amount
CFR BUSAN INCOTERMS 2020			
雪花带子 FROZEN RAW SCALLOP MEAT	21 000.00KGS	USD 7.00/KG	USD 147 000.00
Total：	21 000.00KGS		USD 147 000.00

备注：+/-10% Quantity and Value Allowance（+、−）10%.

1．总金额：美元壹拾肆万柒仟元整。

TOTAL：SAY US DOLLARS ONE HUNDRED FORTY SEVEN THOUSAND ONLY.

2．包装：1 个塑料袋装 0.5 千克，20 个塑料袋装 1 个出口纸箱。

Packing：0.5 KILOGRAMS PACKED IN ONE POLYBAG，20 POLYBAGS IN ONE STANDARD EXPORT CARTON.

3．运输方式：从任何一个中国新港至韩国釜山。

Transportation Mode: From XINGANG，CHINA Port to BUSAN，SOUTH KOREA. TRANSSHIPMENT IS ALLOWED AND PARTIAL SHIPMENG IS NOT ALLOWED.

4．装运期：2023 年 5 月 31 日前。

Time of Shipment：BEFORE MAY.31，2023.

5．文件要求：为买方提供如下文件：

a. 商业发票

b. 装箱单

c. 全套清洁提单标注"运费已付"

d. 健康证书

Documents：The following documents shall be submitted to the Buyer：

a．Commercial Invoice

b．Packing List

c．Bill of Lading marked "Freight Prepaid"

d．The Health Certificate

6．付款条件：不可撤销的见票即付信用证，于 2023 年 4 月 1 日前到达卖方，在中国议付有效。如果信用证迟到，卖方对延迟装运不承担责任，并有权解除合同和（或）要求赔偿损失。

Terms of Payment：BY IRREVOCABLE LETTER OF CREDIT AT SIGHT，REACHING THE SELLER BEFORE APR. 1，2023 AND REMAINING VALID FOR NEGOTIATION IN CHINA. IN CASE OF LATER ARRIVAL OF THE L/C，THE SELLER SHALL NOT BE LIABLE FOR ANY DELAY IN SHIPMENT AND SHALL HAVE THE RIGHT TO RESCIND THE CONTRACT AND/OR CLAIM FOR DAMAGES.

7．保险：由买方完成。

Insurance：effected by the buyer.

8．买方提货后如果有质量问题请在 7 天内反馈，如果过期反馈，我们对风干发黄，解化返霜等问题不承担责任。

Buyer should make a feedback to us in seven days if there are quality question after delivery of goods. If overdue feedback，our company don't undertake responsibility for drying，yellow and thawed problems.

9．品质、数量、重量，以中华人民共和国海关或卖方所出之证明书为最后依据。

Quality，quantity and weight certified by Customs of the People's Republic of China or the Sellers，as per the former's Inspection Certificate or the latter's certificate，are to be taken as final.

10．仲裁：凡因执行本合同或与本合同有关事项所发生的一切争执，应由双方通过友好方式协商解决。如果不能达成协议时，则在被告国家根据被告国仲裁机构的仲裁程序规则进行仲裁。仲裁决定是终局的，对双方具有同等约束力。仲裁费用除仲裁机构另有规定外，均由败诉一方负担。

Arbitration：All disputes arising in connection with this Sales Contract or the execution thereof shall be settled through amicable negotiation. In case no settlement can be reached，the case at issue shall then be submitted for arbitration organization in the defendant's country. The result by the said organization shall be deemed as final and binding upon both parties. The charges for arbitration are on the defeat part account，unless the arbitration organization stipulates specially.

备注:

Remarks:

本合同正本 2 份,采用中、英文书写,两种文字具有同等效力。签字后生效,买卖双方各执 1 份为凭。

This contract is written in both Chinese and English, which have equal effect in law. Two pieces of original contracts are held respectively by buyer and seller for evidence. The contract goes into effect from date of signature.

卖方: 河北越洋食品有限公司	买方: 海洋有限公司
The Seller: HEBEI YUEYANG FOOD CO., LTD.	The Buyer: OCEANS CO., LTD
Seller Signature (卖方签字):	Buyer Signature (买方签字):

 **项目小结**

买卖双方经过几轮磋商,最终谈妥主要合同条款,接受达成,接下来就应该拟订销售确认书。

成立的合同要具有法律效力,需具备一些条件。合同的形式主要有书面形式、口头形式和其他形式,其中书面形式包括销售合同和销售确认书等。合同的内容一般包括约首、正文和约尾 3 部分,其中正文是合同的主体部分。正文主要包括品名、品质、数量、包装、价格、装运、保险、支付、商检、索赔、仲裁和不可抗力等条款,卖方要根据与买方磋商谈判的结果正确拟订销售确认书。

 **项目实训**

操作实训一:出口合同的填写

河北新隆进出口有限公司与 LK Footwear Inc.通过反复磋商,双方于 2023 年 4 月 22 日达成如下合同条款。

品名:雪地靴,款式号 NM1048(Pac Boots Style No.NM1048)

数量:4 800 双

包装:每双装 1 盒,每 6 盒装 1 纸箱

单价:USD15.50/双 CFR Vancouver, Canada

装运:收到 30%预付款后的 90 天内装运,允许转运,允许分批装运。

支付:买方在收到卖方银行开立 30%合同金额的预付款保函后,电汇支付 30%货款,凭提单传真件电汇支付 70%货款。

汇入行:中国银行河北省分行 银行国际代码(SWIFT Code):BKCHCNBJ720

收款人:河北新隆进出口有限公司

账 号:80020002700605302

请在以下标注序号的栏目内，用英文填写以下合同条款的相应内容，使其成为一份完整的出口合同。

SALES CONTRACT

NO：XL0798   DATE：APR. 22，2023

THE SELLER：Hebei Xinlong I/E Co.，Ltd.   **THE BUYER**：LK Footwear Inc.

No.99 Yan'an Rd.，Qinhuangdao   No.876 Walk Rd.，Vancouver

China   Canada

This contract is made by and between the buyer and seller，whereby the buyer agrees to buy and the seller agrees to sell the under-mentioned commodity according to the terms and conditions stipulated below.

Commodity & Specification	Quantity	Unit Price	Amount
（1）	（2）	（3）	（4）
Total			
Total Contract Value：（5）			

PACKING：（6）_____

_____

TIME OF SHIPMENT：（7）_____

PORT OF LOADING：（8）_____

PORT OF DESTINATION：（9）_____

Transshipment is（10）_____and partial shipment is（11）_____.

INSURANCE：Covered by the buyer.

TERMS OF PAYMENT：（12）_____

_____

_____

BENEFICIARY BANK：Bank of China，Hebei Branch

SWIFT CODE：BKCHCNBJ720

NAME：Hebei Xinlong I/E Co.，Ltd.

A/C NO：80020002700605302

REMARKS：

This contract is made in two original copies and becomes valid after both parties' signature，one copy to be held by each party.

Signed by：

        THE SELLER：   THE BUYER：

操作实训二：国际贸易合同的填写

浙江越升进出口有限公司外贸业务员陈东收到日本老客户 Hisa Corporation 经理 Yama 先生的电子邮件，欲购木篱笆（wooden fence）。通过反复磋商，2023 年 2 月 14 日，双方达成如下条款。

货　　号	数　　量	单价（FOB 上海）
KG-18Y	720 个	3.60 美元/个
KG-36Y	1 980 个	5.50 美元/个
YF-90Y	3 870 个	1.80 美元/个
YF-150Y	4 230 个	3.60 美元/个

包装：6 个木篱笆装 1 个纸箱。

支付：20%合同金额在合同签订后 10 天内电汇支付，余款凭提单传真件电汇支付。

交货：收到预付款后 30 天内交货，从中国上海港运到日本大阪港，不允许分批装运和转运。

　　根据下列成交条件将未完成的国际贸易合同填写完整。要求条款表述准确，全部用英文填写。

SALES CONTRACT

NO．YS20230012　　　　　　　　　　　　　　　　DATE：Feb．14，2023

THE SELLER：Zhejiang Yuesheng Import and Export Co.，Ltd.

　　　　　　　No．66 Jiaosan Rd.，Hangzhou，310005，China

　　　　　　　TEL：0086-571-90067550　　FAX：0086-571-90067551

THE BUYER：Hisa Corporation

　　　　　　　5-15-2，Niina，Mino，Osaka，Japan

　　　　　　　TEL：0081-665-43-3366　　FAX：0081-665-43-3368

　　This contract is made by and between the buyer and the seller，whereby the buyer agrees to buy and the seller agrees to sell the under-mentioned commodity according to the terms and conditions stipulated below.

Commodity & Specification	Quantity	Unit Price	Amount
（1）	（2）	（3）	（4）
Total			
Contract Value（In Words）：（5）			

PACKING：（6）＿＿＿＿＿＿＿＿＿＿＿＿＿＿＿＿＿＿＿＿＿＿＿＿＿＿＿＿

TIME OF DELIVERY：（7）＿＿＿＿＿＿＿＿＿＿＿＿＿＿＿＿＿＿＿＿＿＿＿

＿＿＿＿＿＿＿＿＿＿＿＿＿＿＿＿＿＿＿＿＿＿＿＿＿＿＿＿＿＿＿＿＿＿

PORT OF LOADING AND DISCHARGE：（8）＿＿＿＿＿＿＿＿＿＿＿＿＿＿＿

＿＿＿＿＿＿＿＿＿＿＿＿＿＿＿＿＿＿＿＿＿＿＿＿＿＿＿＿＿＿＿＿＿＿

Transshipment is（9）＿＿＿＿＿＿and partial shipment is（10）＿＿＿＿＿＿＿＿＿＿＿＿＿＿.

INSURANCE：Covered by the Buyer.

TERMS OF PAYMENT：（11）＿＿＿＿＿＿＿＿＿＿＿＿＿＿＿＿＿＿＿＿＿＿

＿＿＿＿＿＿＿＿＿＿＿＿＿＿＿＿＿＿＿＿＿＿＿＿＿＿＿＿＿＿＿＿＿＿

＿＿＿＿＿＿＿＿＿＿＿＿＿＿＿＿＿＿＿＿＿＿＿＿＿＿＿＿＿＿＿＿＿＿

Other Terms：（omitted）

　　This contract is made in two original copies and becomes valid after both parties' signature，one copy to be held by each party.

Signed by:

　　THE SELLER：　　　　　　　　　　　THE BUYER：

项目五　信用证操作

在信用证结算方式下，若接近合同的开证日期出口方仍未收到信用证，外贸业务员应向进口商发出催证函，催其早日办理申请开证手续。出口商收到信用证后，应根据据合同仔细审核信用证条款。若信用证条款与合同不一致或无法办到，出口商应向进口商发修改函，要求其向开证行提出修改信用证申请。

任务一　催促对方开出信用证

 任务介绍

如果出口合同中买卖双方约定采用信用证方式，买方应严格按照合同的规定开立信用证，这是卖方履约的前提。在实际业务中，国外进口商在市场发生变化或资金发生短缺时，往往会拖延开证，出口方应催促对方迅速办理开证手续。特别是大宗商品交易或买方要求特制的商品交易，出口方更应结合备货情况及时进行催证，必要时，也可请我国驻外机构或中国银行协助代为催证。

 任务解析

出口方采取信用证方式收取货款背景下，当买方未按合同的规定时间开来信用证，或者根据我方的货源、运输情况，允许提前装运时，可以通过信函、电报和电传或其他方式催促对方迅速开出信用证，以利我方早日发货，这就是催证。完成本任务需两步：

第一步：分析是否需要催证。

第二步：如需要催证，完成催证函的书写。

 知识储备

1. 信用证

信用证是有条件的银行担保，是银行（开证行）应买方（申请人）的要求和指示保证立即或将来某一时间内付给卖方（受益人）一定金额的书面保证文件。卖方（受益人）得到这笔钱的条件是向银行（议付行）提交信用证中规定的单据。

2. 信用证的当事人

（1）开证申请人（买方）：请求银行开立信用证的人。

（2）开证行：是进口国的一家银行，应买方的要求而开立信用证。

（3）通知行：是出口国的一家银行，把开证事宜通知出口人。

（4）出票人（卖方）：出售货物并向开证行或买方出具汇票。

（5）受票人（买方）：汇票到期时承担付款的责任者。

（6）议付行：向卖方支付或承兑汇票的银行。

（7）偿付行：通常是开证行本身，它向议付行偿付后者预先垫付的货款。在某些场合，它可能是开证行在第三国的偿付代理行。

（8）受益人：以此人为抬头开立信用证，也就是有权开具汇票并领取货款者。

3．卖方催促买方开立信用证的方法

卖方催促买方开立信用证的方法有：发信函、电报、电传、传真、E-mail，或请银行或卖方驻外机构协助代为催证。

4．具体写法

例1：CONTRACT NO12345 GOODS READY PLEASE RUSH L/C（12345号合同下货物已备妥，请即开证）

例2：CONTRACT NO12345 PLEASE FAX WHEN AND THROUGH WHAT BANK L/C OPENED（请告12345号合同下信用证何时通过何银行开立）

例3：CONTRACT NO12345 PLEASE CABLE L/C TO REACH US BEFORE MAY 15 TO CATCH SS "TIANHUA" SAILING MAY 30（请于5月15日前将12345号合同信用证开到我处，以赶5月30日天华轮）

 任务操作

2023年3月31日，河北越洋食品限公司业务员李伟仍未收到进口方开出的信用证，李伟向进口方发出催证函，如下：

Dear Sirs，

We refer to your order for 2 100 cartons of FROZEN RAW SCALLOP MEAT and our sales confirmation No．YY-23316.

We like to remind you that the delivery date is approaching and we have not yet received the covering L/C.

We would be grateful if you would expedite establishment of the L/C so that we can ship the order on time.

In order to avoid any further delay，please make sure that the L/C instructions are in precise accordance with the terms of the contract.

We look forward to receiving your response at an early date.

Your faithfully,

LI WEI

操作指南

1．出口方催证的时间

买方按约定的时间开证是卖方履行信用证方式付款合同的前提条件。大宗交易或按买方要求而特别定制的商品交易，买方及时开立信用证尤其重要，否则卖方无法准时安排生产和组织货源，以防因买方违约造成货物不能及时出货或者销售不出去，严重影响企业的持续经营。

在正常情况下，买方信用证最少应在货物装运期前 15 天开到卖方手中。对于资信情况不是很了解的新客户原则上坚持在装运期前 30 天或 45 天甚至更长的期限，并且配合生产加工期限和客户的要求灵活掌握信用证的开证日期。在实际业务中，国外客户在遇到市场行情变化或缺乏资金的情况下，往往拖延开证，因此出口商应及时检查买方的开证情况。

2．催证时应注意

（1）必须根据合同的条款催证；

（2）必须根据我方进出口商品的备货情况催证；

（3）必须根据出口商品能否及时出运，并结合国际货物联合运输的情况考虑；

（4）注意催证的语言使用，特别是我方意欲提前发运时。

3．需要催证的情况

（1）合同内规定的装运期距合同签订的日期较长，或合同规定买方应在装运期前一定时间开出信用证。

（2）卖方提早将货备妥，可以提前装运，可与买方商议提前交货。

（3）国外买方没有在合同规定期限内开出信用证。

（4）买方信誉不佳，故意拖延开证，或因资金等问题无力向开证行缴纳押金。

（5）签约日期和履约日期相隔较远应在合同规定开证日之前，去信表示对该笔交易的重视，并提醒对方及时开证。

在实践中，催证工作并非每笔业务必有的程序，只有在上述情况发生或存在时，才需催证。

4．催证函的书写

在实际业务操作中，用快捷的通信方式催证是很普遍的。其内容主要包括以下三点：

（1）说明所涉及的商品名称、合同、确认书名称；

（2）说明尚未收到信用证；

（3）催促对方开证。

任务二　审核信用证

 任务介绍

信用证审核是履行信用证付款合同中的重要环节。许多不符点单据的产生或者提交单据后被银行退回，大多是出口商对收到的信用证事先检查不够造成的。国外开来的信用证，由我国银行和进出口公司共同审查。中国银行或国内其他经办外汇业务的银行重点审查与开证行是否有代理或其他业务往来关系，开证行的政治背景、资信、付款责任和索汇路线以及鉴别信用证真伪等。如经我国银行审查无问题，即在信用证正本上面加盖"证实书"戳印后交给我国进出口公司所在地银行审查。外贸业务人员主要审核的是信用证的内容。信用证审核可避免以后发生一些不必要的费用和风险。

 任务解析

审证步骤：

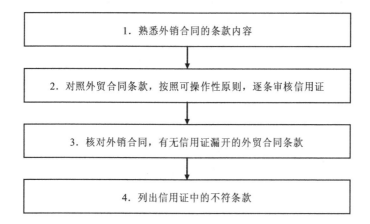

 知识储备

1. 信用证与买卖合同的关系

信用证是银行开立的有条件的付款保证。信用证的条件必须与合同条件相吻合，否则，卖方将难以提交符合信用证要求的单据，失去银行所提供的信用保证。因此，卖方收到信用证后，应立即对其内容进行审核。

2. 信用证的真实性和开证行的资信状况

信用证的真实性和开证行的资信状况由通知行来审核。因而在审证之前，卖方要仔细阅读信用证通知书的内容。

（1）若通知行认为开证行资信状况差、信用等级低，受益人可以要求开证申请人找一家信用可靠的银行对此信用证加以保兑。

（2）若通知行无法确认信用证的真实性，在信用证通知书上表示"押未核仅供参考"等内容时，卖方则不能盲目开始备货生产货物，应催促通知行尽快确认信用证的真实性。

（3）若通知行告知该信用证为预先通知信用证，该预先通知信用证法律上是无效的。

 任务操作

第一步：熟悉合同条款内容。见销售合同。

合同资料见本书项目四中任务二的任务操作，即河北越洋食品有限公司与 OCEANS CO.，LTD 签订的销售合同。

第二步：对照外贸合同，逐条审核信用证各条款。见信用证资料。

MT 700	ISSUE OF A DOCUMENTARY CREDIT
Sequence of Total	27：1/1
Form of Documentary Credit	40A：IRREVOCABLE
Documentary Credit Number	20：MD1PY230ENL00071
Date of Issue	31C：230511
Applicable Rules	40E：UCP LATEST VERSION
Date and Place of Expiry	31D：DATE 230531 PLACE IN CHINA
Applicant	50：OCEANS CO.，LTD
	6-RO，GANGSEO-GU，SEOUL，REPUBLIC OF KOREA
Beneficiary	59：HEBEI YUEYANG FOOD CO.，LTD.
	NO.73 HEBEI ROAD，QINHUANGDAO．CHINA
Amount	32B：CURRENCY CNY AMOUNT 147 000.00
Available with/by	41D：ANY BNK
	BY DEFERRED PAYMENT
Drafts At …	42C：60 DAYS AFTER SIGHT
Drawee	42A：HVBKLS6L
	WOORI BANK，LOS ANGELES
	LOS ANGELES
Deferred Payment Details at	42P：
Partial Shipment	43P：PROHIBITED
Transshipment	43T：PROHIBITED
Port of Loading/Airport of Departure	44E：XINGANG，CHINA
Port of Discharge	44F：BLSAN PORT，SOUTH KOFEA
Latest Date of Shipment	44C：230531
Description of Goods and/or Services	45A：+TERMS OF RICE：CFR BUSAN
	+COUNTRY OF ORTGIN：CHINA
	+ITEM：FROZEN RAW SCALLOP MEAT
	+PACKING：500G × 20BEAGS/CTN
	+SIE：3.7CM × 1.2CM
	+QANTITY（CTNS）：2 100
Documents Required	46A：+ SIGNED COMMERCIAL INVOICE IN 03 COPIES.
	+FULL SET CF CLEAN ON BORD OCEAN BILLS OF LADING
	MADE OUT TO THE ODER OF WOORI BANK MARKED FREIGHT
	COLLECT AND NOTIFY APPLICANT
	+ PACKING LIST IN TRIPLICATE.
	+ The Health Certificate

Additional Conditions	47A：+T/T REIMBURSEMENT IS NOT ALLOHED. + IF FALL TO PASS KOREAN GOVERNMENT'S INSPECTION，SELLER（MANUFACTURER）MUST RECEIVE THE CARGO BACK FROM BUYER BY SELLER（MANUFACTTRER）'S COST. AND SELLER（MANUFACTURER）MUST PAY WHEN THE CARGO IS ARRIVED AT THE PORT OF DISCHARGE. +AN EXTRA COPY OF SHIPPING DOCUMBNTS IS REQUIRED FOR ISSUING BANK'S FILE. IF SUCH EXTRA COPY IS NOT PRESENTED，A PHOTCCOPY HANDLING FEE OF USD 20 WILL BE DEDUCTED FROM THE PROCEEDS. + REIMBURSEMENT MUST BE CAIMED STATING COMMODITY，PORT OF LOADING WITH COUNTRY，PORT OF DISCHARGE WITH COUNTRY，COUNTRY OF ORIGIN AND VESSEL/CARRI ER NANE. +ALL DOCUMENTS MUST BE IN ENGLISH. +IF DOCUMENTS CONTAINING DISCREPANCIES ARE PRESENTED，A FEE OF USD 80.00 WILL BE CHARGED TO THE BENEFICARY.
Charges	71B：ALL BANKING COMMISSIONS AND CHARGES INCLLDING REIMBURSEMENT CHARGES OUTSIDE SOUTH KOREA ARE FOR ACCOUNT OF BENEFICIARY
Period for Presentation	48：
Confirmation Instruction	49：WITHOUT 78：+ TO PAY/ACC/NEG BK： + THE AMOUNT OF EACH DRAFT MUST BE ENDORSED ON THE REVERSE OF THIS CREDIT.
Instruction to the Paying/Accepting/ Negotiating Bank	+ ALL DOCUMENTS EXCEPT DRAFTS MUST BE FORWARDED T0 US BY COURIER SERVICE IN ONE LOT. ADDRESSED TO WOORI BANK. 8TH FLOOR 17 WORLD CLP BUK-RO 60-GIL MAPO-GU SEOUL03921 REPUELIC OF KOFEA
Sender to Receiver Information	72：PLEASE ADVISE AND ACKNOWLEDGE THE RECEIPT.

第三步：核对外贸合同，有无信用证漏开的外贸合同条款。

第四步：列出信用证中的不符条款。

审核后发现不符的情况：

1．信用证的有效期短，不便操作，可改为 20230621。

2．信用证金额币种错误，应该为 USD。

3．信用证的付款方式错误，应改为议付。

4．汇票的付款期限错误，应改为见票即付。

5．禁止转运错误，应改为允许转运。

6．运费到付 FREIGHT COLLECT 错误，应改为 FREIGHT PREPAID。

修改后的信用证如下：

MT 700	ISSUE OF A DOCUMENTARY CREDIT
Sequence of Total	27：1/1
Form of Documentary Credit	40A：IRREVOCABLE
Documentary Credit Number	20：MD1PY230ENL00071
Date of Issue	31C：230511
Applicable Rules	40E：UCP LATEST VERSION
Date and Place of Expiry	31D：DATE 230621 PLACE IN CHINA
Applicant	50：OCEANS CO.，LTD
	6-RO，GANGSEO-GU，SEOUL，REPUBLIC OF KOREA
Beneficiary	59：HEBEI YUEYANG FOOD CO.，LTD.
	NO.73 HEBEI ROAD，QINHUANGDAO. CHINA
Amount	32B：CURRENCY USD AMOUNT 147 000.00
Available with/by	41D：ANY BNK
	BY NEGOTIATIONT
Drafts At …	42C：AT SIGHT
Drawee	42A：HVBKLS6L
	WOORI BANK，LOS ANGELES
	LOS ANGELES
Deferred Payment Details at	42P：
Partial Shipment	43P：PROHIBITED
Transshipment	43T：ALLOWED
Port of Loading/Airport of Departure	44E：XINGANG，CHINA
Port of Discharge	44F：BLSAN PORT，SOUTH KOFEA
Latest Date of Shipment	44C：230531
Description of Goods and/or Services	45A：+TERMS OF RICE：CFR BUSAN
	+COUNTRY OF ORTGIN：CHINA
	+ITEM：FROZEN RAW SCALLOP MEAT
	+PACKING：500G × 20BEAGS/CTN
	+SIE：3.7CM × 1.2CM
	+QANTITY（CTNS）：2 100
	TOTAL AMOUNT：USD147 000.00
Documents Required	46A：+ SIGNED COMMERCIAL INVOICE IN 03 COPIES.
	+FULL SET CF CLEAN ON BORD OCEAN BILLS OF LADING MADE OUT TO THE ODER OF WOORI BANK MARKED FREIGHT PREPAID AND NOTIFY APPLICANT
	+ PACKING LIST IN TRIPLICATE.
	+ The Health Certificate

Additional Conditions	47A：+T/T REIMBURSEMENT IS NOT ALLOHED. + IF FALL TO PASS KOREAN GOVERNMENT'S INSPECTION，SELLER（MANUFACTURER）MUST RECEIVE THE CARGO BACK FROM BUYER BY SELLER（MANUFACTTRER）'S COST. AND SELLER（MANUFACTURER）MUST PAY WHEN THE CARGO IS ARRIVED AT THE PORT OF DISCHARGE. +AN EXTRA DOPY OF SHIPPING DOCUMBNTS IS REQUIRED FOR ISSUING BANK'S FILE. IF SUCH EXTRA COPY IS NOT PRESENTED，A PHOTCCOPY HANDLING FEE OF USD 20 WILL BE DEDUCTED FROM THE PROCEEDS. + REIMBURSEMENT MUST BE CAIMED STATING COMMODITY，PORT OF LOADING WITH COUNTRY，PORT OF DISCHARGE WITH COUNTRY，COUNTRY OF ORIGIN AND VESSEL/CARRI ER NANE. +ALL DOCUMENTS MUST BE IN ENGLISH. +IF DOCUMENTS CONTAINING DISCREPANCIES ARE PRESENTED，A FEE OF USD 80.00 WILL BE CHARGED TO THE BENEFICARY.
Charges	71B：ALL BANKING COMMISSIONS AND CHARGES INCLLDING REIMBURSEMENT CHARGES OUTSIDE SOUTH KOREA ARE FOR ACCOUNT OF BENEFICIARY
Period for Presentation	48：
Confirmation Instruction	49：WITHOUT
Instruction to the Paying/Accepting/Negotiating Bank	78：+ TO PAY/ACC/NEG BK： + THE AMOUNT OF EACH DRAFT MUST BE ENDORSED ON THE REVERSE OF THIS CREDIT. + ALL DOCUMENTS EXCEPT DRAFTS MUST BE FORWARDED TO US BY COURIER SERVICE IN ONE LOT. ADDRESSED TO WOORI BANK. 8TH FLOOR 17 WORLD CLP BUK-RO 60-GIL MAPO-GU SEOUL03921 REPUELIC OF KOFEA
Sender to Receiver Information	72：PLEASE ADVISE AND ACKNOWLEDGE THE RECEIPT.

操作指南

一、信用证审核依据

1．L/C 的审核要依据 S/C

2．L/C 的审核要依据 UCP600[①]

3．L/C 的审核要全面考虑业务实际情况

对于合同中未作规定或无法根据 UCP600 来做出判断的信用证条款，外贸业务员应根据业务实际情况来审核。主要考虑信用证条款对安全收汇的影响程度。

二、L/C 审证的要点

1．审核信用证的金额

审核时注意数量、单价、总金额、溢短装条款、币种等是否正确。

2．审核货物的描述。

审核货物的名称、货号、规格、包装、合同号码、订单号码等是否和合同的一致。

3．审核当事人名称

审核开证申请人、受益人的名称是否正确

4．审核信用证的截止日期、交单日期、交单议付的地点和装运时间

信用证是有有效期的，议付须在信用证有效期内。交单日期一般不超过装运日期后的 21 天，以 15 天为宜。如果进口商在信用证上没有规定交单的时间，那么最晚不能迟于装运日期 21 天。

5．审核装运条款是否可以接受

装运港、目的港、交货地点必须与价格条款相一致；分批装运和转运的问题；信用证中指定的唛头；若来证规定了运输方式、运输工具或者来信要求承运人出具船龄和船籍证明，外贸业务员则要注意及时与承运人联系。

6．审核保险条款是否可以接受

若来证要求的投保险别和投保金额超出了合同的规定，并且信用证上也表明由此产生的超额保费由买方承担，则我方可以接受。

若成交价为 CFR 价或者 FOB 价，而来证要求我方办理保险，在这种情况下，只要来证金额中已经包括保费或允许加收保费，则可不必修改此条款。

7．审核信用证约束条款

一般情况下，开立的信用证都要加注"此信用证受到 UCP600 的约束"。

8．审核其他条款

要特别注意一些软条款。如 1/3 的正本提单直接寄给卖方，商业发票由买方签字等条款要慎重对待。

---

① UCP600 指国际商会的第 600 号出版物《跟单信用证统一惯例》。

任务三　改证操作

任务介绍

通过对信用证的全面审核如发现问题，应及时处理。对于影响安全收汇，难以接受或做到的信用证条款，必须要求国外进口商进行修改。

任务解析

（一）信用证需要修改的情形

1．开证错误；
2．受益人因不能如期完成交货要求展期；
3．应开证申请人的要求，增加订单量。

（二）信用证修改业务流程（图 5-1）

1．受益人给开证申请人发改证函，协商改证事宜；
2．协商一致后，开证申请人填写改证申请书，向开证行提出改证申请；
3．开证行同意后，向信用证的原通知行发信用证通知修改书；
4．原通知行给受益人信用证修改通知书和信用证修改书，进行信用证修改通知。

图 5-1　修改信用证流程

任务操作

根据任务二的分析，写改证函。

Dear Sirs，

　　We are pleasure to receive your L/C No. MD1PY230ENL00071 issued by Bank of China，Hamburg Branch. But we find that it contains some discrepancies with S/C No. YY-23316. Please instruct the issuing bank to amend the L/C A.S.A.P. The L/C should be amended as follows:

1）Under field 31D，the date of expiry amends to "DATE 230621".

2）Under field 32B，the amount CURRENCY amends to "USD".

3）Under field 41D，the method of payment is "BY NEGOTIATION" instead of "BY DEFERRED PAYMENT".

4）Under field 42C，the tenor of draft is "AT SIGHT" instead of "60 DAYS AFTER SIGHT".

5）Under field 43T，the transshipment should be allowed not prohibited.

6）Under field 46A，in Bill of Lading clause, FREIGHT COLLECT should be amended to FREIGHT PREPAID.

Thank you for your kind cooperation. Please see to it that L/C amendment reach us not later than <u>MAY 15，2023</u>. Failing which we shall not be able to effect shipment.

Waiting for your reply soon.

Yours truly,

LI WEI

操作指南

1．信用证修改的规则如下：

（1）只有买方（开证人）有权决定是否接受修改信用证；

（2）只有卖方（受益人）有权决定是否接受信用证修改。

2．修改信用证应注意以下几点：

（1）凡是需要修改的内容，应做到一次性向进口商提出，避免多次修改信用证的情况。

（2）对于不可撤销信用证中任何条款的修改，都必须取得当事人的同意后才能生效。

（3）对信用证修改内容的接受或拒绝有两种表示形式：一是受益人作出接受或拒绝该信用证修改的通知；二是受益人以行动按照信用证的内容办事。

（4）收到信用证修改后，应及时检查修改内容是否符合要求，并分情况表示接受或重新提出修改。

（5）对于修改内容要么全部接受，要么全部拒绝。部分接受修改中的内容是无效的。

（6）有关信用证修改必须通过原信用证通知行才真实、有效；通过进口商直接寄送的修改申请书或修改书复印件不是有效的修改。

（7）明确修改费用由谁承担。一般按照责任归属来确定修改费用由谁承担。

3．信用证改证函写作方法

一封规范的改证函，通常包括以下几个方面的内容：

（1）感谢对方通过银行开来的信用证。

（2）列明证中不符点、不能接受的条款，并说明如何改正，如：

PLEASE DELETE THE CLAUSE "BY DIRECT STEAMER" AND INSERT THE WORDING "TRANSSHIPMENT AND PARTIAL SHIPMENT ARE ALLOWED".

PLEASE EXTEND THE DATE AND THE VALIDITY OF THE L/C TO... AND... RESPECTIVELY.

（3）感谢对方的合作，提醒信用证修改书应于某日前到达，以便按时装运等；如：

THANK YOU FOR YOUR KIND COOPERATION，PLEASE SEE TO IT THAT THE L/C AMENDMENT REACHES US BEFORE...，FAILING WHICH WE SHALL NOT BE ABLE TO EFFECT PUNCTUAL SHIPMENT.

 项目小结

　　向进口商催开信用证任务主要包括分析是否需要催证，催证时间的选择，催证函的书写 3 个主要环节。若经催促对方仍不开证，应向对方提出保留索赔的声明。

　　信用证审核是信用证付款方式下必不可少的一环。信用证付款方式强调"单单相符、单证相符"的"严格符合"原则，如果受益人（通常为卖方、出口人）提供的文件有错漏，不仅会产生额外费用，而且会遭到开证行的拒付，给安全、及时收汇带来很大的风险。事先对信用证条款进行审核，对于不符合出口合同规定或无法办到的信用证条款及时提请开证人（通常为买方、进口方）进行修改，可以大大避免不符合信用证规定情况的发生。

　　出口方审核信用证时，若发现有不符合买卖合同或不利于出口方安全收汇的条款，可及时联系进口方通过开证行对信用证进行修改。在修改信用证时，要遵循"利己不损人"的原则，即在不影响进出口商正常利益的基础上，合法维护自己的利益。熟练掌握 UCP600 的相关规定及相关国际贸易惯例，是改证的基础。

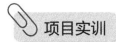 项目实训

实训操作一：根据以下交易背景，以出口商的身份写一封催证函
（1）告诉对方去函提及的是关于 899 号合同项下的 2 000 台电冰箱。
（2）提请对方注意交货期已临近，但至今我方仍未收到相关信用证。
（3）促请对方尽快开证，以便我方按期履行订单。
（4）提醒对方注意信用证条款要与合同完全一致。
（5）表示希望早日收到信用证。

实训操作二：根据合同资料和信用证资料，找出信用证与合同不符合之处

（1）合同资料

SALES CONTRACT

NO. JSRC080076   DATE：July 7，2023

THE SELLER：Jiangsu Rongshu Co.，Ltd.

           No. 98 Fuxing Rd，Xuzhou，221005，China

           TEL：0086-516-372××××   FAX：0086-516-372××××

THE BUYER：All Chamege AG

           Hauptstrasse 1029378，Staad，Switzerland

           TEL：0041-071-855××××   FAX：0041-071-855××××

    This contract is made by and between the buyer and the seller，whereby the buyer agrees to buy and the seller agrees to sell the under-mentioned commodity according to the terms and conditions stipulated below.

Commodity & Specification	Quantity	Unit Price	Amount
Bullet Proofing Tires		CFR Hamburg，Germany	
Art. No.205/55R16	200pcs	EUR50.00/pc	EUR10 000.00
Art. No.205/60R15	200pcs	EUR50.00/pc	EUR10 000.00
Total	400pcs		EUR20 000.00
Total Contract Value：	EURO DOLLARS TWENTY THOUSAND ONLY.		

PACKING：8 pieces per wooden cases

TIME OF SHIPMENT：within 45 days after the receipt of L/C

PORT OF LOADING AND DESTINATION：

From Shanghai，China to Hamburg，Germany

Transshipment is allowed and partial shipment is not allowed.

INSURANCE：Covered by the Buyer.

TERMS OF PAYMENT：By Letter of Credit at sight，reaching the seller before July 30，2023 and remaining valid for negotiation in China for further 15 days after the effected shipment.

DOCUMENTS：

    + Invoice signed in ink in triplicate.

    + Packing List in triplicate.

    + Full set of clean on board ocean Bills of Lading marked "freight prepaid" made out to the order of the Issuing Bank notifying the Buyer.

    + Certificate of Origin in duplicate issued by Chambers of Commerce or CCPIT.

    + Seller's Certified Copy of Fax dispatched to the Buyer within one day after shipment advising L/C No.，name，quantity and amount of goods shipped，number of packages，container No.，name of vessel and voyage No.，and date of shipment.

    + Lloyd's or Steamer Company's Certificate issued by the shipping company or its agents certifying that the carrying vessel is seaworthy and is not more than 20 years old and is registered with an approved classification society as per the institute classification clause and class maintained is equivalent to Lloyd 100A1.

REMARKS：

    This contract is made in two original copies and becomes valid after both parties' signature，one copy to be held by each party.

Signed by:

THE SELLER：   THE BUYER：

（2）信用证资料。2023 年 7 月 28 日，外贸业务员李荣收到了中国农业银行徐州市分行国际业务部的信用证通知函和信用证，All Chamege AG 公司通过中国银行汉堡分行（Bank of China，Hamburg Branch）开来的信用证，具体内容如下。

MT 700		ISSUE OF A DOCUMENTARY CREDIT
Sequence of Total	27：	1/1
Form of Documentary Credit	40A：	IRREVOCABLE
Documentary Credit Number	20：	YU9870
Date of Issue	31C：	230728
Applicable Rules	40E：	UCP LATEST VERSION
Date and Place of Expiry	31D：	DATE 230818 PLACE IN CHINA
Applicant	50：	ALL CHAMEGE AG
		HAUPTSTRASSE 1029378 STAAD SWITZERLAND
Beneficiary	59：	JIANGSU RONGSHU CO.，LTD.
		NO. 98 FUXING RD，XUZHOU，221005，CHINA
Amount	32B：	CURRENCY EUR AMOUNT 20 000.00
Available with/by	41D：	THE AGRICULTURAL BANK OF CHINA，XUZHOU BRANCH
		BY DEFERRED PAYMENT
Deferred Payment Details at	42P：	AT 60 DAYS AFTER B/L DATE
Partial Shipment	43P：	PROHIBITED
Transshipment	43T：	PROHIBITED
Port of Loading/Airport of Departure	44E：	SHANGHAI，CHINA
Port of Discharge	44F：	HAMBURG，GERMANY
Latest Date of Shipment	44C：	230813
Description of Goods and/or Services	45A：	400PCS OF TIRES，ART. NO.205/55R16，200PCS；205/60R15，
		200PCS，AT EUR50.00/PC，CFR HAMBURG，GERMANY.
Documents Required	46A：	+ COMMERCIAL INVOICE SIGNED IN INK IN TRIPLICATE.
		+ PACKING LIST IN TRIPLICATE.
		+ CERTIFICATE OF ORIGIN IN DUPLICATE ISSUED BY CHAMBERS OF COMMERCE OR CCPIT.
		+ 2/3 SET OF CLEAN ON BOARD OCEAN BILLS OF LADING MADE OUT TO THE ORDER OF BANK OF CHINA，HAMBURG BRANCH MARKED "FREIGHT COLLECT" AND NOTIFYING THE APPLICANT BEARING LC NO. AND DATE.
		+ INSURANCE POLICY/CERTIFICATE IN DUPLICATE ENDORSED IN BLANK FOR 140% INVOICE VALUE，COVERING ALL RISKS AND WAR RISKS OF CIC OF PICC（1/1/1981）.

		+ BENEFICIARY'S CERTIFICATE CERTIFYING THAT ONE ORIGINAL OF BILL OF LADING, ONE COPY OF COMMERCIAL INVOICE AND PACKING LIST RESPECTIVELY HAVE MAILED TO THE APPLICANT BY DHL WITHIN THREE WORKING DAYS AFTER BILL OF LADING DATE.
		+ LLOYD'S OR STEAMER COMPANY'S CERTIFICATE ISSUED BY THE SHIPPING COMPANY OR ITS AGENTS CERTIFYING THAT THE CARRYING VESSEL IS SEAWORTHY AND IS NOT MORE THAN 20 YEARS OLD AND IS REGISTERED WITH AN APPROVED CLASSIFICATION SOCIETY AS PER THE INSTITUTE CLASSIFICATION CLAUSE AND CLASS MAINTAINED IS EQUIVALENT TO LLOYD 100A1.
		+ CERTIFICATE'S CERTIFIED COPY OF FAX DISPATCHED TO THE BUYER WITHIN THREE DAYS AFTER SHIPMENT ADVISING L/C NUMBER, NAME, QUANTITY AND AMOUNT OF GOODS, NUMBER OF PACKAGES, CONTAINER NUMBER, NAME OF VESSEL AND VOYAGE NUMBER, AND DATE OF SHIPMENT.
Additional Conditions	47A:	+ALL DOCUMENTS SHOULD BE DATED ON OR LATER THAN THE DATE OF THIS LETTER OF CREDIT AND BEAR THE LETTER OF CREDIT NUMBER AND DATE.
		+ ALL PRESENTATIONS CONTAINING DISCREPANCIES WILL ATTRACT A DISCREPANCY FEE OF EUR40.00 PLUS TELEX COSTS OR OTHER CURRENCY EQUIVALENT. THIS CHARGE WILL BE DEDUCTED FROM THE BILL AMOUNT WHETHER OR NOT WE ELECT TO CONSULT THE APPLICANT FOR A WAIVER.
Charges	71B:	ALL BANK CHARGES OUTSIDE ISSUING BANK ARE FOR ACCOUNT OF BENEFICIARY.
Period for Presentation	48:	WITHIN 5 DAYS AFTER THE DATE OF SHIPMENT, BUT WITHIN THE VALIDITY OF THIS CREDIT.
Confirmation Instruction	49:	WITHOUT
Instruction to the Paying/Accepting/ Negotiating Bank	78:	+ ALL DOCUMENTS TO BE DESPATCHED IN ONE SET BY COURIER TO BANK OF CHINA HAMBURG BRANCH, TRADE SERVICES, RATHAUSMARKT 5, 20095, HAMBURG, GERMANY.
		+ UPON PRESENTATION TO US OF DRAFTS AND DOCUMENTS IN STRICT COMPLIANCE WITH TERMS AND CONDITIONS OF THIS CREDIT, WE WILL REMIT THE PROCEEDS ON DUE DATE AS PER THE NEGOTIATING BANK'S INSTRUCTIONS.
		+ EXCEPT AS OTHERWISE EXPRESSLY STATED, THIS CREDIT IS SUBJECT TO UCP (2007 VERSION) ICC PUBLICATION 600.
Sender to Receiver Information	72:	PLEASE ADVISE AND ACKNOWLEDGE THE RECEIPT.

请以外贸业务员李荣的身份，根据签订的 NO.JSRC080076 出口合同，审核以上信用证，找出问题条款，并针对问题条款提出改证意见。

```
问题条款及改证意见：
```

实训操作三：根据实训操作二的审证结果，在以下方框内给 All Chamege AG 公司拟写改证函

项目六　签订内贸合同与出口备货生产

完成确认信用证任务后，外贸业务员应该马上与供应商签订内贸合同，并让其开始投入生产。在生产过程中，要做好生产进度、产品质量、产品包装等跟踪工作，以保证质量要求和交货期。

任务一　签订内贸合同

任务介绍

国内购销合同是出口企业（外贸公司）对生产企业（供货商）的生产要求的体现，能否将国外客户的需求准确地反映在国内购销合同中，是企业能否顺利完成出口贸易的基本保障。

任务解析

熟悉国内采购合同条款，了解签订国内购销合同的注意事项。

知识储备

签订国内购销合同的注意事项：

（1）出口企业应根据国外客户需求，结合国内外市场行情签订国内购销合同。

出口企业签订购销合同，有关商品的要求（如品质、数量、包装等）应以出口合同为依据；有关商品价格或费用方面的要求，应受出口合同制约。出口企业签订购销合同，还要考虑国际市场及国内市场行情的影响，综合考虑妥善签约。

（2）熟悉国内采购合同条款，国内购销合同要求内容完整。

出口企业应在购销合同中完整表述采购的商品名称、质量、规格、花色、型号、品种、包装、需求量、交货时间、交货地点等内容。

（3）国内购销合同要求文字规范、用词准确，充分利用合同条款保障购销双方的利益。

例如，购销合同规定"全部货款付完后，由供货方开具票据"。这一条款的规定就将构成企业利益的隐患，因为实际工作中，由于供方产品质量、型号等方面的原因，经常会出现销售折让，在最后无法付完全款，而要根据实际情况扣除部分款项。而这根据合同是无权要求供方开具发票的，这样也就无法抵扣，从而会影响税负，多缴税款。若将条款改为"根据实际支付金额由对方开具票据"，则可以排除隐患。

本案例中，河北越洋食品有限公司为生产型外贸企业，公司自己可以生产满足出口要求的产品，所以不需要向其他企业采购产品。

任务二 出口备货生产

 任务介绍

出口备货是履行出口合同的一个重要环节，也是卖方（出口方）的一项基本义务。如若货物不能及时生产交付，不但会造成不必要的经济损失，还会影响出口方的国际口碑和信誉。本任务就从出口贸易的备货生产开始分析，让大家了解备货的相关知识和注意事项，保证在此环节能顺利完成工作任务，不出差错。

 任务解析

所谓备货，是指根据出口合同或信用证所规定的商品的品质、规格、数量、重量、包装等要求，按时、保质、保量准备好货物。备货生产任务，主要完成原材料采购跟踪、生产进度跟踪、产品包装跟踪、产品质量跟踪等环节。

 知识储备

一、原材料采购跟踪

原材料采购跟踪的基本要求：适当的交货时间，适当的交货质量，适当的交货地点，适当的交货数量及适当的交货价格。

原材料采购跟踪的流程为：制作采购单、内部报批、采购单跟踪、原材料检验与原材料进仓。

二、生产进度跟踪

生产进度跟踪的基本要求：生产企业能按照订单及时交货。及时交货就必须使生产进度与订单交货期相吻合，尽量做到不提前交货，也不延迟交货。生产进度的流程是：下达生产通知单、制订生产计划及跟踪生产进度。

三、产品包装跟踪

（一）产品包装的分类

1.按习惯分类

通常人们习惯把包装分为两大类，即运输包装和销售包装。运输包装又称外包装，其主要作用在于保护商品，防止在储运过程中发生货损货差，并最大限度地避免运输途中各种外界条件对商品可能造成的影响，方便检验、计数和分拨。销售包装又称内包装或小包装，是直接接触商品并随商品进入零售网点和消费者或用户直接见面的包装。

2.按专业分类有以下几种方法

（1）以包装容器形状分类：可分为箱、桶、袋、包、筐、捆、坛、罐、缸、瓶等。

（2）以包装材料分类：可分为木制品、纸制品、金属制品、玻璃、陶瓷制品和塑料制品包装等。

（3）以包装货物种类分类：可分为食品、医药、轻工产品、针棉织品、家用电器、机电产品和果菜类包装等。

（4）以安全为目的分类：可分为一般货物包装和危险货物包装等。

（二）包装的主要材料及其适用商品

1. 纸制包装，即以纸为原材料制成的商品包装。常见的有纸板、纸袋、纸盒、纸筒、纸箱、瓦楞纸箱、瓦楞芯纸、玻璃纸、涂塑玻璃纸，塑料层合纸等包装。这类包装的优点多，原材料比较容易解决，成本比较低廉，体积形状可随需要制造，比较轻便，无异味、符合卫生要求，便于机械化生产，可回收复用，因此在商品流通中得到普遍使用。

2. 木制包装，主要有木箱、木桶、木笼和木制夹板等。各类中又分许多品种，如木箱中有条板箱、钉板箱、捆板箱等。这类包装的优点是抗压力较强，便于运输和堆码，在物流中广泛使用这类包装。

3. 金属包装，常用黑铁皮、镀锌铁皮、马口铁、钢片、钢板和铝箔、锡箔等来制成各种形式的包装，如铁桶、铁听、铁盒等。这类包装的优点是适宜于盛装液体、糊状或粉末状商品，化学危险品及较高级贵重商品，也能多次使用。

4. 塑料包装，是新发展起来的包装品种，有塑料薄膜、塑料袋、塑料桶、塑料盒、塑料瓶、塑料箱等。这类包装的优点是质地轻软、可塑性好，不易渗透、容易密封、清洁卫生、透明美观，携带使用方便。但有的塑料包装制作不佳，密封不严，承受机械冲力较差。

5. 复合包装，即由几种材料组合的包装。如纸、铝、塑料等包装叠合起来，取各材之所长，补相互之短。这类包装是新发展的品种，其要求有实用性强、强度大、重量轻、能耐久、密封好等。复合材料包装的层数和形状，可依需要而定，便于保管、运输。此类包装大有发展前途。

6. 玻璃、陶瓷包装，即各种玻璃、陶瓷瓶罐包装，适宜于盛装液体、化学危险品。它抗酸、耐碱性强、容易密封、隔潮、清洁卫生、易于清洗消毒，可多次重复使用，但也易于破碎。随着科技发展，能使玻璃钢化，其强度、硬度和弹性，几乎可以和钢材相媲美。

7. 纤维织品包装，主要有麻织品、棉织品和草料织品。如麻袋、麻布、布袋、布包、草袋、草包以及竹筐、藤条制品等。这类包装一般适用于盛装粮食、食糖、食盐、化肥、水果、蔬菜、药材、鲜蛋和农副土特产品。这类包装具有成本低廉、可就地取材、透气性好，又有一定的耐压力等优点，可适应运输需要，有的还可回收复用，使用比较普遍。

（三）各国对进口商品的包装要求

进口商品的包装首先要体现环保要求。一是采取立法形式规定进口商品包装禁止或限制使用某些材料。如美国、新西兰、菲律宾等国禁止使用稻草等作包装材料，以防止某些植物病虫害传入，对本国生态环境造成破坏。二是建立存储返还制度。对一些已经采用但有可能对本国生态造成危害的包装在进口口岸更换包装后将原包装返还。三是强制执行再循环或再利用法律。四是对包装材料过分浪费自然资料或可能对环境产生污染的生产商、经销商征收较高的税费。

国外对进口商品包装容器的结构制定了严格的规定。如美国食品和药物管理局规定，所有医疗、健身及美容药品的包装，都应具备能防止掺假、掺毒等能力；美国国家环境保护局规定，为了防止儿童误服药品、化工品，凡属于防毒包装条例和消费者产品安全委员会管辖的产品，必须使用对儿童具有保护作用的安全盖；欧盟规定，接触食物的氯乙烯容器及材料，其氯乙烯单体的最大含量为每千克不超过 1 毫克（成品含量），转移到食品中的最大值为每千克不超过 0.01 毫克。

不同国家的港口对进口货物的包装也有一些具体规定。如沙特阿拉伯港务局规定，所有运往该国港埠的建材类海运包装（卫生浴具设备、瓷砖、木制家具、厨房及浴室设备等），凡采用集装箱运输的，必须先组装托盘，以适应堆高机械的装卸，且每件重量不得超过 2 吨；凡运往该国的袋装货物，每袋重量均不得超过 50 千克，否则不提供仓储便利，除非这些袋装货附有托盘或具有可供机械提货和卸货的悬吊装置。伊朗港口规定，进口茶叶、化工品、食品、水泥、生橡胶、建材、原木等，必须以托盘形式，或体积不小于 1 立方米或重量不小于 1 吨的集装箱包装。

为了保证产品顺利进入国际市场，出口企业应了解并掌握各国对进口包装的要求，按要求进行包装的设计和材料的选用，减少因包装不符合进口国要求可能造成的损失。

（四）刷唛操作

唛头也称运输标志（shipping mark），是为了便于识别货物而设置的。通常由一个简单的几何图形和一些字母、数字及简单的文字组成，其作用在于使货物在装卸、运输、保管过程中容易被有关人员识别，以防错发、错运、错收。

按照国际标准化组织（ISO）的建议，其主要内容包括以下 4 项：

（1）收货人、发货人名称英文缩写或简称；

（2）参照号码（如订单号、发票号、运单号码、信用证号码）；

（3）目的港（地）名称；

（4）件数、批号。

这些内容刷在正面和对应的一面称为正唛（又称主唛）。

此外，运输标志还包括合同号、许可证号、款号与毛净重、体积、装箱搭配、箱子的顺序号等内容。具体由买卖双方根据商品特点和具体要求商定。这些内容一般刷在两侧，故称为侧唛。

刷唛的注意事项：

（1）若合同或信用证中没有写明具体的正唛，则出口商可以选择"No Mark"或者"N/M"来表示正唛，或自行设计一个具体的正唛。

（2）在实际操作中，侧唛一般由出口商自行设计，除非合同或信用证有专门规定。

（3）若合同或信用证规定了具体的正唛，并有"仅限于……"字样，则严格按照合同或信用证的原样进行刷唛；如果没有"仅限于"等类似字样，则可以增加内容，但不能删除内容。

四、产品质量跟踪

产品质量，对于顺利完成出口任务，确保客户利益，维护出口企业信誉等方面意义重大。出口产品质量跟踪，以外贸合同质量要求为依据。外贸业务人员在了解和掌握国内外对该产品质量的基本要求和标准的基础上，充分把握和理解外贸合同对产品的详细质量要求。

（一）常规的出口质量跟踪

常规的出口质量跟踪包括以下四个阶段。

1. 生产前检验，包括对外购原材料和技术准备的检查。

2. 生产初期检验。在完成生产工艺单和样板制定工作后，可以进行小批量生产，针对客户和工艺要求及时修正不符点，产品经过客户确认签字后成为重要的检验依据之一。

3. 生产中期检验。主要检验产生的产品是否符合工艺单的要求，是否与客户确认样一致。另外，还要按照目前的产量计算生产进度是否合理。

4. 生产尾期检验。在生产进度为订单总量 90% 以上的成品率，且有 80% 以上成箱率时进行生产尾期检验。

（二）常用的检验方式

常用的检验方式：全数与抽样检验，计数与计量检验，理化与感官检验，固定与流动检验，验收与监控检验等。

 任务操作

1. 原材料采购跟踪和打样

河北越洋食品有限公司业务员李伟，对公司生产部欲采购的原材料进行确认，并将其与国外客户进行确认。在收到国外客户确认样后，马上通知生产部采购原材料并打产前样。业务员李伟拿到产前样后，将产前样寄给国外客户。

2. 生产进度跟踪

河北越洋食品有限公司业务员李伟，收到国外客户产前样确认通知后，该产前样成为确认样，进行封样，并通知生产部门开始安排生产。

外贸业务员李伟要及时掌握生产进度，对生产进度做到心中有数。对生产中出现的异常现象，及时与生产部门沟通，找出解决问题的对策。

李伟一方面要督促生产部门合理调整生产计划，提高生产产能，争取按合同规定日期前交货。另一方面，与货代公司联系，订好舱位，以保证在规定日期前顺利出货。

若通过调整产能，生产部门仍不能在约定时间交货，外贸业务员李伟必须要及时向国外客户反映情况，争取修改信用证，延长交货期和有效期。

3. 产品包装跟踪

外贸业务员李伟一方面要跟踪生产部门，确保生产部门提供符合合同拟定的纸箱的质量、尺寸和装箱数量和及时装箱等要求；另一方面，要指导正确刷唛。

4. 产品质量跟踪

外贸业务员李伟，在出口产品质量跟踪时，要严把质量关，以外贸合同质量要求为依据，对产品进行了生产前检验、生产初期检验、生产中期检验以及生产尾期检验，最终使生产部门保质保量完成货物的生产。

 项目小结

　　本项目内容在出口实务操作中必不可少。备货生产可能更多涉及工厂或企业内部的管理及操作，对产品生产的各环节跟踪，使得生产企业及时、保质保量地交货，是完成出口业务的关键环节。

 项目实训

　　保定沃泰有限公司与日本 KL 纺织品公司（KL TEXTILE CORPORATION）2023 年3 月 5 日签订的一份出口合同，具体内容如下：

BAODING WOTAI CO.，LTD .

24 QIYI ROAD BAODING，CHINA
SALES CONTRACT

TEL：0312-8022252　　　　　　　　　　　S/C NO：HSC100301
FAX：0312-8022258　　　　　　　　　　　DATE：Mar.5，2023
TO:

　KL TEXTILE CORPORATION
　52 APGUJUNG 2DONG，KANGNAM GU
　OSAKA，JAPAN

Dear Sirs:

　We hereby confirm having sold to you the following goods on terms and conditions as specified below:

DESCRIPTIONS OF GOODS	QUANTITY	UNIT PRICE	AMOUNT
COTTON JACKET		CIF INCHON	
ATR NO.ML26	1 000 PCS	USD 15.00	USD 15 000.00
ATR NO.MX26	500 PCS	USD 10.00	USD 5 000.00
ATR NO.ML28	500 PCS	USD 12.00	USD 6 000.00

PORT OF LOADING：XINGANG CHINA
PORT OF DESTINATION：INCHON KOREA
PARTIAL SHIPMENT：PROHIBITED
TRANSHIPMENT：PROHIBITED
PAYMENT：L/C AT SIGHT
TIME OF SHIPMENT：LATEST DATE OF SHIPMENT APR. 5，2023
INSURANCE：FOR 110 PERCENT OF THE INVOICE VALUE COVERING ALL RISKS AND WAR RISKS
THE BUYER：　　　　　　　　　　　　　THE SELLER：
KL TEXTILE CORPORATION　　　　　　　　BAODING WOTAI CO.，LTD .

　　金仲永　　　　　　　　　　　　　　　　　汪 凡

签订合同后保定沃泰有限公司马上与河北金叶服装厂联系，商谈供货事宜，决定待对方开证后立即签订购销合同。根据以上合同及补充资料完成下面的购销合同。

补充资料：

合同编号：10XT220221

签订日期：2023 年 3 月 10 日

签订地点：河北保定

产品供货商：河北金叶服装厂；地址：河北省保定高阳县人民路 1320 号；联系电话：0312-3250002

订货价格（含税）：货号 ML26 的 85 元/件；货号 MX26 的 50 元/件；货号 ML28 的 78 元/件。

包装：20 件装 1 个出口标准纸箱，同箱衣服齐色齐码。

质量要求与样品一致，数量可有 3%的增减，2023 年 3 月 31 日前在供方仓库交货，合同有效期 90 天。

纠纷解决：先协商，不成则向法院提起诉讼。

购销合同

合同编号：   签订日期：

                                    签订地点：

需方：   联系方式：

供方：   联系方式：

根据《中华人民共和国合同法》和有关法规，经双方协商签订本合同，并信守下列条款：

一、商品

品名及规格	数量	单位	单价（含税）	金额

注：数量和金额都允许有_____%以内的增减。

二、质量要求：

三、包装要求：

四、交货期和交货地点：

五、付款方式：交货时支付。

六、责任条款：

七、本合同有效期：

八、纠纷处理方法及地点：执行本合同过程中如有争议，双方通过友好协商解决；如协商未能取得一致，则由需方住所地人民法院管辖。

九、本协议双方签字盖章生效。合同一式两份，供需双方各执一份。

十、备注：在国外客户确认产前样之后开始生产。

需方授权代表：   供方授权代表：

盖章：   盖章：

项目七 货物出运操作

按 CFR 条件成交时，出口企业在货、证备妥后，要及时安排办理托运、报检和报关等手续。在实务中，大部分外贸企业都是委托货代公司来完成租船订舱、报检、报关等工作。按 CIF 条件成交时，还要在出运前办理投保工作。货物出运流程如图 7-1 所示。

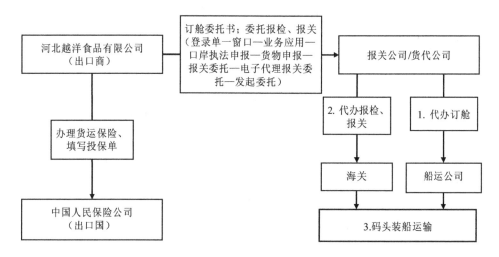

图 7-1 货物出运流程

任务一 办理托运

 任务介绍

出口商办理海上货物运输托运业务，可以选择自行办理，也可以委托货运代理公司（简称货代）办理。但在实务中，出口商更愿意将相关托运手续交给专业货代来办理，这样不仅能获得专业的货运代理服务，还可以获得出口商个人无法从船公司申请到的优惠运价。这就要求出口企业选择好货代公司，缮制装箱单，填写货运委托书后即可安排检验检疫（时间可按不同类别货物报检时间规定灵活安排）。货代公司填制集装箱货物托运单向船公司订舱，并取得船公司签发的配舱回单后，当货运量较大时，应将其空集装箱运至工厂装货；货量较小时，可直接通知托运人在规定的时间内向指定的仓库发货，等候海关查验。

任务解析

出口商办理海上货物运输业务，大多数选择货代办理。在选择货代时，下列因素需要注意：

（1）最好选择信誉度较高的一级货代。

（2）了解货代的优势航线，主要的优势船公司，了解该货代是否能够提供相关的代理报关以及拖车和提供仓库储存的能力等。

（3）如出口商托运的商品属特殊商品，还应进一步了解货代是否有能力办理。

（4）一级货代应该熟练操作海运单证，并确保单证制作正确、清晰和及时。

（5）货代在客户所在的城市或者港口是否有自己公司的直属分支机构或者代理，是否能够完成门到门的运输服务，是否能够提供代理的联系方式和公司资料等。

 知识储备

海运出口托运流程如下：

（1）出口商委托货代办理货物运输相关手续，出口商或授权货代填制订舱委托授权书，授权货代代办货运手续；有长期合作关系的出口商与货代企业之间存在长期的委托代理协议。

（2）货代接受出口商委托，根据出口商的运输要求填制托运单，向船舶代理人，也可以直接向船公司或其营业所，提出订舱申请。

（3）船公司同意承运后，船舶代理人指定船名，核对装货单与托运单的内容无误后，将装货单、配舱回单等联还给托运人，要求托运人将货物按规定时间送达指定码头仓库。

（4）货代通知出口商订舱已订妥。

（5）出口商或其货代自船公司的空箱堆场按订舱规定的数量提取空箱装箱。

（6）出口商本人或委托货代将报关后的货物按规定时间交至码头仓库，交至理货公司，完成货物集港任务。

（7）码头堆场接收指定货物后签发场站收据给货代。

（8）出口商在订舱完成后，按法律规定或买卖双方约定办理货物检疫手续，检疫机构（现已合并至海关）检疫合格后，于单一窗口—货物申报—属地检查签发电子抵账（原《出口货物通关单》）。

（9）出口商向海关报关、海关检验合格后，于单一窗口—货物申报—综合查询—报关数据查询处下载打印海关下发的通关无纸化出口放行通知书后，通知码头完成货物装船作业。

（10）待运货物按要求装上指定载货船舶。

（11）货代持场站收据至船舶代理人处换取正本海运提单，至此，货物出口托运手续结束，出口商持海运提单，备妥结汇所需全部单据向银行结汇。

（12）船公司承运货物至进口国，向进口商发出到货通知。

（13）进口商持正本海运提单或电放提单向船公司提货，船公司交付货物。

任务操作

一、缮制装箱单

河北越洋食品有限公司业务员李伟缮制装箱单，内容如下。

装箱单		
Issuer HEBEI YUEYANG FOOD CO.，LTD. NO.73 HEBEI ROAD, HAIGANG DISTRICT, QINHUANGDAO CITY, HEBEI PROVINCE，CHINA	*ORIGINAL* 装 箱 单 *PACKING LIST*	
To OCEANS CO.，LTD 6-RO，GANGSEO-GU，SEOUL，REPUBLIC OF KOREA	No YY-23316	Date MAY 19, 2023
Marks and numbers	Number and kind of packages；description of goods	
N/M	FROZEN RAW SCALLOP MEAT 2 100CTNS 21 000.00KGS PACKING：500G×20BAGS/CTN SIZE：60cm×40cm×40cm QUANTITY（CTNS）：1 050CTNS 10 500KGS（N.W） PACKING：10KG BULK/CTN SIZE：60cm×40cm×40cm QUANTITY（CTNS）：1050CTNS 10 500KGS（N.W）	

TOTAL 2 100CTNS   21 000KGS（N.W）
CREDIT NUMBER：MD1PY2303NU00331
PACKING：IN CARTONS
2 100 CTNS（TWO THOUSAND ONE HUNDRED CARTONS ONLY）
NET WEIGHT：21 000.00KGS
GROSS WEIGHT：23 037.00KGS
MEASUREMENT：40CBM

（出口商签字和盖单位章）

【实训提示】装箱单的缮制方法

1. 出口企业名称和地址要与发盘同项内容一致，缮制方法相同。
2. 单据名称通常用引文粗体标出，并与信用证的要求一致。

3．装箱单编号一般填发票编号，也可以填合同号。

4．出单日期填发票签发日期，不得早于发票日期，但可以晚于发票日期 1～2 天。

5．唛头制作要符合信用证的规定，并与发票的唛头保持一致。

6．品名和规格必须与信用证的描述相符。

7．梳理填写实际件数，如品质规格不同应分别列出，并累计其总数。

8．单位填写外包装的单位。

9．毛重填写外包装每件重量，规格不同要分别列出，并累计其总数。

10．净重填写每件货物的实际重量并计其总量。

11．尺码填写每件包装的体积，并标明总尺码。

12．出单人的签章应与商业发票相符，如果信用证无此项规定，此栏可不填。

二、填制出运委托书

订舱委托书又称出口货物明细单或货物出运委托书，是出口企业和货代公司之间订立委托代理关系的证明文件。

<table>
<tr><td colspan="9" align="center">订舱委托书</td></tr>
<tr><td>订单号：</td><td colspan="8">YY-23316</td></tr>
<tr><td>发货人：
BENEFICIARY:</td><td colspan="8">HEBEI YUEYANG FOOD CO., LTD.
NO.73 HEBEI ROAD, HAIGANG DISTRICT, QINHUANGDAO CITY, HEBEI PROVINCE, CHINA</td></tr>
<tr><td>收货人：
CONSIGNEE:</td><td colspan="8">TO THE ORDER OF WOORI BANK</td></tr>
<tr><td>通知人：NOTIFY:</td><td colspan="8">OCEANS CO., LTD
6-RO, GANGSEO-GU, SEOUL, REPUBLIC OF KOREA</td></tr>
<tr><td align="center">PORT OF SHIPMENT
（起运港）</td><td colspan="3" align="center">XINGANG, CHINA</td><td align="center">PORT OF DESTINATION
（目地港）</td><td colspan="4" align="center">BUSAN PORT, SOUTH KOREA</td></tr>
<tr><td align="center">装柜时间及地点</td><td colspan="3" align="center">5.18 越洋装货</td><td align="center">集装箱尺寸</td><td colspan="4" align="center">40RH</td></tr>
<tr><td align="center">开船日期
到港日期</td><td colspan="3" align="center">5.19—5.21</td><td align="center">船公司</td><td colspan="4"></td></tr>
<tr><td align="center">报关票数</td><td colspan="3" align="center">1</td><td align="center">免用箱期</td><td colspan="4" align="center">最长</td></tr>
<tr><td align="center">标记号码</td><td align="center">第几票
报关</td><td align="center">核销手
册号</td><td align="center">货物名称
（英文）</td><td align="center">货物名称
（中文）</td><td align="center">件数</td><td align="center">重量
KGS</td><td align="center">合同号</td></tr>
<tr><td align="center">JH-23033</td><td align="center">1</td><td align="center">—</td><td align="center">FROZEN RAW
SCALLOP MEAT</td><td align="center">雪花带子</td><td align="center">2 100
CTNS</td><td align="center">23 037</td><td align="center">YY-23316</td></tr>
<tr><td></td><td></td><td></td><td></td><td></td><td></td><td></td><td></td></tr>
<tr><td align="center">是否出正本</td><td colspan="4" align="center">是</td><td align="center">提单显示</td><td colspan="3" align="center">FREIGHT PREPAID</td></tr>
<tr><td align="center">备注</td><td colspan="7">指定韩国代理 MARU LOGISTICS LIMITED COMPANY
9FL., 89, HAEKWAN-RO, JUNG-GU,
BUSAN, KOREA
TEL：+82-51-466-5556
FAC：+82-51-466-5558
VENT：CLOSED
一般贸易</td></tr>
</table>

任务二 办理报检

任务介绍

对于法定检验产品，在装运前必须要办理报检手续。随着国际贸易的发展，进出口货物检验已经成为货物买卖的重要环节和买卖合同的一项重要内容。明确买卖双方对于商品检验的权利和必须履行的相关义务，保证进出口商品的品质和数量是国际贸易顺利进行不可或缺的重要环节之一。以《中华人民共和国进出口商品检验法》为依据开展报检工作。报检申报及海关接受申报，是检验工作的起始程序。

《中华人民共和国进出口商品检验法》

任务解析

在国际贸易中，货物的检验是指由约定的或有资格的第三者对买卖的商品进行检验和鉴定，以确定卖方所交货物的品质、数量和包装是否与合同的规定相符；其检验证书作为交接货物、支付货款或索赔和理赔的依据。

按照国际贸易习惯，买方对收到的货物有权进行检验或复验，有的国家还在法律中予以规定。办理进出口商品检验，是国际贸易中的一个重要环节，其程序如下：

1．商检机构受理报验

首先由报验人在单一窗口—货物申报—属地查检—出境检验检疫—检验检疫申请处填写"出口检验申请单"，并提供有关的单证和资料；商检机构在审查上述单证符合要求后，受理该批商品的报验；如发现有不合要求者，可要求申请人补充或修改有关条款。

2．抽样

由商检机构派人员主持进行，根据不同的货物形态，采取随机取样的方式抽取样品。报验人应提供存货地点情况，并配合商检人员做好抽样工作。

3．检验

检验部门可以使用从感官到化学分析、仪器分析等各种技术手段，对出口商品进行检验，检验的形式有商检自验、共同检验、驻厂检验和产地检验。

4．签发证书

商检机构对检验合格的商品签发检验证书。出口企业在取得检验证书或放行通知单后，在规定的有效期内报运出口。

知识储备

一、在国际上检验机构的种类

1．官方机构。
2．非官方机构。
3．工厂企业、用货单位设立的化验室、检测室等。

二、商检机构的职责

1. 法定检验

对列入《商检机构实施检验的进出口商品种类表》的进出口商品和其他法律、行政法规规定须经商检机构检验的进出口商品实施强制性检验。"单一窗口"货物申报流程可参考六安市商务局制作的视频。

"单一窗口"
货物申报流程

2. 鉴定业务

接受对外贸易关系人或者外国检验机构的委托，办理进出口商品鉴定业务。其范围包括：进出口商品的质量、数量、重量、包装鉴定；进口商品的残损鉴定、产地证明等。

3. 对进出口商品的检验工作进行监督与管理

根据《中华人民共和国进出口商品检验法》的规定，海关总署设在省、自治区、直辖市以及进出口商品的口岸、集散地的出入境检验检疫机构及其分支机构（以下简称出入境检验检疫机构），管理所负责地区的进出口商品检验工作。出入境检验检疫机构对列入目录的进出口商品以及法律、行政法规规定须经出入境检验检疫机构检验的其他进出口商品实施检验（以下称法定检验）。出入境检验检疫机构对法定检验以外的进出口商品，根据国家规定实施抽查检验。

三、检验证书种类

1. 品质证书。
2. 质量证书。
3. 重量证书。
4. 数量证书。
5. 兽医卫生证书。
6. 健康证书。
7. 卫生证书。
8. 动物卫生证书。

此外，常见的还有植物检疫证明、积货鉴定证书、船舱检验证书、货载衡量检验证书等。

 任务操作

根据《中华人民共和国进出口商品检验法实施条例》的规定，进出口商品的收货人或者发货人可以自行办理报检手续，也可以委托代理报检企业办理报检手续；采用快件方式进出口商品的，收货人或者发货人应当委托出入境快件运营企业办理报检手续。代理报检企业接受进出口商品的收货人或者发货人的委托，以委托人的名义办理报检手续的，应当向出入境检验检疫机构提交授权委托书，遵守本条例对委托人的各项规定；以自己的名义办理报检手续的，应当承担与收货人或者发货人相同的法律责任。出口公司委托代理报检公司代办出口货物的报检，要缮制报检委托书，并随附商业发票和装箱单等有关单据。以下为河北越洋有限公司提出的出境货物检验检疫申请。

中华人民共和国海关
出境货物检验检疫申请

报检单位（加盖公章）：河北越洋食品有限公司　　　　电子底账数据号：136500223005997000

申请单位登记号：1301600087　　　联系人：胡易　　电话：15033387621　　报检日期：2023 年 5 月 18 日

发货人	（中文）	河北越洋食品有限公司
	（外文）	HEBEI YUEYANG FOOD CO.，LTD.
收货人	（中文）	***
	（外文）	OCEANS CO.，LTD

货物名称（中/外文）	H.S.编码	产地	数/重量	货物总值	包装种类及数量
雪花带子/FROZEN RAW SCALLOP MEAT	0307229000（P.R/Q.S）	秦皇岛市	2100 箱 21000 千克	147000 美元	纸箱/2100

运输工具名称号码	水路运输	贸易方式	一般贸易	货物存放地点	河北越洋水产
合同号	YY-23316	信用证号		用途	食用

发货日期	2023/05/19	输往国家（地区）	韩国	许可证/审批号	1300/02244
启运地	天津	到达口岸	釜山（韩国）	生产单位注册号	1301600087/河北越洋食品有限公司

集装箱规格、数量及号码	

合同、信用证订立的检验检疫条款或特殊要求	标 记 及 号 码	随附单据（划"√"或补填）	
无纸化报检 客户名称：OCEANS CO.，LTD、 客户地址：6-RO，GANGSEO-GU，SEOUL，REPUBLIC OF KOREA	N/M	☑ 合同 ☑ 信用证 ☑ 发票 ☐ 换证凭单 ☑ 装箱单 ☑ 厂检单	☐ 包装性能结果单 ☐ 许可/审批文件 ☑ 其他单据 ☑ 合格保证

需要单证名称（划"√"或补填）				*检验检疫费
☐ 品质证书	正 副	☐ 植物检疫证书 正 副		总金额 （人民币元）
☐ 质量证书	正 副	☐ 熏蒸/消毒证书 正 副		
☐ 重量证书	正 副	☐ 出境货物换证凭单 正 副		
☐ 数量证书	正 副	☐		
兽医卫生证书	正 副	☐		计费人
☐ 健康证书	正 副	☐		
☐ 卫生证书	正 副	☐		收费人
☐ 动物卫生证书	正 副			

申请人郑重声明：	领取单证	
1．本人被授权申请检验检疫。 2．上列填写内容正确属实、货物无伪造或冒用他人标志、认证标志，并承担货物质量责任。 签名：⋯⋯⋯⋯⋯⋯⋯⋯⋯⋯⋯⋯	日期	
	签名	

注：有"*"号栏由海关填写。

任务三　办理出口货物报关

 任务介绍

进出境的运输工具货物、物品必须通过海关进境或出境，如实向海关申报并接受海关监管。在我国，货物的出境必须经过海关审单、检验、征税、放行 4 个环节。与之相适应，在出口货物发货人或其代理人按程序办理相对应的出口申报、配合查验、缴纳税费、装运货物等手续后，货物才能出境。相关人员以《中华人民共和国海关法》为依据开展报关工作。

《中华人民共和国海关法》

 任务解析

报关涉及的对象可分为进出境的运输工具和货物、物品两大类。由于性质不同，其报关程序各异。运输工具（如船舶、飞机等）通常应由船长或机长签署到达、离境报关单，交验载货清单、空运、海运单等单证向海关申报，作为海关对装卸货物和上下旅客实施监管的依据。而货物和物品则应由其收发货人或其代理人，按照货物的贸易性质或物品的类别，填写报关单，并随附有关的法定单证及商业和运输单证报关。

 知识储备

一、报关的含义

进出口货物收发货人、进出境运输工具负责人、进出境物品所有人或其代理人向海关办理货物、运输工具、物品进出境手续及相关手续的全过程。

二、出口通关的基本程序

（一）申报

报关时限：报关时限是指货物运到口岸后，法律规定发货人或其代理人向海关报关的时间限制。出口货物的报关时限在货物运抵海关监管区后、装货的 24 小时以前向海关申报。不需要征税费、查验的货物，自接受申报起 1 日内办结通关手续。

出口申报的地点：出口货物应由发货人或其代理人在货物的出境地海关申报。

（二）查验

查验是指海关在接受报关单位的申报并以已经审核的申报单位为依据，通过对出口货物进行实际的核查，以确定其报关单证申报的内容是否与实际进出口的货物相符的一种监管方式。海关查验货物时，进口货物的收货人、出口货物的发货人应当到场，并负责搬移货物，开拆和重封货物的包装。海关认为必要时，可以径行开验、复验或者提取货样。

海关在特殊情况下对进出口货物予以免验，具体办法由海关总署制定。

（三）征税

根据《中华人民共和国海关法》的有关规定，进出口的货物除国家另有规定外，均应征收关税。关税由海关依照海关进出口税则征收。

（四）放行

1. 对于一般出口货物，在发货人或其代理人如实向海关申报，并如数缴纳应缴税款和有关规费后，码头凭通关无纸化出口放行通知书，装船起运出境。

2. 出口货物的退关。申请退关货物发货人应当在退关之日起 3 天内向海关申报退关，经海关核准后方能将货物运出海关监管场所。

三、申报形式

1. 电子数据报关单申报形式

电子数据报关单申报形式是指进出口货物的收发货人、受委托的报关企业通过计算机系统按照《中华人民共和国海关进出口货物报关单填制规范》的要求向海关传送报关单电子数据并且备齐随附单证的申报方式。

2. 纸质报关单申报形式

纸质报关单申报形式是指进出口货物的收发货人、受委托的报关企业，按照海关的规定填制纸质报关单，备齐随附单证，向海关当面递交的申报方式。

进出口货物的收发货人、受委托的报关企业应当以电子数据报关单形式向海关申报，与随附单证一并递交的纸质报关单的内容应当与电子数据报关单一致；特殊情况下经海关同意，允许先采用纸质报关单形式申报，电子数据事后补报，补报的电子数据应当与纸质报关单内容一致。在向未使用海关信息化管理系统作业的海关申报时可以采用纸质报关单申报形式。

四、出口报关所需单证

纸质报关单申报形式下，出口货物报关单应当随附的单证包括：①合同；②发票；③装箱清单；④载货清单（舱单）；⑤提（运）单；⑥代理报关授权委托协议；⑦进出口许可证件；⑧海关总署规定的其他进出口单证。

在通关作业无纸化模式下，报关单随附单证简化，企业向海关申报时，合同、发票、装箱清单、载货清单（舱单）等随附单证可不提交，海关审核时如需要再提交。

五、办理流程

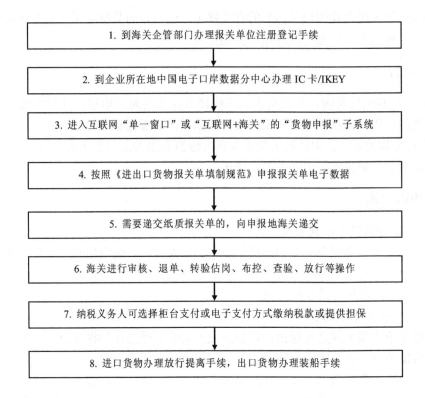

```
1. 到海关企管部门办理报关单位注册登记手续
        ↓
2. 到企业所在地中国电子口岸数据分中心办理 IC 卡/IKEY
        ↓
3. 进入互联网"单一窗口"或"互联网+海关"的"货物申报"子系统
        ↓
4. 按照《进出口货物报关单填制规范》申报报关单电子数据
        ↓
5. 需要递交纸质报关单的,向申报地海关递交
        ↓
6. 海关进行审核、退单、转验估岗、布控、查验、放行等操作
        ↓
7. 纳税义务人可选择柜台支付或电子支付方式缴纳税款或提供担保
        ↓
8. 进口货物办理放行提离手续,出口货物办理装船手续
```

 任务操作

一、缮制报关委托书

河北越洋食品有限公司委托万方同报关有限公司办理报关,缮制报关委托书。

进出口货物代理报关委托书

编号:

委托单位	河北越洋食品有限公司	十位编码	733143××××	
地　　址	秦皇岛市河北路73号	联系电话	0335-8547691	
经 办 人	李伟	身份证号	130××××××××××××××	

我单位委托　　　　万方同报关有限公司　　　　代理以下进出口货物的报

关手续,保证提供的报关资料真实、合法,与实际货物相符,并愿承担由此产生的法律责任。

货物名称	雪花带子	商品编号	0307229000	件数	2 100 CTNS
重　　量	21 000KGS	价值	USD147 000.00	币制	USD
贸易性质	一般贸易	货物产地	秦皇岛	合同号	YY-23316
是否退税	是	船名/航次	EASLINEDALIAN/2320E		

委托单位开户银行	中国银行秦皇岛分行	账号	6225102400584556

随附单证名称、份数及编号：

1. 合同　　　　1　份；　　　　　6. 机电证明　　　　份、编号：

2. 发票　　　　3　份；　　　　　7. 商检证　　1　份；

3. 装箱清单　　3　份；　　　　　8.

4. 登记手册　　本、编号：　　；　9.

5. 许可证　　份、编号：　　；　10.

（以上内容由委托单位填写）

被委托单位	万方同报关有限公司	十位编码	911201163003545057
地址	河北省秦皇岛市人民路 278 号	联系电话	0335-8536781
经办人	王涛	身份证号	130302××××××××××××

（以上内容由被委托单位填写）

代理（专业）报关企业章及法人代表章		委托单位章及法人代表章	

　　　　　　　　　　　　　　　　　　　　　　　　　　　　2023 年 5 月 10 日

二、出口货物报关单

　　国际货代公司报关员预录入出口货物报关单。《中华人民共和国海关进出口货物报关单填制规范》可参考海关总署 2019 年第 18 号公告。

　　海关审核通过后，发放通关无纸化出口放行通知书。

《中华人民共和国海关进出口货物报关单填制规范》

中华人民共和国海关出口货物报关单

预录入编号：02022023000000423197　　海关编号：02022023000000423197　　页码/页数：1/1

*02022023000000423197

（新港海关）

境内发货人（91130392741522551U）河北越洋食品有限责任公司	出境关别（0202）新港海关	申报日期 20230519	备案号
境外收货人 NO	运输方式（2）水路运输	运输工具名称及航次号 EASLINEDALIAN/2320E	提运单号 EASED2320XB4094
生产销售单位（91130392741522551U）河北越洋食品有限责任公司	监管方式（0110）一般贸易	征免性质 一般征税	许可证号
合同协议号 YY-23316	贸易国（地区）（KOR）韩国	运抵国（地区）（KOR）韩国	指运港（KOR003）釜山（韩国）｜离境口岸（120001）天津

包装种类 纸制或纤维板制盒/箱（22）	件数 2100	毛重（千克）23037	净重（千克）21000	成交方式（2）C&F	运费 USD/400/3	保费	杂费

随附单证及编号
随附单证1：电子底账13650022300597000　随附单证2：TEMU9210214

标记唛码及备注
备注：N/M　集装箱箱数及箱号 2：TEMU9210214　代理报关委托协议（电子）

项号	商品编号	商品名称及规格型号	数量及单位	单价/总价/币制	原产国（地区）	最终目的国（地区）	境内货源地	征免
1	0307229000	雪花带子 0|0ǐ—25摄氏度以下保存/冷冻状态、产品单冻 [ARGOPECTEN IRRADIANS]10.5~13.5G左右/个|1件×20袋	21000 千克 21000 千克	7.00 147000.00 美元	中国（CHN）	韩国（KOR）	（13039）秦皇岛其他	照章征税 (1)

特殊关系确认：否　价格影响确认：否　支付特许权使用费确认：否　自报自缴：否　公式定价确认：否　暂定价格确认：否　自报自缴：否

报关人员　　价格影响确认：否
报关人员证号　　电话
申报单位（91120116300354057）万方同报关有限公司

兹申明对以上内容承担如实申报、依法纳税之法律责任　万方同报关有限公司（签章）

海关批注及签章（签章）

通关无纸化出口放行通知书

万方同报关有限公司

你公司以通关无纸化方式向海关发送下列电子报关单数据业经海关审核放行，请携带本通知书及相关单证至港区办理装货/提货手续。

新港海关审单中心

2023 年 5 月 19 日

020220230000423197

预录入编号： 020220230000423197	海关编号： 020220230000423197		*020220230000423197*

出口关别（0202）新港海关		备案号	出口日期	申报日期 20230519
收发货人 河北越洋食品有限责任公司		运输方式 （2）水路运输	运输工具名称 EASLINEDALIAN/2320E	提运单号 EASED2320XB4094
生产销售单位（91130392741522551U） 河北越洋食品有限责任公司		监管方式 （0110）一般贸易	征免性质 （101）一般征税	结汇方式
许可证号		运抵国（地区）（KOR）韩国	指运港（KOR003） 釜山（韩国）	境内货源地（13039） 秦皇岛其他
批准文号	成交方式（2） C&F	运费 USD/400/3	保费	杂费
合同协议号 YY-23316	件数 2100	包装种类 纸制或纤维板制盒/ 箱	毛重（千克） 23 037	净重（千克） 21 000
集装箱号 TEMU9210214*1（2）	随附单证 电子底账			生产厂家
序号　商品名称、规格型号	数量及单位	原产国（地区）	单价	币值
1.雪花带子 0|0|-25 摄氏度以下保存| 冷冻状态，产品单冻	21 000 千克	韩国（KOR） 原产国：中国	7.00	USD （美元）

天津万方同报关有限公司（签印）

2023 年 5 月 20 日

任务四 办理出口货物投保

 任务介绍

在国际贸易中，每笔成交的货物，从卖方交至买方手中，一般都要经过长途运输。在此过程中货物可能遇到自然灾害或意外事故，从而遭受损失。货主为了转嫁货物在运输途中的风险，通常要投保货物运输保险。一旦货物发生承保范围内的风险损失，即可从保险公司获得经济上的补偿。在签订出口合同时，应努力争取 CIF、CIP 贸易术语下成交，由卖方来办理保险。

 任务解析

凡按 CIF 和 CIP 条件成交的出口货物，由出口企业向当地保险公司办理投保手续。出口企业在办理保险时，应根据出口合同或信用证规定，在备妥货物，并确定装运日期和运输工具后，按规定格式逐笔填制保险单，具体列明被保险人名称、保险货物项目、数量、包装及标志、保险金额、起止地点、运输工具名称、起止日期和投保险别，送保险公司投保，缴纳保险费，并向保险公司领取保险单证。

 知识储备

一、海上风险和损失

（一）海上风险

海上风险包括自然灾害和意外事故。

1.自然灾害（natural calamity）：仅指恶劣气候、雷电、洪水、流冰、地震、海啸以及其他人力不可抗力的灾害。

2.意外事故（fortuitous accidents）：主要是船舶搁浅、触礁、碰撞、爆炸、火灾、沉没、船舶失踪或其他类似事故。

（二）海上损失

海上损失是指被保险货物在海运过程中，由于海上风险所造成的损坏或灭失。

根据货物损失的程度不同，海上损失可分为全部损失与部分损失。其中，全部损失又可分为实际全损和推定全损，部分损失又可分为共同海损和单独海损。

1. 实际全损（actual total loss）：是指货物全部灭失，或全部变质，或全部不可能归还被保险人。

2. 推定全损（constructive total loss）：是指保险标的物受损后并未全部灭失，但若进行施救、整理、修复所需的费用或者这些费用再加上续运至目的地的费用的总和，估计要超过货物在目的地的完好状态的价值。

3. 共同海损（general average）：在海运途中，船舶、货物或其他财产遭遇共同危险，为了解除共同危险，有意采取合理的救难措施，所直接造成的特殊牺牲和支付的特殊费用。

4. 单独海损（particular average）：是指仅涉及船舶或货物所有人单方面利益的损失。

共同海损的费用由获救后各方利益大小按比例分摊；单独海损的费用由受损方自己（或保险公司）承担。

（三）费用

费用包括施救费用和救助费用。

1. 施救费用（sue and labor charges）：当被保险货物遇到保险责任范围内的灾害事故时，被保险人，或其代理人，或保险单上受让人等为防止损失的进一步扩大，而采取措施所付出的费用。

2. 救助费用（salvage charges）：当被保险货物遇到保险责任范围内的灾害事故时，由无契约关系的第三者采取的救助行动，并获得成功，而向其支付的报酬。

二、外来风险和损失

外来风险和损失，指海上风险以外由于其他各种外来的原因所造成的风险和损失。其类型如下：

1. 一般的外来原因所造成的风险和损失。这类风险损失，通常是指偷窃、短量、破碎、雨淋、受潮、受热、发霉、串味、沾污、渗漏、钩损和锈损等。

2. 特殊的外来原因造成的风险和损失。主要指由于军事、政治、国家政策法令和行政措施等原因所致的风险损失。

三、我国海运货物保险的险别

中国人民保险公司为适应我国对外经贸发展的需要，根据我国保险业务实际情况，参照国际保险市场的做法，制定了《中国保险条款》（*China Insurance Clauses*，CIC），其中包括海洋货物运输保险条款等内容。1981 年 1 月 1 日中国人民保险公司修订了海洋货物运输保险条款、海洋货物运输战争险条款等内容。

（一）基本险别

基本险别主要包括平安险、水渍险和一切险。

1. 平安险（free from particular average，F.P.A），又称"单独海损不赔险"。承保责任范围主要包括自然灾害造成的全部损失和意外事故造成的全部损失及部分损失。也包括对于海上意外事故发生前后，自然灾害造成的部分损失。

2. 水渍险（with particular average，W.A 或 W.P.A）。水渍险的承保责任范围包括平安险和自然灾害下的部分损失。

3. 一切险（all risks，A.R）。一切险的承保责任范围包括水渍险和一般附加险的内容。

（二）附加险别

1. 一般附加险（general additional risks）。主要包括偷窃提货不着险、淡水雨淋险、渗漏险、短量险、钩损险、污染险、破碎险、碰损险、生锈险、串味险和受潮受热险。

2. 特殊附加险（special additional risks）。主要包括战争险和罢工险、其他特殊附加险。其中，其他特殊附加险又包括交货不到险、舱面险、拒收险、黄曲霉素险。

四、我国海运货物保险的保险条款

不同的贸易术语，投保人不同。以 FOB 或 CFR 条件成交的，在买卖合同中，应订明由买方投保。以 CIF 和 CIP 条件成交的，由出口企业向当地保险公司投保。由于货价中包括保险费，故在保险合同条款中，需要详细约定出口方负责办理货运保险的有关事项，如约定保险金额、险别和适用的条款等。

五、保险单证

常见保险单证有：

1. 保险单又称大保单，是保险人和被保险人之间订立的正式保险合同的书面凭证。

2. 保险凭证又称小保单，是一种简化的保险合同，除其背面没有列入详细保险条款外，其余内容与保险单相同，保险凭证也具有与保险单同样的法律效力。

3. 预约保险单，为简化内部手续，保证进口货物及时投保，外经贸系统的外贸公司与中国人民保险公司签订了预约保险合同，对不带保险成交的进口货物，保险公司负有自动承保责任。

六、免赔率

免赔率是指有的易碎、易腐等商品发生保险责任范围内的损失时，保险公司要扣除一定数量或金额后赔付。可分为"绝对免赔率"和"相对免赔率"两种。两者的相同点是，如果损失数额不超过免赔率，均不予赔偿；两者的不同点是，如果损失数额超过免赔率，前者扣除免赔率，只赔偿超过部分，后者则不扣除免赔率，全部予以赔偿。

 任务操作

投保人在确定保险险别与金额，船只配妥，货物确定装运日期后，即可根据合同或信用证的规定向保险公司办理投保手续。目前有两种做法：一是填制保险公司制定的投保单；二是以出口公司填制的出口货物明细单或发票副本来代替。但在这些单证上须加填必要项目。具体程序如下：

1. 申请投保

2. 支付保险费

3. 取得保险单据

保险公司接受承保以后，即根据投保人填报的内容，签发承保凭证——保险单据。其形式主要有保险单、保险凭证、预约保单。保险单据作为议付单据之一，必须符合信用证的规定。因此，投保人应根据合同、信用证规定的内容进行审核，如发现投保项目有错误或遗漏，特别是涉及保险金额的增减、保险目的地的变更、船名有误等，投保人应立即向保险公司提出批改申请，由保险公司出立"批单"（endorsement），保险单一经批改，保险公司即按批改后的内容承担责任。申请批改必须在被保险人不知有任何损失事故发生的情况下，在货物到达目的地之前或货物发生损失以前提出。

4．保险索赔

如果被保险货物发生属于保险责任范围内的损失时，被保险人在保险有效期内可以向保险人提出赔偿要求，称为保险索赔。被保险人通常需要做好以下工作：一是被保险人获悉货物遭到损失后，应立即向保险公司发出损失通知；二是被保险人如果发现被保险货物整件短少或有明显残损痕迹，除向保险公司报损外，还应立即向承运人或有关部门索取货损货差证明，并根据需要提出书面索赔文件；三是应采取合理的施救、整理措施；四是备妥索赔单证，包括检验报告、保险单据正本、运输单据、发票、装箱单或重量单、向承运人等第三者责任方请求赔偿的文件以及索赔清单等。

河北越洋食品有限公司此笔业务贸易术语为 C&F，由进口方办理保险，所以本节任务的保险单由公司**其他的保险单**展示。

一、出口企业填制投保单，向保险公司进行投保

出口货物运输保险投保单					
发票号码			投保条款和险别		
被保险人	客户抬头 HEBEI YUEYANG FOOD CO.，LTD. NO.73 HEBEI ROAD， QINHUANGDAO，CHINA		（ ✓ ）	PICC CLAUSE	
			（ ）	ICC CLAUSE	
			（ ✓ ）	ALL RISKS	
			（ ）	W.P.A./W.A.	
			（ ）	F.P.A.	
			（ ✓ ）	WAR RISKS	
	过户		（ ）	S.R.C.C.	
			（ ）	STRIKE	
			（ ）	ICC CLAUSE A	
			（ ）	ICC CLAUSE B	
			（ ）	ICC CLAUSE C	
保险金额	USD （20000.00）		（ ）	AIR TPT ALL RISKS	
	HKD （ ）		（ ）	AIR TPT RISKS	
	（ ） （ ）		（ ）	O/L TPT ALL RISKS	
启运港	XINGANG，CHINA		（ ）	O/L TPT RISKS	
目的港	HAMBURG		（ ）	TRANSHIPMENT RISKS	
转内陆			（ ）	W TO W	
开航日期	MAY 15，2023		（ ）	T.P.N.D.	
船名航次	DONGFANG V.190		（ ）	F.R.E.C.	
赔款地点	HAMBURG		（ ）	R.F.W.D.	
赔付币别	USD		（ ）	RISKS OF BREAKAGE	
正本份数	3		（ ）	I.O.P.	

其他特别条款			
	以下由保险公司填写		
保单号码		费　率	
签单日期		保　费	
投保日期：		投保人签章：	

【实训提示】投保申请单填制

1．被保险人名称（the insured's name）。一般是出口企业名称。如信用证要求以进口商名称投保或指明要过户给银行，在投保单上明确表明，以便保险公司按要求制作保险单据。

2．标记（marks & nos.）。与发票、提单上的标记一致，如标记繁杂，可以简化，如"与×号发票同"（as per invoice NO.xxx）。

3．包装及数量（package & quantity）。写明包装性质，如箱、捆、包以及具体数量，以集装箱装运的也要注明。

4．货物名称（description of goods）。不能将货物写成百货、食品，而要写具体品名，如服装、大米、小五金等。可写统称但不能与发票所列货名相抵触。

5．保险金额（amount insured）。按买卖合同规定的加成比例计算保险金额，保额小数点后进位成整数（不能用四舍五入法），所用币制应与发票一致。

6．船名或装运工具（per conveyance）。海运应注明船名。

7．开航日期（slg. on abt.）。按确定日期或大约月、日填写，但与提单所列开航日期要一致。

8．航程。即写明从何地起运至何地止。如转内陆，则要写明内陆城市名称，不能笼统写"内陆城市"。

9．保险险别（conditions）。要明确具体险别，不能笼统地写"海运保险"（Marine clauses）。

10．赔款地点（claim payable at...）。通常是在货运目的地，如果在目的地之外的地点，要加以注明。

11．投保日期（applicant's date）。保单上载明的出单日期，不能迟于提单上的开航日期。

在办理投保以后发现投保项目有变更或错漏，要及时以书面通知保险公司，保险公司视具体情况或在原保单上更改，或出立批单，以防止可能产生的被动和不良后果。

二、保险公司接受投保，出具保险单

中保财产保险有限公司
The People's Insurance（Property）Company of China，Ltd

发票号码	保险单号次
Invoice No.YY20230508	Policy
	No.BJ123456

海洋货物运输保险单
MARINE CARGO TRANSPORTATION INSURANCE POLICY

被保险人：　　HEBEI YUEYANG FOOD CO.，LTD.

Insured：　　　NO.73 HEBEI ROAD，QINHUANGDAO，CHINA

　　中保财产保险有限公司（以下简称本公司）根据被保险人的要求，及其所缴付约定的保险费，按照本保险单承担险别和背面所载条款与下列特别条款承保下列货物运输保险，特签发本保险单。

　　This policy of Insurance witnesses that the People's Insurance（Property）Company of China，Ltd.（hereinafter called "The Company"）, at the request of the Insured and in consideration of the agreed premium paid by the Insured，undertakes to insure the undermentioned goods in transportation subject to conditions of the Policy as per the Clauses printed overleaf and other special clauses attached hereon.

保险货物项目 Descriptions of Goods	包装 Packing	单位 Unit	数量 Quantity	保险金额 Amount Insured
FROZEN RAW SCALLOP MEAT	1500 CTNS			USD20000.00

承保险别 Conditions	货物标记 Marks of Goods
ALL RISKS AND WAR RISKS OF CIC OF PICC（1/1/1981）．	N/M

总保险金额：
Total Amount Insured：　　SAY U.S.DOLLARS THIRTY THOUSAND SEVEN HUNDRED ONLY.

保费 Premium	AS ARRANGED	载运输工具 Per conveyance S.S	DONGFANG V.190	开航日期 Slg. on or abt	MAY 15，2023

起运港 Form	XINGANG，CHINA	目的港 To	HAMBURG，GERMANY

所保货物，如发生本保险单项下可能引起索赔的损失或损坏，应立即通知本公司下述代理人查勘。如有索赔，应向本公司提交保险单正本（本保险单共有　　份正本）及有关文件。如一份正本已用于索赔，其余正本则自动失效。

In the event of loss or damage which may result in acclaim under this Policy，immediate notice must be given to the Company's Agent as mentioned hereunder. Claims，if any，one of the Original Policy which has been issued in original（s）together with the relevant documents shall be surrendered to the Company. If one of the Original Policy has been accomplished，the others to be void.

赔款偿付地点
Claim payable at　　　HAMBURG，GERMANY IN USD

日期 Date	MAY 9，2023	在 at	HEBEI CHINA

地址：
Address：　　　78 YINGBIN ROAD，QINHUANGDAO，HEBEI，CHINA

任务五 出口商发装船通知

 任务介绍

装船通知也称装运通知，主要指出口商在货物装船后发给进口方的包括货物详细装运情况的通知，其目的在于让进口商做好筹措资金、付款和接货的准备。在 CPT、FOB、CFR、FCA 条件下，卖方完成装船之后，立即给予买方以通知，使后者能够及时为货物投保，避免出现装船和投保的脱节，致使货物处于无保险的状态之中。买方为了避免卖方因疏忽未及时通知，经常在信用证中明确规定，卖方必须及时发出装船通知，并规定通知的内容，而且在议付时必须提供装船通知的副本。

 任务解析

装船通知（shipping advice）或称装船声明（shipping statement），即按照信用证或合同规定，发货人通常在装船后将装船通知发给进口商，以便及时办理保险或准备提货租仓。

 知识储备

一、装船通知的主要内容及其缮制

（一）单据名称

装船通知（shipping/shipment advice，advice of shipment）、装运声明（shipping statement/declaration）等，如信用证有具体要求的，从其规定。

（二）抬头人名称或地址

应按信用证规定，具体讲可以是开证申请人名称和地址、申请人的指定人或保险公司等名称和地址。

（三）通知内容

主要包括所发运货物的合同号或信用证号、品名、数量、金额、运输工具名称、开航日期、启运地和目的地、提运单号码、运输标志等，并且与其他相关单据保持一致，如信用证提出具体项目要求，应严格按规定出单。此外，通知中还可能出现包装说明、ETD（船舶预离港时间）、ETA（船舶预抵港时间）等内容。

（四）制作和发出日期

日期不能超过信用证约定的时间，常见的有以小时（如"within 24/48 hours"）为准和以天（如"within 2 days after shipment date"）为准两种情形，信用证没有规定时应在装船后立即发出，如信用证规定"Immediately after shipment"（装船后立即通知），应掌握在提单后 3 天内。

（五）签署

一般可以不签署，如信用证要求"certified copy of shipping advice"（装运通知的核证副本），通常加盖受益人的条形章。

二、缮制装船通知应注意的事项

（1）CFR/CPT 交易条件下拍发装运通知的必要性

因货物运输和保险分别由不同的当事人操作，所以受益人有义务向申请人对货物装运情况给予及时、充分的通知，以便进口商购买保险，否则如漏发通知，则货物装运后的风险仍由受益人承担。

（2）通知应按规定的方式、时间、内容、份数发出。

（3）几个近似概念的区别。

shipping advice（装运通知）是由出口商（受益人）发给进口商（申请人）的；shipping instructions 意思是"装运须知"，一般是进口商发给出口商的；shipping note/bill 指装货通知单/船货清单；shipping order 简称 S/O，含义是装货单/关单/下货纸（是海关放行和命令船方将单据上载明的货物装船的文件）。

 任务操作

河北越洋食品有限公司业务员李伟向韩国进口商发装船通知。

SHIPPING ADVICE

TO MESSRS:
OCEANS CO.，LTD
6-RO，GANGSEO-GU，SEOUL，REPUBLIC OF KOREA

DEAR SIR，
　　WE ARE PLEASED TO INFORM YOUR ESTEEMED COMPANY THAT THE FOLLOWING MENTIONED GOODS WILL BE SHIPPED OUT ON THE 19th MAY，FULL DETAILS WERE SHOWN AS FOLLOWS:
1. 　INVOICE: YY-23316
2. 　BILL OF LADING NUMBER: EASED2320XB4094
3. 　OCEAN VESSEL: EASLINEDALIAN/2320E
4. 　PORT OF LOADING: XINGANG PORT
5. 　DATE OF SHIPMENT: MAY 15，2023
6. 　PORT OF DESTINATION: BUSAN PORT，SOUTH KOREA
7. 　ESTIMATED DATE OF ARRIVAL: MAY 21，2023
8. 　DESCRIPTION OF PACKAGES AND GOODS:
　　FROZEN RAW SCALLOP MEAT
　　21 000.00KGS
9. 　MARKS AND NUMBER ON B/L: N/M
10. 　CONTAINER/SEAL NUMBER: EMCU2862697/JBF2222
　　　　　　　　　　　　　　　UGMU8734320/JBF2211
11. 　L/C NUMBER: MD1PY230ENL00071

WE WILL FAX THE ORIGINAL BILL OF LADING TO YOUR COMPANY UPON RECEIPT OF IT FROM SHIPPING COMPANY.
（出口商签字和盖单据章）

　　　　　　　　　　　　　　　　　　　BEST REGARDS
　　　　　　　　　　　　　　HEBEI YUEYANG FOOD CO.，LTD.
　　　　　　　　　　　　　　　　　　　LI WEI

 项目小结

在出口货物出运操作中，出口企业多委托货代公司办理租船订舱、报关、报检等手续。如果选择委托货代公司来办理出口托运，出口企业需要选择货代公司，填制订舱委托书，授权货代办理运输手续。如果是出口企业自己办理出口运输事项，则省去了选择货代、填制订舱委托书的环节，但需要出口企业自行与船公司或其代理联系订舱，完成向船公司的交货。

法定检验检疫的出境货物的发货人或其代理人向检验检疫机构报检，检验检疫机构受理报检并计收费后实施检验检疫。

出口企业委托报关企业办理报关手续的，应当向报关企业提供所委托报关事项的真实情况，并填写授权委托书。

投保人应在运输工具启运前及时办理保险，保险人必须向保险公司如实申报货物情况，填制投保单，并随附商业发票或提单等。投保单所写明的内容，是保险人据此作为风险衡量、保费及时、合同订立的依据，因此投保单填写的内容十分重要。保险公司审核投保单无误后，出具保险单或其他保险单据，收取保险费。

出口企业在装船后要立即发出装船通知。装船通知以英文制作，无统一格式，内容一定要符合信用证的规定，一般只提供一份。

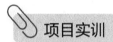 项目实训

青岛利华有限公司（Qingdao Lihua Co.，Ltd.）是一家流通性外贸企业。该公司外贸业务员李雅收到来自阿联酋客户 Tim Co.，Ltd.邮件，通过反复磋商，2023 年 9 月 18 日，双方达成合同。

资料 1：青岛利华有限公司（Qingdao Lihua Co.，Ltd.）是一家流通型外贸企业。该公司外贸业务员李雅收到来自阿联酋客户 Tim Co.，Ltd.的邮件，通过反复磋商，2023 年 9 月 18 日，双方达成交易。合同资料如下。

SALES CONTRACT

NO. LY0723   DATE：SEP. 18，2023

THE SELLER：Qingdao Lihua Co.，Ltd.   THE BUYER：Tim Co.，Ltd.

No. 1 Renmin Rd.，Qingdao, China   No. 1 Roak Rd.，Dubai，UAE

This Contract is made by and between the Buyer and Seller，whereby the Buyer agrees to buy and the Seller agrees to sell the under-mentioned commodity according to the terms and conditions stipulated below：

Commodity & Specification	Quantity	Unit Price	Amount
Door Handle Article No.DH5010	9 000 pairs	CFR Dubai，UAE USD8.80/pair	USD79 200.00
Total	9 000 pairs		USD79 200.00
Total Contract Value：U.S.DOLLARS SEVENTY NINE THOUSAND TWO HUNDRED ONLY.			

MORE OR LESS CLAUSE： More or less 1% of the quantity and the amount are allowed.

PACKING： in cartons

TIME OF SHIPMENT： Not later than Dec. 18，2023

PORT OF LOADING AND DESTINATION： From Qingdao，China to Dubai，UAE

Transshipment is not allowed and partial shipment is not allowed

INSURANCE： covered by the buyer.

TERMS OF PAYMENT： 20% of contract value payable by T/T within 10 days after the contract date，the remaining payable by D/P at sight.

REMARKS：

This contract is made in two original copies and becomes valid after both parties' signature，one copy to be held by each party.

Signed by：

THE SELLER：	**THE BUYER**

　　资料 2：业务员李雅从门把手的制造商山东淄博五金有限公司报价得知：锌合金（zinc alloy）门把手 9 000 副，人民币 58.5 元/副（含税价），增值税税率为 17%，每副装 1 个泡沫纸袋（foam bag）（含配件），然后装入 1 个出口标准内盒，每 20 个内盒装 1 个标准出口纸箱，纸箱尺寸为 57 厘米×31 厘米×31 厘米，每箱毛重为 18.5 千克，净重为 17.5 千克，9 000 副装 1×20'FCL，交货时全额付款，工厂交货。

　　资料 3：发票号为 NO．LY0723，发票日期为 2023 年 12 月 15 日。

实训操作一：制作装箱单

　　根据资料 1、资料 2 和资料 3 的信息，外贸业务员李雅制作装箱单如下。

ISSUER			PACKING LIST			
TO			INVOICE NO.		DATE	
Marks and Numbers	Number and kind of package Description of goods	Quantity	PACKAGE	G.W	N.W	Meas.
	Total:					
SAY TOTAL:						

实训操作二：租船订舱

2023 年 12 月 2 日，外贸业务员或指示外贸单证员根据出口公司提供的备货信息、商业发票、装箱单和以下信息，制作订舱委托书，向河北迅达国际货运代理有限公司办理订舱手续。

河北迅达国际货运代理有限公司的相关信息如下。

（1）地址：河北省秦皇岛市河北大街西段 21 号。

（2）联系人：张华

（3）联系电话：0335-531××××

订舱委托书				
			年　月　日	
托运人			合同号	
			发票号	
			信用证号	
			运输方式	
收货人			起运港	
			目的港	
			装运期	
通知人			可否转运	
			可否分批	
			运费支付方式	
			正本提单	
唛头	货名	包装件数	总毛重	总体积
注意事项				
受托人：		委托人：		
电话：　　　传真：		电话：　　　传真：		
联系人：		联系人：		

实训操作三：缮制报关委托书

根据本综合实训所给资料 1、资料 2、资料 3，外贸业务员或指示外贸单证员根据出口公司提供的备货信息、商业发票、装箱单和以下信息，委托河北迅达国际货运代理有限公司办理整合报关手续。

河北迅达国际货运代理有限公司的相关信息如下。

（1）地址：河北省秦皇岛市河北大街西段 21 号。

（2）联系人：张珍

（3）联系电话：0335-531××××

<table>
<tr><td colspan="5" align="center">进出口货物代理整合报关委托书</td></tr>
<tr><td colspan="5" align="right">编号：</td></tr>
<tr><td>委托单位</td><td></td><td>十位编码</td><td colspan="2"></td></tr>
<tr><td>地　　址</td><td></td><td>联系电话</td><td colspan="2"></td></tr>
<tr><td>经 办 人</td><td></td><td>身份证号</td><td colspan="2"></td></tr>
<tr><td colspan="5">　　我单位委托　　　　　　　　　　公司代理以下进出口货物的报关手续，保证提供的报关资料真实、合法，与实际货物相符，并愿承担由此产生的法律责任。</td></tr>
<tr><td>货物名称</td><td></td><td>商品编号</td><td>件　　数</td><td></td></tr>
<tr><td>重　　量</td><td></td><td>价　　值</td><td>币　　制</td><td></td></tr>
<tr><td>贸易性质</td><td></td><td>货物产地</td><td>合 同 号</td><td></td></tr>
<tr><td>是否退税</td><td></td><td>船名/航次</td><td colspan="2"></td></tr>
<tr><td>委托单位开户银行</td><td></td><td>账号</td><td colspan="2"></td></tr>
<tr><td colspan="5">随附单证名称、份数及编号：
1. 合同　　　　份；　　　　　　　　6. 机电证明　　　份、编号：
2. 发票　　　　份；　　　　　　　　7. 商检证　　　份；
3. 装箱清单　　份；　　　　　　　　8.
4. 登记手册　　本、编号：　　　；　9.
5. 许可证　　　份、编号：　　　；　10.</td></tr>
<tr><td colspan="5">（以上内容由委托单位填写）</td></tr>
<tr><td>被委托单位</td><td></td><td>十位编码</td><td colspan="2"></td></tr>
<tr><td>地　　址</td><td></td><td>联系电话</td><td colspan="2"></td></tr>
<tr><td>经 办 人</td><td></td><td>身份证号</td><td colspan="2"></td></tr>
<tr><td colspan="5">（以上内容由被委托单位填写）</td></tr>
<tr><td>代理（专业）报关企业章及法人代表章</td><td></td><td>委托单位章及法人代表章</td><td colspan="2"></td></tr>
<tr><td colspan="5" align="right">年　　月　　日</td></tr>
</table>

实训操作四：缮制投保单

根据本综合实训所给资料 1、资料 2、资料 3 的内容填制投保单。

货物运输保险投保单

APPLICATION FORM FOR CARGO TRANSPORTATION INSURANCE

投保单号：

被保险人：

INSURED: _____

发票号（INVOICE NO.）_____

合同号（CONTRACT NO.）_____

信用证号（L/C NO.）_____

发票金额（INVOICE AMOUNT）_____投保加成（PLUS）_____%

兹有下列物品向中国大地财产保险股份有限公司投保（INSURANCE IS REQUIRED ON THE FOLLOWING COMMODITIES：）

标　记 MARKS & NOS	包装及数量 QUANTITY	保险货物项目 DESCRIPTION OF GOODS	保险金额 AMOUNT INSURED

启运日期：　　　　　　　　　　　　　　装载工具

DATE OF COMMENCEMENT_____PER CONVEYANCE _____

自　　　　　　　　　　　经　　　　　　　　　　　至

FORM_____VIA_____TO_____

提单号：　　　　　　　　　　　　　　赔款偿付地点：

B/L NO. _____CLAIM PAYABLE AT_____

投保险别：（PLEASE INDICATE THE CONDITIONS &/OR SPECIAL COVERAGES）

请如实告知下列情况：〔如"是"在（）打"×" IF ANY，PLEASE MARK "×"〕

1. 货物种类　袋装（）散装（）冷藏（）液体（）活动物（）　机器/汽车（）危险品等级（）

GOODS　BAG/JUMBO　BULK　REEFER　LIQUID　LIVE ANIMAL　MACHINE/AUTO DANGEROUS CLASS

2. 集装箱种类　普通（）开顶（）框架（）平板（）冷藏（）

CONTAINER　ORDINARY　OPEN　FRAME　FLAT　REFRIGERATOR

3. 转运工具　海轮（）飞机（）驳船（）火车（）汽车（）

BY TRANSIT SHIP　PLANE　BARGE　TRAIN　TRUCK

4. 船舶资料　　　　　船籍（）　　　　　船龄（）

PARTICULAR OF SHIP RIGISTRY_____AGE_____

备件：被保险人确认本保险合同条款和内容已经完全了解。 THE ASSURED CONFIRMS HEREWITH THE TERMS AND CONDITIONS OF THESE INSURANCE CONTRACT FULLY UNDERSTOOD. 投保日期（DATE）_____	投保人（签名盖章）APPLICANT'S SIGNATURE 电话（TEL）_____ 地址（ADD）_____
本公司自用（FOR OFFICE USE ONLY）	
费率　　　　　　　　保费　　　　　　　　　　　　　　　备注： RATE　AS ARRANGED　　　　PREMIUM　AS ARRANGED	
经办人 BY_____核保人_____负责人_____	
总公司地址：上海市浦东南路 855 号　　电话：021-5836××××　　邮政编码：200120 网址：www.ccic-net.com.cn	

实训操作五：根据本综合实训所给资料 1、资料 2、资料 3 的内容及以下资料写一份装船通知

提单号：TSC236

装运港：青岛港

装运日期：2023 年 12 月 15 日

预计到达时间：2024 年 1 月 15 日

项目八　出口结汇和退税

在完成项目七的货物出运操作后，出口业务还需要完成收汇、核销和退税等任务。我国外汇管理规定：境内机构通过外汇账户办理跨境收付时，需办理国际收支申报，并遵守货物贸易和服务贸易相关法规。境内机构收入的外汇，可以保留在账户中，也可以办理结汇；对外付汇时，可以使用自有外汇，也可以使用人民币购汇支付。

出口结汇是指外汇收款人将出口收到的外汇卖给银行，银行按照外币的汇率支付等值的人民币。境内出口单位向境外出口货物，均应当办理出口收汇核销手续。核销后办理退税手续。

任务一　出口制单

任务介绍

国际贸易有一个很大的特点就是象征性交货，即交单象征交货，由此可见单据在国际贸易操作中的重要性。

国际贸易是国与国之间的商品买卖，但是在实际业务当中主要表现为单据的买卖。单据具体作用包括：①单据是国际贸易结算的基本工具；②单据是履行合同的证明。

制单是进出口人按合同或信用证的要求，并根据货物的实际交易数量及运输情况，缮制各种单据的工作过程。

由于国际商会制定的《跟单信用证统一惯例》在国际贸易中的普遍应用，国际上对于信用证项下的单据有了一定的要求。特别是 UCP600 的实行，对单据的填制给予了更加明确的规范。

任务解析

单据缮制的基本要求是：正确、完整、及时、简明、整洁。

（1）单证不得矛盾。

（2）单单不得矛盾。

（3）单单一致。

（4）及时缮制单据。

知识储备

一、外贸单证的种类

外贸单证的种类繁多，可以按照以下方法进行划分。

（一）按性质划分

（1）资金单据：是指汇票、本票、支票以及用于收汇的其他单据。
（2）商业单据：是指发票、提单、权利证书及其他不属于金融单据的所有单据。

（二）按使用频率划分

（1）基本单据：即出口商一般情况下必须提供的单据，包括发票、提单和保险单三大单据。
（2）附属单据：即在某种特殊情况下，买方要求卖方协助提供的单据。这些单据又可分为两类：一类是进口国官方要求的单据，如领事发票、海关发票、产地证、检疫证以及出口许可证、装船证明等；另一类是买方要求说明货物详细情况的单据，如装箱单、重量单和品质证等。

（三）按 UCP600 划分

UCP600 将信用证项下的单据分为以下四大类。
（1）运输单据（transport documents）：包括海运提单，非转让海运单，租船合约提单，海运单据，空运单据，公路、铁路和内陆水运单据，快邮和邮包收据，运输代理人的运输单等。
（2）保险单据（insurance documents）：包括保险单、保险凭证、承保证明、预保单等。
（3）商业发票（commercial invoice）。
（4）其他单据（other documents）：包括装箱单和重量单、各种证明书。

二、制单要求

（一）正确

正确是外贸单证工作的前提，单证不正确就不能安全结汇。这里所说的正确，至少包括两方面的内容：一方面是要求各种单据必须做到"三相符"（单据与信用证相符、单据与单据相符、单据与贸易合同相符）；另一方面则要求各种单据必须符合有关国际惯例和进口国的有关法令和规定。

在跟单托收业务中，虽然不像信用证那样严格，但如果不符合买卖合同的规定，也可能被进口商找到借口，从而拒付货款或延付货款。

（二）完整

单证的完整性是构成单证合法性的重要条件之一，单证的完整一般包括以下几种。
（1）单据内容完整。

（2）单据种类完整。

（3）单据份数完整。

（三）及时

进出口单证工作的时间性很强，各种单证都要有一个适当的出单日期。及时出单包括两个方面的内容：一方面是指各种单据的出单日期必须合理可行，也就是说，每一种单据的出单日期不能超过信用证规定的有效期限或按商业习惯的合理日期。另一方面还反映在交单议付上。这里主要是指向银行交单的日期不能超过信用证规定的交单有效期。过期交单将会遭到拒付或造成利息损失。

（四）简明

单据的内容应按合同或信用证要求和国际惯例填写，力求简明，切勿加列不必要的内容，以免弄巧成拙。

简化单证不仅可以减少工作量、提高工作效率，而且也有利于提高单证的质量、减少单证的差错。

（五）整洁

所谓整洁，是指单证表面的清洁、美观、大方；单证内容的清楚易认；单证内容记述简洁明了。如果说正确和完整是单证的内在质量，那么整洁则是单证的外观质量。单证的外观质量在一定程度上反映了一个国家的科技水平和一个企业的业务水平。单证是否整洁，不但反映了制单人制单的熟练程度和工作态度，而且还会直接影响出单的效果。

三、制单依据

（1）买卖合同。买卖合同是制单和审单的首要依据，主要内容包括商品名称、规格、数量、价格条件以至运输方式、支付方式。

（2）信用证。在信用证支付方式的交易中，信用证取代买卖合同而成为主要的制作单据的依据，因为银行的付款原则是"只凭信用证而不问合同"，所以各种单据必须完全符合信用证的规定，银行才承担付款的责任，如果信用证条款与买卖合同相互矛盾，要么修改信用证，以求得"证同一致"，否则只有以信用证为准才能达到安全收汇的目的。

（3）有关商品的原始资料。这一般是指由生产单位提供的交货单和货物出厂装箱单等单据显示货物具体的数量、重量、规格、尺码等。

（4）国际贸易中的有关的国际惯例。如国际商会的 UCP600、URC522[①]和INCOTERMS2020 等，也是正确处理一些单证问题的依据。

 任务操作

河北越洋食品有限公司（HEBEI YUEYANG FOOD CO.，LTD.）外贸业务员李伟通过与国外进口商签合同、开证、改证、报关、报检以及装运等环节后，进入制单结汇阶段。

---

① URC522 指国际商会的第 522 号出版物《托收统一规则》。

操作指南

李伟在获取海运提单后，依据合同、信用证等开始制单。在制作信用证项下单据之前，一定要仔细阅读和分析信用证各条款，并能找出信用证要求制作的单据种类、份数及其制单要求。信用证若要求制作资金单据（一般为汇票），一般会有 42C 和 42A 栏目，分别对汇票的付款期限和付款人做出要求；若要求制作商业单据，一般都在 46A 栏目中做出要求。值得注意的是，有些信用证往往在 47A 栏目中还可能补充要求制作一些附属商业单据，如受益人证明、装运通知等。因此，在制作商业单据时，还要特别留意 47A 栏目的内容。同时，47A 栏目往往会对制单提出一些特殊的要求，如数量、金额的增减条款，所有单据都必须标出信用证号码、开证日期和开证行名称等。

根据本案例在出口项目五中的信用证（信用证号：DOC.CREDIT　NUMBER：MD1PY230ENL00071）来制作结汇单据。

1. 制单技巧

以下是一些可参考使用的制单技巧。

（1）付款人的表示方法。它是指发票、汇票等单据中，在 TO 后面显示谁，表示由谁作为接受方，行使付款义务。

① 汇票的受票人即付款人的表示方法。TO 后面的付款人主要有以下两种：在托收方式项下，一般 TO 后面填进口商，当合同或进口商有特别要求时，可考虑按要求办理。在 L/C 方式项下，按信用证填写。

② 发票的接受方即发票的付款人的表示方法。采用信用证方式的，按 L/C 的要求办，若没有具体要求时，发票的抬头应做成 L/C 的开证申请人，当 L/C 或进口商要求两家公司为抬头时，一般写成×××（中间商）FOR ACCOUNT OF ABC。

（2）收货人的表示方法。

① 在产地证、许可证等清关文件收货人一栏应填写实际买主。当进口商有具体规定时，按要求办。若进口商没有提出要求，可按提单上的收货人或其他货运单据上的收货人填。

② 提单上的收货人一栏的具体表示方法：a.运输公司是按出口方的托运单上所表示的要求填写，所以在制作托运单时，必须明确标明收货人应填写谁。b.当使用非信用证结算方式时，对出口方有利的做法是将收货人写成 TO ORDER 或 ORDER OF SHIPPER。由于记名提单标明收货人已经确定，不得转让，不利于出口商在进口商拒收货物或其他收汇困难时转卖他人，当然如果交易属跨国公司内部的进出口，或与进口商关系密切，收汇有保证时可将收货人直接作为进口商。c.使用信用证结算方式时，应按信用证中的有关规定处理。

（3）装货港和卸货港的表示方法。装货港和卸货港在货运提单上的表示方法必须慎重，特别是在使用信用证时，需要做到以下两点。

① 用海运提单时，装货港和卸货港必须与信用证上一致，如装货港填在标有"INTENDED PORT OF LOADING"一栏中，则另需作装船批注，写明"PORT OF LOADING"，卸货港为预期的也应另作批注。

② 用多式联运提单时，格式内容通常有收货地（PLACE OF RECEIPT）、船名及航次

（VESSEL VOYNO.）、装货港（PORT OF LOADING）、卸货港（PORT OF DISCHARGE）、交货地（PLACE OF DELIVERY）等栏。填制时，需要通过合适的填制方法满足信用证中的相应规定。

（4）单据的日期。

① 所有单据中，发票的签发日期一般是最早的，因通常情况下，是首先制作好发票，然后以其为基础制作其他单据。

② 产地证的签发日期不应早于申报日期，但可以迟于货物装运日期。因为产地证的签发日期对货物的价值或对货物产地的声明不会造成损害。

③ 各种检验证的签发日期不能迟于装船日期。但若检验证上注明货物检验日期早于装运日期，则可以接受。

④ 装箱单不必注明签发日期，除非信用证要求注明。

⑤ 保险单据签发日期不得迟于运输单据注明的装运日期，但保险单据如果注明保险责任早于装运日起生效，则即使签发日期迟于装船日期，也可接受。

2. 制作单据

（1）商业发票的制作

<table>
<tr><td colspan="5" align="center">商业发票</td></tr>
<tr>
<td colspan="2">Issuer
HEBEI YUEYANG FOOD CO.，LTD.
NO.73 HEBEI ROAD，QINHUANGDAO CITY，HEBEI PROVINCE，CHINA</td>
<td colspan="3">ORIGINAL
商 业 发 票
COMMERCIAL INVOICE</td>
</tr>
<tr>
<td colspan="2">To
OCEANS CO.，LTD
6-RO，GANGSEO-GU，SEOUL，REPUBLIC OF KOREA</td>
<td colspan="2">Contract No.：YY-23316
Invoice No.：YY-23316</td>
<td>Date：
MAY 19，2023</td>
</tr>
<tr>
<td colspan="2">Transport details
PORT OF SHIPMENT：XINGANG，CHINA
PORT OF DESTINATION：BUSAN，SOUTH KOREA</td>
<td colspan="3">Terms of payment
L/C</td>
</tr>
<tr>
<td>Marks and numbers</td>
<td>Number and kind of packages; description of goods</td>
<td>Quantity</td>
<td>Unit price</td>
<td>Amount</td>
</tr>
<tr>
<td>N/M</td>
<td>FROZEN RAW SCALLOP MEAT

2100CTNS
21000. 00KGS

AMOUNT：USD147000.00
PACKING：IN CARTONS
2100CTNS（TWO THOUSAND AND ONE HUNDRED CARTONS ONLY）
NET WEIGHT：21000.00KGS
GROSS WEIGHT：23037.00KGS
MEASUREMENT：40CBM</td>
<td colspan="3">CFR BUSAN USD7.00/KG

USD147000.00

（出口商签字和盖单位章）</td>
</tr>
</table>

（2）装箱单的制作

<table>
<tr><td colspan="2" align="center">装箱单</td></tr>
<tr>
<td>Issuer

HEBEI YUEYANG FOOD CO.，LTD.

NO.73 HEBEI ROAD，QINHUANGDAO CITY，HEBEI
PROVINCE，CHINA</td>
<td align="center">***ORIGINAL***
装 箱 单
PACKING LIST</td>
</tr>
<tr>
<td>To

   OCEANS CO.，LTD
6-RO，GANGSEO-GU，SEOUL，REPUBLIC OF KOREA</td>
<td><table><tr><td>No

YY-23316</td><td>Date

MAY 19，2023</td></tr></table></td>
</tr>
</table>

Marks	Description of goods	Price	Amount
	+TERMS OF PRICE：CFR BUSAN	USD7.00/KG	USD147 000.00
N/M	+COUNTRY OF ORIGIN：CHINA		
	ITEM：FROZEN RAW SCALLOP MEAT		
	PACKING：500G×20BAGS/CTN		
	SIZE：60cm×40cm×40cm		
	QUANTITY（CTNS）：2 100　　　　21 000.00 KGS（N.W）		
	CREDIT NUMBER：MD1PY230ENL00071		
	PACKING：IN CARTONS		
	2 100 CTNS（TWO THOUSAND ONE HUNDRED CARTONS ONLY）		
	NET WEIGHT：21 000.00KGS		
	GROSS WEIGHT：23 037.00KGS		
	MEASUREMENT：40CBM		
		（出口商签字和盖单位章）	

（3）海运提单的制作

海运提单

Shipper
HEBEI YUEYANG FOOD CO., LTD.
NO.73 HEBEI ROAD, QINHUANGDAO CITY,
HEBEI PROVINCE, CHINA

BILL OF LADING
B/L No.: ASED2320XB4094
COSC

中 国 远 洋 运 输 公 司
CHINA OCEAN SHIPPING COMPANY

Consignee
TO ORDER OF WOORI BANK

ORIGINAL

Notify Party
OCEANS CO., LTD
6-RO, GANGSEO-GU, SEOUL, REPUBLIC OF
KOREA

*Pre carriage by	*Place of Receipt

Ocean Vessel Voy. No.	Port of Loading
EASLINE DALIAN 2320E	XINGANG, CHINA

Port of discharge	*Final destination	Freight payable at	Number original Bs/L
BUSAN , SOUTH KOREA	BUSAN, SOUTH KOREA	XINGANG, CHINA	THREE（3）

Marks and Numbers	Number and kind of packages; Description	Gross weight	Measurement m³
N/M TEMU9210214/AN301 74172/40'RH TOTAL:	CY/CY IN 1×40'RH CONTAINER "SHIPPER'S LOAD & COUNT & SEALED" SAID TO CONTAIN: FROZEN RAW SCALLOP MEAT TEMP: −25C VENT: CLOSED 2 100 CTNS	23 037.00KGS	40CBM

TOTAL PACKAGES（IN WORDS）TWO THOUSAND ONE HUNDRED CARTONS ONLY.

Freight and charges   FREIGHT PREPAID

Place and date of issue
TIANJIN MAY 23, 2023
Signed for the Carrier
COSCO CONTAINER LINES
×××××

*Applicable only when document used as a Through Bill of Loading

（4）原产地证的制作

原产地证

ORIGINAL

1. Goods consigned from （Exporter's business name，address，country） HEBEI YUEYANG FOOD CO.，LTD. NO.73 HEBEI ROAD，QINHUANGDAO CITY，HEBEI PROVINCE，CHINA	Certificate No.：K237415225510004 CERTIFICATE OF ORIGIN Form for China-Korea FTA
2. Producer's name and address，country： HEBEI YUEYANG FOOD CO.，LTD. NO.73 HEBEI ROAD，QINHUANGDAO CITY，HEBEI PROVINCE，CHINA	Issued in THE PEOPLE'S REPUBLIC OF CHINA （country） See Notes overleaf
3.Goods consigned to （Consignee's name，address，country） OCEANS CO.，LTD 6-RO，GANGSEO-GU，SEOUL，REPUBLIC OF KOREA	5.Remarks： **************************** Verification：origin. customs. gov. cn
4.Means of transport and route （as far as known） Departure Date：MAY 21，2023 Vessel/Flight/Train/Vehlcle No.：EASLINE DALIAN 2320E Port of loading：XINGANG，CHINA Port of discharge：BUSAN，KOREA	

6.Item number	7.Marks and numbers of packages	8.Number and kind of packages；description of goods	9.HS code （Six-digit code）	10.Origin criterion	11.Grossweight，quantity （Quantity Unit） or other measures （liters，m^3 etc.）	12.Number and date of invoices
			0309. 90	"WO"		
1	N/M	TWO THOUSAND ONE HUNDRED （2 100） CARTONS OF FROZEN RAW SCALLOP MEAT *****************			23 037.00KGS G.W.	YY-23316 MAY 19，2023

13.Declaration by the exporter	14. Certification

The undersigned hereby declares that the above details and statements are correct，that all the goods were produced in
    <u>CHINA</u>
    （Country）
and that they comply with the origin requirements specified for FTAor goods exported to
    <u>KOREA</u>
    （Importing country）
 	
    （河北越洋食品有限公司签章）
    Shijiazhuang，China，MAY 19，2023
Place and date，signature of authorized signatory
	On the basis of control carried out，that the information herein is correct. and that the goods described comply with the origin requirements specifiedin the in the China-Korea FTA
	
	    （石家庄海关签章）
	
	    Shijiazhuang，China，MAY 19，2023
	Place and date，signature and stamp of authorized signatory

任务二　审单和交单收汇

 任务介绍

单证的审核是对已经缮制、备妥的单据对照信用证（在信用证付款情况下）或合同（非信用证付款方式）的有关内容进行核对。单证要及时地检查和核对，并对发现的问题及时更正，以达到安全收汇的目的。

任务解析

一、单证审核的基本要求

（1）及时性。及时审核有关单据可以对一些单据上的差错做到及时发现、及时更正，有效地避免因审核不及时而造成的各项工作的被动。

（2）全面性。应当从安全收汇和全面履行合同的高度来重视单据的审核工作。一方面，我们应对照信用证和合同认真审核每一份单证，不放过任何一个不符点；另一方面，我们要善于处理所发现的问题，加强与各有关部门的联系和衔接，使发现的问题得到及时、妥善的处理。

（3）按照"严格符合"的原则，做到"单单相符，单证相符"。"单单相符、单证相符"是安全收汇的前提和基础，所提交的单据中存在的任何不符（哪怕是细小的差错）都会造成一些难以挽回的损失。

二、结汇

出口结汇主要分电汇项下的结汇、托收项下的结汇和信用证项下的结汇，其中最重要的是信用证项下的结汇。

 知识储备

一、审核单据的原则和依据

（一）信用证审核单据的原则

银行的责任是合理小心地审核单据，以确定其表面上符合信用证条款。单据表面符合信用证条款包含"单证一致，单单一致"两方面的含义。

（1）单证一致。单证一致要求所提交的单据在种类、份数、内容上要与信用证的要求一致，这就是审单工作的横审。

（2）单单一致。审核单单表面相符在审单工作中一般又称纵审。以发票为中心来审核各单据之间所表示的货物、数量、金额、信用证号码等是否相同或一致，并不是所有单据之间必须显示相同的内容，但要求显示与同一笔交易有关，即每一单据从表面上与其他单据有一种联系，且各单据之间不得有矛盾。例如，所有单据列有的货名必须相符，发票、汇票列有金额必须相同，发票、保险单、提单、装箱单、重量单等列有的唛头必须一致等。

此外，各单据间的日期要符合情理，出具时间要符合货物出口程序的工作顺序，具有逻辑性，相互矛盾。例如，船边测温证书的日期晚于提单日期就不符合逻辑了。

（二）银行审核单据所依据的国际规则、惯例

银行审核单证的依据如下。

（1）国际商会的第 600 号出版物《跟单信用证统一惯例》（UCP600）。

（2）国际商会的第 645 号出版物《审核跟单信用证项下单据的国际标准银行实务》（1SBP）。

（3）国际商会的第 525 号出版物《跟单信用证项下银行间偿付统一规则》（URDG458）。

（4）国际商会的第 723E 号出版物《2020 年国际贸易术语解释通则》（INCOTERMS2020）。银行根据上述规则/惯例进行信用证项下单据的审核。

（三）托收、汇付的审单

托收和汇付属于商业信用，银行不负责审核单据，单据只要符合买方的清关文件要求即可。其审核也相对容易。

二、交单收汇

（一）信用证结算方式下的交单收汇

1．交单时间的限制

受益人制单后，应在规定的交单期内，向信用证中指定的银行交付全套单据。若信用证中没有规定交单期限，银行将不接受自装运日起 21 天内提交的单据，但在任何情况下，单据的提交不得迟于信用证的有效期。若信用证到期日或交单日的最后一天，适逢接收单据的银行终止营业日，则规定的到期日或交单期的最后一天将延至该银行开业的第一个营业日。

2．交单地点的限制

若开证行将信用证的到期地点定在其本国或他自己的营业柜台，而不是受益人国家，这对受益人极为不利，因为他必须保证于信用证的有效期内在开证行营业柜台前提交单据。

3．议付行对单据的处理

议付行审核单据，若单证相符、单单一致，就会办理议付（或押汇），并向开证行寄单请求付款。议付行经审单发现不符点，应在审单记录上简明扼要地逐条记录下来，将单据退回受益人，待换单后达到单证相符才寄单索汇。如遇不符点而受益人无法更改的情况，出口地银行可酌情进行以下处理。

（1）凭保函议付。

（2）电提不符点。

（3）托收寄单或征求意见寄单。

（4）退单。

4．信用证项下不符单据的处理与救济

对包含不符点的单据拒付是国际惯例赋予开证行的权利。一些经验不足的公司在接到开证行提出不符点的通知时，惊慌失措，匆匆忙忙接受客户降价的请求，从而直接导致了经济损失。其实，信用证项下的单据被拒绝时，并不意味着出口项下的贷款被判了死刑，降价也不是解决问题的唯一办法。

（1）开证行提出不符点的前提。根据国际惯例，开证行提出不符点必须遵守以下条件。

第一，在合理的时间内提出不符点，即在开证行收到单据次日起算的 5 个工作日内向单据的提示者提出不符点。

第二，无延迟的依电讯方式（如条件有限，须以其他快捷方式）将不符点通知提示者。

第三，不符点必须一次性提出，即如第一次所提不符点不成立，即使单据还存在实质性不符点，开证行也无权再次提出。

第四，通知不符点的同时，必须说明单据代为保管听候处理，或径退交单者。

以上条件必须同时满足，否则开证行便无权声称单据有不符点而拒付。

（2）面对国外银行提出的不符点，出口商可采取以下措施：①要认真审核不符点；②要积极与开证申请人洽谈；③降价或另寻买主；④单据被拒付后，受益人还可以对不符单据进行救济处理。

5．议付

所谓议付（negotiation），是指议付行向受益人购进由其出立的汇票及所附单据，俗称"买单"，是"出口押汇"的一种做法。议付实际上是议付行对受益人垫付，所以议付也被银行称之为"出口押汇"业务。议付行办理议付后成为汇票的善意持票人，如遇开证行拒付，有向受益人行使追索的权利。

（二）T/T 结算方式下的交单收汇

根据付款时间不同，T/T 分为前 T/T 和后 T/T。前 T/T 又可分为"装运前 T/T"和"装运后见提单传真 T/T"。

如果是"装运前 T/T"的结算方式，出口商在装运前已全部收到进口商电汇的合同金额。在装运之后，就直接把包括海运提单在内的所有单据寄给进口商，或指示船公司把提单电放给进口商。

如果是"装运后见提单传真 T/T"的结算方式，出口商在装运后，把海运提单传真给进口商，等进口商把合同金额电汇到出口商银行账户之后，才把包括海运提单在内的所有单据寄给进口商。

如果是后 T/T 的结算方式，出口商在装运后就把包括海运提单在内的所有单据寄给进口商，等进口商收到货物之后的一段时间内采用电汇的方式把合同款项付给出口商。

（三）托收结算方式下的交单收汇

选择 D/P 或 D/A 的结算方式时，出口商装运货物后，及时将有关托收单据交出口地银行办理托收。该银行被称为托收行。

托收交单较灵活，单据种类、单据内容、交单时间由出口商根据合同和进口商的情况决定。交单时，出口商应向银行提供明确的托收指示书，有的银行印有固定格式供出口商

填写。银行必须核实所收到的单据在表面上与托收指示书所列一致，如发现任何单据有遗漏，应立即通知交单的出口商。

除此之外，银行没有审核单据的义务。托收行仅被授权根据委托人的指示和国际商会托收统一规则办理，不能擅自超越、修改、疏漏、延误委托人的指示。

 任务操作

在制完单后，李伟对制作的单据进行审核，并将审完无误的单据交到银行结汇。

操作指南

1. 对主要单据的审核

在审核单据时，李伟应注意相关单据审核的要点和常见差错，具体如下。

（1）汇票审核的要点是：①汇票的付款人名称、地址是否正确；②汇票上金额的大、小写必须一致；③付款期限要符合信用证或合同（非信用证付款条件下）的规定；④出票人、受款人、付款人都必须符合信用证或合同（非信用证付款条件下）的规定；⑤币制名称与信用证和发票上的应相一致；⑥出票条款是否正确，如出票所根据的信用证或合同号码是否正确；⑦是否按需要进行了背书；⑧汇票是否由出票人进行了签字；⑨汇票份数是否正确，如"只此一张"或"汇票一式二份，有第一汇票和第二汇票"。

（2）商业发票审核的要点是：①抬头必须符合信用证的规定；②签发人必须是受益人；③商品的描述必须完全符合信用证的要求。

（3）保险单据审核的要点是：①保险单据必须由保险公司或其代理出具；②投保加成必须符合信用证的规定；③保险险别必须符合信用证的规定并且无遗漏；④保险单据的类型应与信用证的要求相一致，除非信用证另有规定，否则保险经纪人出具的暂保单银行不予接受；⑤保险单据的正副本份数应齐全，如保险单据注明出具一式多份正本，除非信用证另有规定，否则所有正本都必须提交；⑥保险单据上的币制应与信用证上的币制相一致；⑦包装件数、唛头等必须与发票和其他单据相一致；⑧运输工具、起运地及目的地都必须与信用证及其他单据相一致；⑨如转运，保险期限必须包括全程运输；⑩除非信用证另有规定，否则保险单的签发日期不得迟于运输单据的签发日期；⑪除非信用证另有规定，否则保险单据一般应做成可转让的形式，以受益人为投保人，由投保人背书。

（4）运输单据审核的要点是：①运输单据的类型须符合信用证的规定；②起运地、转运地、目的地须符合信用证的规定；③装运日期/出单日期须符合信用证的规定；④收货人和被通知人须符合信用证的规定；⑤商品名称可使用货物的统称，但不得与发票上货物说明的写法相抵触；⑥运费预付或运费到付须正确表明；⑦正副本份数应符合信用证的要求；⑧运输单据上不应有不良批注；⑨包装件数须与其他单据相一致；⑩唛头须与其他单据相一致；⑪全套正本都须盖妥承运人的印章及签发日期章；⑫应加背书的运输单据，须加背书。

（5）产地证的审核要点是：①它是独立的单据，不要与其他单据联合起来，必须由信用证指定的机构出具，若信用证无此规定，可以由包括受益人在内的任何人出具。②按照信用证的要求，它已被签字、公证人证实、合法化、签证等。③内容必须符合信用证的要求，并与其他单据不矛盾；如信用证规定货物为某地生产，则产地证必须表明为某地生产。④载明原产地国家，应该符合信用证的要求。⑤含有检验意义的产地证的日期不能迟于提单；特殊产地证的格式必须符合进口国惯例的要求。⑥份数不能少于信用证规定的数量。

（6）装箱单、重量单的审核要点是：①单据的名称和份数必须和信用证的要求相符；②货物的名称、规格、数量及唛头等，必须与其他单据相符，可以相互补充，不可互相矛盾；③数量、重量及尺码的小计必须吻合，并与信用证、提单、发票等单据相符；④提供的单据份数不能少于信用证规定的数量。

（7）检验证书的审核的要点是：①信用证上如果指定了检验机构，则须由该机构出具证书；②证书要被签字；③检验项目及内容必须与信用证要求相符，检验结论不能为"不符合合同要求"或类似表明货物有瑕疵的叙述，如货物为服装的信用证中要求提供"断针检验报告"，则检验证上的检验结论不能为"有断针"，货物为化学品的信用证中要求提供"化学成分检验报告"，则检验结论不能为"某元素没有达到合同要求"等；④除非信用证授权，检验证书不能有关于货物、规格、品质、包装等的不利的声明；⑤检验日期一般不能迟于提单（特殊情况除外）；⑥份数不能少于信用证规定的数量。

（8）常见差错有：①汇票大、小写金额打错，汇票的付款人名称、地址打错；②发票的抬头打错；③有关单据（如汇票/发票/保险单等）的币制名称不一致或不符合信用证的规定；④发票上的货物描述不符合信用证的规定；⑤多装或短装；⑥有关单据的类型不符合信用证的要求；⑦单单之间商品名称/数量/件数/唛头/毛净重等不一致；⑧应提交的单据提交不全或份数不足；⑨未按信用证的要求对有关单据（如发票/产地证等）进行认证；⑩漏签字或盖章；⑪汇票/运输提单/保险单据上未按要求进行背书；⑫逾期装运；⑬逾期交单。

2. 出口收汇操作

企业首次收汇，要做贸易外汇收支企业名录登记。企业持法定代表人签字并加盖公章的《贸易外汇收支企业名录登记申请表》原件、营业执照（统一社会信用代码证）原件或加盖公章的复印件，到所在地外汇局办理"贸易外汇收支企业名录"登记手续。企业也可以登录国家外汇管理局数字外管平台（http://zwfw.safe.gov.cn/asone）进行注册，注册成功并登录后，点击"行政许可"—"行政许可办理"—"企业常用场景"—"货物贸易进出口"，再根据企业行政地域，按系统指引进行逐步操作。

完成名录登记后，企业前往银行开立经常项目结算账户，办理货物贸易外汇收支业务。

任务三　办理出口退税

 任务介绍

出口退税是一个国家或地区对已报关离境的出口货物，由税务机关根据本国税法规定，将其在出口前生产和流通各环节已经缴纳的国内增值税或消费税等间接税税款，退还给出口企业的一项税收制度，其目的是使出口商品以不含税价格进入国际市场，避免对跨国流动物品重复征税，从而促进该国家和地区的对外出口贸易。出口退税机制作为一项财政激励机制，已被世界贸易组织（WTO）诸多成员应用。

任务解析

出口退税是对出口货物退还或免征增值税、消费税的一项税收政策。出口退税的货物一般应具备 5 个条件：①必须属于已征或应征增值税、消费税的产品；②必须报关离境；③必须从境外收汇；④必须有退税权的企业出口的货物；⑤必须在财务上作出口销售。出口退税的企业包括外贸企业（含工贸企业）、工业企业和特定出口退税企业。

出口退税率与一般贸易出口成本呈负相关关系，退税率的调整对出口增长的影响非常直接。根据有关机构计算，出口退税率每下调 1 个百分点，就相当于一般贸易出口成本增加约 1 个百分点。若下调 4 个百分点，将使一般贸易出口成本增加约 4%，会对出口造成较大的负面影响。

 知识储备

一、出口退税的原因

出口货物实行零税率制度之所以未被国际社会或贸易组织确认为贸易保护措施而加以限制，主要原因如下。

（1）在国际贸易中，由于各国税制的不同而使货物的含税成本相差很大，使出口货物在国际市场上难以公平竞争，而绝大部分国家对出口贸易是鼓励的，因此出口货物实行零税率制度有助于提高货物的竞争力。

（2）依据税法理论，间接税是转嫁税，虽是对生产和流通企业征收，但税额实际上是由消费者负担，是对消费行为进行征收；而出口货物并未在国内消费，因此应将出口货物在生产流通环节缴纳的税款退还。

（3）依据国际法的国家领域权原则，进口国还要根据本国税法规定对进口货物征税，出口货物实行零税率可以有效地避免国际双重课税。

出口货物退（免）税是国际上通行的一项税收措施。《关税和贸易总协定》第六条规定："一缔约国领土的产品输出到另一缔约国领土，不得因其免纳相同产品在原产国或输出国用于消费时所须完纳的税捐或因这种税捐已经退税，即对它征收反倾销税或反补贴税。"因此，在实行间接税的国家和地区，出口货物退（免）税通常被称为对出口货物免征或退还在国内已缴纳的间接税。尽管各国的具体做法不尽相同，但其基本内容都是一致的。由于这项制度比较公平合理，因此已成为国际社会通行的惯例。

二、出口退税申报渠道

根据《国家税务总局关于优化整合出口退税信息系统　更好服务纳税人有关事项的公告》（国家税务总局公告　2021 年第 15 号），纳税人申报办理出口退（免）税事项可从电子税务局、标准版国际贸易"单一窗口"、出口退税离线申报工具 3 种免费申报渠道。

三、出口退（免）税备案单证准备

（1）纳税人应在申报出口退（免）税后 15 日内，将下列备案单证妥善留存，并按照申报退（免）税的时间顺序，制作出口退（免）税备案单证目录，注明单证存放方式，以备税务机关核查。

①出口企业的购销合同（包括出口合同、外贸综合服务合同、外贸企业购货合同、生产企业收购非自产货物出口的购货合同等）；

②出口货物的运输单据（包括海运提单、航空运单、铁路运单、货物承运单据、邮政收据等承运人出具的货物单据，出口企业承付运费的国内运输发票，出口企业承付费用的国际货物运输代理服务费发票等）；

③出口企业委托其他单位报关的单据（包括委托报关协议、受托报关单位为其开具的代理报关服务费发票等）。

纳税人无法取得上述单证的，可用具有相似内容或作用的其他资料进行单证备案。除另有规定外，备案单证由出口企业存放和保管，不得擅自损毁，保存期为 5 年。

纳税人发生零税率跨境应税行为不实行备案单证管理。

（2）纳税人可以自行选择纸质化、影像化或者数字化方式，留存保管上述备案单证。选择纸质化方式的，还需在出口退（免）税备案单证目录中注明备案单证的存放地点。

（3）税务机关按规定查验备案单证时，纳税人按要求将影像化或者数字化备案单证转换为纸质化备案单证以供查验的，应在纸质化单证上加盖企业印章并签字声明与原数据一致。

四、需要纳税人报送收汇材料的情况

并不是所有纳税人在出口货物或服务后都要报送收汇材料，只有存在下面 3 种情况的才需要报送收汇材料。

（1）出口退（免）税管理类别为四类的纳税人，在申报出口退（免）税时，应当向税务机关报送收汇材料。

（2）纳税人在退（免）税申报期截止之日后申报出口货物退（免）税的，应当在申报退（免）税时报送收汇材料。

（3）纳税人被税务机关发现收汇材料为虚假或冒用的，应自税务机关出具书面通知之日起 24 个月内，在申报出口退（免）税时报送收汇材料。

除了上述 3 种情况之外，纳税人在申报出口退（免）税的时候，是无须报送收汇材料，留存举证材料备查即可的。

五、出口退（免）税办理方式

（一）出口退（免）税证明电子化开具和使用

纳税人申请开具"代理出口货物证明""代理进口货物证明""委托出口货物证明""出口货物转内销证明""中标证明通知书""来料加工免税证明"的，税务机关为其开具电子证明，并通过电子税务局、国际贸易"单一窗口"等网上渠道（以下简称网上渠道）向纳税人反馈。

（二）出口退（免）税事项"非接触"办理

纳税人申请办理出口退（免）税备案、证明开具及退（免）税申报等事项时，按照现行规定需要现场报送的纸质表单资料，可选择通过网上渠道，以影像化或者数字化方式提交。纳税人通过网上渠道提交相关电子数据、影像化或者数字化表单资料后，即可完成相关出口退（免）税事项的申请。原需报送的纸质表单资料，以及通过网上渠道提交的影像化或者数字化表单资料，纳税人应妥善留存备查。

 任务操作

河北越洋食品限公司李伟在办完收汇核销后，开始办理退税手续。国家税务机关审核后将退税款退给河北越洋食品限公司。

操作指南

1. 第一种途径：电子税务局申报

河北越洋食品限公司作为生产型出口企业，办理出口货物劳务免抵退税申报、增值税跨境运输应税行为免抵退税申报、增值税跨境其他应税行为免抵退税申报，均需要明细数据采集、生成汇总表、退税申报、申报结果查询4个主要步骤。

具体路径：登录电子税务局后，生产企业通过【我要办税】—【出口退税管理】—【出口退（免）税申报】—【免抵退税申报】，选择【在线申报】进入申报模块。

2. 第二种途径：国际贸易"单一窗口"申报

登录中国（河北）国际贸易单一窗口首页（https://www.hebeieport.com/），生产企业和外贸企业登录后通过【我的应用】—【出口退税】，进入出口退（免）税申报平台进行申报操作。

3. 第三种途径：离线版申报系统

登录国家税务总局河北省税务局网站，根据企业类型（外贸企业/生产企业），下载最新版离线出口退税申报软件，完成出口退税申报。

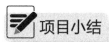 项目小结

外贸业务员根据信用证或合同对单据要求制作或办理相关单据，然后审核单据，使其达到单证一致或单约一致、单单一致。在信用证结算方式下，外贸业务员在信用证规定的交单期内向开证行指定的银行交单收汇；在D/P或D/A结算方式下，向托收行交单收汇；在前T/T结算方式下，向进口商直接寄单；在后T/T结算方式下，向进口商寄单后收汇。

外贸业务员准备相关材料，可通过3种途径向主管退税业务机关办理出口退税手续。

项目实训

实训操作一：根据信用证缮制全套结汇单据

1. 信用证资料

BANK OF KOREA LIMITED，BUSAN

SEQUENCE OF TOTAL	*27：1/1
FORM OF DOC. CREDIT	*40A：IRREVOCABLE
DOC. CREDIT NUMBER	*20：S100-108085
DATE OF ISSUE	31C：20230815
DATE AND PLACE OF EXPIRY	*31D：DATE 20231101 PLACE CHINA
	*50：JAE & SONS PAPERS COMPANY
APPLICANT	203 LODIA HOTEL OFFICE 1546，DONG-GU BUSAN，KOREA
BENEFICIARY	*59：WONDER INTERNATIONAL CO.，LTD. NO. 529，QIJIANG ROAD，NANJING，CHINA.
AMOUNT	*32B：CURRENCY USD AMOUNT 39 000.00（10% MORE OR LESS ARE ALLOWED）
AVAILABLE WITH/BY	*41A：ANY BANK IN CHINA BY NEGOTIATION
DRAFTS AT...	42C：90 DAYS AFTER B/L DATE FOR FULL INVOICE COST
DRAWEE	42A：BANK OF KOREA LIMITED，BUSAN
PARTIAL SHIPMENTS：	43P：ALLOWED
TRANSHIPMENT	43T：ALLOWED
LOADING IN CHARGE	44A：MAIN PORTS OF CHINA
FOR TRANSPORTATION TO	44B：BUSAN，KOREA
LATEST DATE OF SHIPMENT	44C：20231002
DESCRIPT OF GOODS	45A：
COMMODITY	: UNBLEACHED KRAFT LINEBOARD
UNIT PRICE	: USD390.00/MT
TOTAL	: 100MT±10% ARE ALLOWED
PRICE TERM	: CFR BUSAN KOREA
COUNTRY OF ORIGIN	: P. R. CHINA
PACKING	: STANDARD EXPORT PACKING
SHIPPING MARK	: ST05-016 BUSAN KOREA
DOCUMENTS REQUIRED	46A：

1. COMMERCIAL INVOICE IN 3 COPIES INDICATING LC NO.&CONTRACT NO. ST05-016
2. FULL SET OF CLEAN ON BOARD OCEAN BILLS OF LADING MADE OUT TO ORDER AND BLANK ENDORSED MARKED FREIGHT PREPAID AND NOTIFYING APPLICANT
3. PACKING LIST/WEIGHT LIST IN 3 COPIES INDICATING QUANTITY/GROSS AND NET WEIGHTS
4. CERTIFICATE OF ORIGIN IN 3 COPIES
5. SHIPPING ADVICE SHOWING THE NAME OF THE CARRYING VESSEL，DATE OF SHIPMENT，MARKS，QUANTITY，NET WEIGHT AND GROSS WEIGHT OF THE SHIPMENT TO APPLICANT WITHIN 3 DAYS AFTER THE DATE OF BILL OF LADING.

ADDITIONAL COND.	47B：ALL DOCUMENTS ARE TO BE PRESENTED TO US IN ONE LOT BY COURIER/SPEED POST
DETAILS OF CHARGES	71B：ALL BANKING CHARGES OUTSIDE OF OPENING BANK ARE FOR ACCOUNT OF BENEFICIARY
PERIOD OF PRESENTATION	48：DOCUMENTS TO BE PRESENTED WITHIN 21 DAYS AFTER THE DATE OF SHIPMENT BUT WITHIN THE VALIDITY OF THE CREDIT
CONFIRMATION INSTRUCTIONS	* 49： WITHOUT 78：

WE HEREBY UNDERTAKE THAT DRAFTS DRAWN UNDER AND IN COMPLIANCE WITH THE TERMS AND CONDITIONS OF THIS CREDIT WILL BE PAID AT MATURITY SENT TO REC.
INFO. 72：SUBJECT TO U.C.P. 1993 ICC PUBLICATION 500

2. 附加信息

（1）工厂出仓单显示：合同号 ST23-016

105 METRIC TONS UNBLEACHED KRAFT LINEBOARD PACKED IN 1050 WOODEN CASES OF 100KGS EACH

N.W.：100KGS/CASE　　G.W.：105KGS/CASE　　MEAS.：（120×60×90）CM/CASE

（2）货物检验日期：2023 年 9 月 10 日

（3）装船日期：2023 年 9 月 15 日

（4）承运人：SINO TRANSPORTATION JIANGSU COMPANY

（5）起运港：南京

（6）卸货港：BUSAN，KOREA

（7）运输船名及航次：ALL SAFE V.76689

（8）发票号码：ABC8866

（9）发票日期：2023 年 9 月 5 日

（10）产地证签发日期：2023 年 9 月 11 日

项目九 进口准备工作

进口操作的基本程序可以概括为进口前的准备、交易磋商和签订合同、履行合同和业务善后 4 个阶段。进口前的准备是 4 个阶段中的第一个，也是整个交易的基础。进口准备工作主要包括国内外市场调查，选择合适的产品、市场与客户，制定进口商品经营方案，寻找客户并与客户建立业务关系。

任务一 进口贸易市场调研

任务介绍

在进口交易之前，进口商必须对国内外市场进行充分的调研，根据产品特征，通过各种途径搜集国内客户和国外供应商的信息，这样才能确保进口交易的顺利进行，并实现预期的经济收益和社会效益。从实践来看，进口贸易比出口贸易具有更大的风险性。在绝大多数情况下，进口商不仅承担着在国际市场上采购进口商品所面临的一系列风险，还承担着在国内市场上销售该产品的风险。

任务解析

进口贸易调研包括 3 项基本任务，即国内市场调研、国际市场调研和制定经营方案。

国内市场调研是开展进口业务的基础，其主要目的是发现国内的进口需求。国际市场的调查和选择主要是指通过多种渠道，广泛了解国外欲购商品市场的供销状况、价格动态和各国有关的进出口政策、法规措施和贸易习惯做法。制订经营方案是为了完成进口任务而确定的各项具体安排，是进口商对外洽商交易、采购商品和安排进口业务的主要依据。

知识储备

一、国内市场调研

与出口商市场调查主要以国外销售市场为主不同，进口商市场调查主要以国内市场为主。这是因为进口商对国内市场更为熟悉，获取信息的渠道更多，成本更低，方式也更灵活多样。国内市场调研是开展进口业务的基础，只有"知己"才谈得上"知彼"。开展国内市场调研的主要目的是发现进口需求市场机会，其基础就是国内市场进口需求预测。国内市场调研的重点在于以下几个方面：

1．产品偏好

充分收集消费者对同类产品在规格、款式、档次、包装、色彩、来源地（国家）等方面的消费偏好和要求方面的信息。

2．地理区域

地理性的差异往往直接导致需求的差异，特别是在中国这样地域广阔的市场，东北与东南、西部与沿海的消费偏好与进口需求相差极大。

3．时限长短

现代消费风潮可谓一日三变，进口需求也起伏不定。因此，国内市场调研与预测也必须有一定的时限要求，按照时限分为长期、中期与短期需求预测。

4．消费群体

消费者具有群体性差异，如老人与青少年、男人与女人、富裕消费群体与一般消费者、城市消费群体与农村消费群体对进口产品的需求存在天壤之别。

5．消费环境

进口需求在很大程度上受到宏观经济的影响。

6．购买能力

重视决定实际购买能力实现的一些因素，如贫富差距因素、社会和谐因素、民间储蓄因素等。

7．商业渠道

重视研究进口需求目标市场的原有商业布局、商业运行模式及外贸业务员在目标市场的传统关系、拓展方案等。

8．市场潜量

需求的规模是进口需求最直接的影响因素，但也是最难以准确估算与计量的因素。通常情况下，总市场潜量可用以下公式估算：

$$Q=npq$$

式中：Q——总市场潜量；

      n——假定条件下特定进口产品国内市场上的购买者数量；

      p——单位进口产品的平均价格；

      q——每个购买者的平均购买量。

二、国际市场调研

进口商品市场的调查和选择主要是指通过多种渠道，尽可能广泛了解国外欲购商品市场的供销状况、价格动态和各国有关的进出口政策、法规措施和贸易习惯做法。根据进口商品的不同规格、不同技术条件、不同供应地区进行分析比较，在贯彻国别地区的政策前提下，结合我方的购买意图，尽量安排在产品对路、货源充足、价格较低的地区市场进行采购。

（一）市场的调查研究内容

（1）进口商品调研。根据我方的经济实力和现有的技术水平，了解国外产品的技术先进程度、工艺程度和使用效能，以便货比三家，进口我们最需要的、商品质量较好、技术水平较高的商品。

（2）国际市场价格调研。国际市场价格经常因为经济周期、通货膨胀、垄断与竞争、投机活动等多种因素的影响而变幻不定，并且各个国家和地区的同类商品由于自然、技术条件、成本、贸易政策不同等原因价格也不一致。这就要求我们对上述以及其他影响进口商品价格的诸因素进行详细分析，选择在价格最有利的国家和市场采购商品。

（3）国际市场供求关系的调研。由于商品产地、生产周期、产品销售周期、消费习惯和水平因素的影响，国际市场上我方欲购商品的供给与需求状况也在不断变化。为保障我方进口货源充足和其他有利条件，有必要对世界各地的进口市场的供求状况作详细研究，以便做出最有利的选择。

（4）对拟与之建立关系的客户的资信状况与业务经营能力的调研。一般来说，商务企业对国外客户的调查研究主要包括以下内容：①客户政治情况。它是指主要了解客户的政治背景、与政界的关系、公司企业负责人参加的党派及对我国的政治态度。②客户资信情况。这包括客户拥有的资本和信誉两个方面。资本是指企业的注册资本、实有资本、公积金、其他财产以及资产负债等情况。信誉是指企业的经营作风。③客户经营业务范围。这主要是指客户的公司、企业经营的商品及其品种。④客户公司、企业业务。这是指客户的公司、企业是中间商还是用户或专营商或兼营商等。⑤客户经营能力。这是指客户业务活动能力、资金融通能力、贸易关系、经营方式和销售渠道等。

（5）在选择进口商品市场时，进口商品国家的相关贸易政策和法规也不容忽视。比如，该国鼓励、限制商品出口政策，海关税收，数量配额等。国家的政治局势动荡与否也值得关注。

（6）进口商品在注重经济效果的同时，还要贯彻国别政策。凡是能从发展中国家买到同等条件的商品，应优先从这些国家购买。如果我们有贸易顺差，则更应安排对该国家的进口。有时商品进口市场的选择，也从政治上考虑，密切配合外交活动。

总之，进口商品的市场调查是多方面、全方位的综合研究，选择好进口商品市场也是商品进口经营方案的重要内容。

（二）国际市场调研的渠道、方法

1. 国外市场调研

企业进行国外市场环境、商品及营销情况调查一般可通过下列渠道、方法进行。

（1）派出国推销小组深入国外市场以销售、问卷、谈话等形式进行调查（一手资料）。

（2）通过各种媒体（报纸、杂志、新闻广播、计算机数据库等）寻找信息资料（二手资料）。

（3）委托国外驻华或我驻外商务机构进行调查。

通过以上调查，企业基本上可以解决应选择哪个国家或地区为自己的目标市场，企业应该进口哪些产品以及以什么样的价格或方法进口。

2. 国外客户调研

国外客户调研主要是指客户资信情况调查，一般通过以下途径进行。

（1）委托国内外咨询公司对客户进行资信调查。

（2）委托中国银行及其驻外分支机构对客户进行资信调查。

（3）通过我外贸公司驻外分支机构或商务参赞、代表处对客户进行资信调查。

（4）利用交易会、洽谈会、客户来华谈判、派出国代表团、推销小组等对客户进行资信调查。

通过上述调查，企业可有针对性地选择客户进行交易。

此外，企业在进行国外市场调查的同时，也应注意做好国内货源及需求方面的调查。

（三）国际市场调研面临的问题

国际市场营销调研的内容不仅广泛，而且极其复杂，因而会比国内市场营销调研遇到的问题更多、更特别。从总体上讲，国际市场调研面临以下 3 个方面的问题。

（1）必须收集多个市场的信息情报。有时多达 100 多个国家，而且每一个国家的营销情报需求又千差万别，这样会导致调研成本和调研难度增加。由于对各国的调研不能采取统一的模式，因此在做各国替代性研究时，调研人员可能会出现各种偏差。

（2）必须利用二手资料。有些国家的二手资料较多，但大多数国家的二手资料普遍缺乏，又由于统计概念在各国的解释口径不一样，再加上收集的数据精确性不同，以及二手资料的提供者态度是否客观公正等，都影响了二手资料的有限性与不可比性。

（3）必须收集和利用原始资料。国际市场调研人员在收集原始资料时经常会遇到语言、各个国家社会组织多样化、市场有效反映率低、商业及通信的基础设施局限等问题，而且收集费用昂贵，其难度较大。

三、制订进口经营方案

进口经营方案是为了完成商品进口任务而确定的各项具体安排，是进口商对外洽商交易，采购商品和安排进口业务的主要依据。凡涉及大宗或重要商品的进口，一般都要在交易前制订进口经营方案；对中小商品可制定内容简单的价格方案或进口成本预算表。不同的产品、不同的企业，会有不同的进口经营方案，其具体内容不同。一般情况下，一份详细的进口经营方案的主要内容大致包括以下几个方面。

1．方案概要
这一部分是对进口经营方案的主要目标和措施的概括性描述。

2．拟定目标
这一部分确定在进口活动中预期要完成的任务和预期要取得的成果，是一个有机的目标体系，应有一定的弹性。

3．市场分析
（1）订货数量与预计时间。根据国内需要的轻重缓急和国外市场的具体情况，适当安排订货数量和时间。在保证满足国内需要的情况下，争取在有利的时机成交，避免盲目订购。

（2）采购市场。根据国别/地区政策和国外市场条件，合理安排进口供货国别/地区，既要注意货源的充足、品质符合需要、价格合理，又要防止过分集中在某一市场，力争使采购市场的布局合理。

（3）交易对象。要选择资信好、经营能力强并对我们政治态度友好的客户作为交易对象。为了减少中间环节和节约外汇，一般应向厂家直接采购。若有困难，也可通过中间商代理采购。由于各厂家的产品质量和成交条件不尽相同，所以应该反复比较和权衡利弊，做到"货比三家"，从中选择对我们最有利的客户。

（4）交易价格。根据国际市场近期价格，并结合采购意图，拟定出价格掌握的幅度，以作为谈判交易的依据。同时，在初步确定交易价格时，还要充分考虑融资成本以及汇率变动的因素，尽量计算出不同报价实际的本币价格。

（5）交易条件的掌握。交易条件应当根据商品的特点、品质、来源、进口目的等具体情况酌情确定。

4. 采购方案

首先要明确进口的性质，是自营进口还是代理进口，是直接进口还是以进养出、招标、易货、补偿贸易或技术贸易、一般的单边进口方式订购；其次安排采购市场，选择交易对象；最后要对订购产品的数量、时间、价格、贸易方式和交易条件等做出妥善合理的安排。

5. 财务安排

在财务允许的前提下，确定进口活动所需要的资金量、资金投放进度、资金筹措的方法、资金成本核算、外汇调剂、进口与营销成本控制、管理费用、风险成本控制等预案，使有限的资金发挥最佳的经济效益。

应当注意的是，有些商品是受国家进口管制的，进口商必须先从有关国家机构办理进口许可证方能办理进口手续。另外，如果进口商还没有自营进口的权利，则必须先与有进口经营权的企业签订代理进口的合同，由后者代理进口其所需商品。

 任务操作

河北越洋食品有限公司欲从日本 YOKUYO CO., LTD（3-3-5, AKASAKA MINATOKU, TOKYO TEL：0081-3-5545-0739）进口冻虾夷贝柱（*Patinopecten yessoensis*），型号为 10～50 克/个，做进料加工。业务员李伟负责该产品的市场调研，则李伟应做哪些市场调研？

操作指南

（1）李伟委托中国银行河北分行对 YOKUYO CO., LTD.进行资信调查。

（2）设计进口经营方案。河北越洋食品有限公司 2023 年冻虾夷贝柱的进口经营方案如下。

本进口经营方案主要是河北越洋食品有限公司根据自身生产需要，预购买冻虾夷贝柱，性质是自营进口贸易。

订货数量：24 000 千克

预计时间：2023 年 2—3 月

采购市场：日本、加拿大等国家和地区

交易对象：选择资信好、经营能力强并对我们政治态度友好的客户作为交易对象。应该反复比较和权衡利弊，做到"货比三家"，从中选择对公司最有利的客户。

交易价格：约 26 美元/千克

交易条件：CFR

采购方案：一般的单边进口方式订购

财务安排：总预算 CNY 4 200 000

任务二 寻找客户

任务介绍

对于每个从事外贸行业的专业人员来说，如何在最短的时间寻找到有价值的客户，成为整个外贸流程中最重要的一个环节。寻求客户的渠道有很多种，从原来的参加海外展会，联系对外贸易推广公司，发展到现今的电子商务和直接的网络搜索，以及各种形式和规模的国外买家采购配对会，直至在国外设立分公司直接寻求市场等。其多样性和现代化都为外贸行业提供了更便捷的方式和更广阔的发展空间。

任务解析

通常，在国内市场和区域市场上，任何市场都需要基层的销售人员到具体市场寻找新客户来创建生意平台，很少有合意的客户直接上门，在这个买方领域，合作伙伴选择得合适与否基本决定了未来这个市场至少1年的生意规模，所以有销售压力的人会更多地考虑第一笔生意的成交和开店的时间，而忽略长期生意规模的创造，除了贸易行业销售人员的流动性过大造成的急功近利外，还有对市场和中长期生意的原则把握不够。同样，对于国际贸易的进口方，选择一个合适的客户或开辟一个合适的市场是买方行为至关重要的一环，且寻找客户是需要一定的成本和讲究一定的技术和方法的。

知识储备

一、充分运用各种寻找客户的方法

（一）普遍寻找法

这种方法也称逐户寻找法或地毯式寻找法。其方法的要点是，在业务员特定的市场区域范围内，针对特定的群体，用上门、邮件或者电话等方式对该范围内的组织、家庭或者个人无遗漏地进行寻找与确认的方法。例如，将某市某个居民新村的所有家庭作为普遍寻找对象，将某地区所有的宾馆、饭店作为地毯式寻找对象等。

（二）广告寻找法

这种方法的基本步骤是：①向目标顾客群发送广告；②吸引顾客上门展开业务活动或者接受反馈。例如，通过媒体发送某个减肥用品的广告，介绍其功能、购买方式、地点、代理和经销办法等，然后在目标区域展开活动。

广告寻找法的优点是：①传播信息速度快、覆盖面广、重复性好；②相对普遍寻找法更加省时、省力。

其缺点是：①需要支付广告费用；②针对性和及时反馈性不强。

（三）介绍寻找法

这种方法是业务员通过他人的直接介绍或者提供的信息寻找顾客，可以通过业务员的熟人、朋友等社会关系，也可以通过企业的合作伙伴、客户等由他们进行介绍。其主要方式有电话介绍、口头介绍、信函介绍、名片介绍、口碑效应等。

利用这个方法的关键是业务员必须注意培养和积累各种关系，为现有客户提供满意的服务和可能的帮助，并且要虚心地请求他人的帮助。口碑好、业务印象好、乐于助人、与客户关系好、被人信任的业务员一般都能取得有效的突破。

介绍寻找客户法由于有他人的介绍或者成功案例为依据，成功的可能性非常大，同时也可以降低销售费用，减小成交障碍，因此业务员要重视和珍惜。

（四）资料查阅寻找法

业务员要有较强的信息处理能力，通过资料查阅寻找客户既能保证一定的可靠性，也能减少工作量、提高工作效率，同时还可以最大限度地减少业务工作的盲目性和客户的抵触情绪，更重要的是，可以展开先期的客户研究，了解客户的特点、状况，提出适当的客户活动针对性策略等。

需要注意的是资料的时效性和可靠性，此外，注意对资料（行业的或者客户的）的日积月累往往更能有效地展开工作。

业务员经常利用的资料有：有关政府部门提供的资料，有关行业和协会的资料，国家和地区的统计资料，企业黄页，工商企业目录和产品目录，电视、报纸、杂志、互联网等大众媒体，客户发布的消息、产品介绍、企业内刊，等等。

一些有经验的业务员，在出发与客户接触之前，往往会通过大量的资料研究对客户做出非常充分的了解和判断。

（五）委托助手寻找法

这种方法在国外用得比较多，一般是业务员在自己的业务地区或者客户群中，通过有偿的方式委托特定的人为自己收集信息，了解有关客户和市场地区的情报资料等，这类似于中国香港警察使用"线人"。在国内的企业，笔者也见过，就是业务员在企业的中间商中，委托相关人员定期或者不定期提供一些关于产品、销售的信息。

另一种方式是，老业务员有时可以委托新业务员从事这方面的工作，这对新业务员也是一种有效的锻炼。

（六）交易会寻找法

国际国内每年都有不少交易会、展览会，如广交会、高交会、中小企业博览会等，这些是绝好的商机，要充分利用。交易会不仅可以实现交易，更重要的是可以寻找客户、联络感情、沟通了解。这里我们以展览会为例重点介绍。

1. 怎样选择展览会

优先选择参加国内的国际性著名行业展览和综合展览，其次选择参加国外的行业展览。对于国外的行业展览首先要考虑是否与我们的目标市场相一致，要么举办国是我们的目标市场，同时该展是该国行业内最专业的展览；要么展览的行业影响力、国际性很强。

这里介绍一些评估某展会的专业性、国际性、影响力的小技巧，具体如下。

（1）通过查看其网站、去信询问得知他们的举办次数（次数越多、知道的人越多，影响就越大），有无本行业著名厂家（国际巨头）参加过或会去参加，另外再从其网站上看看展馆照片等介绍。

（2）询问自己的客户是否知道该展会，参加过没有，会不会去参加，借鉴他们的认识。

（3）与本公司产品的紧密结合程度，结合性越高，行业买家就越多。

（4）是否有 UFI 标志。国际展览联盟（UFI）是一个评估展览会主办者所提供设施的质量的组织。

（5）查找展览资讯，可以进行网络搜索。例如，https://www.showguide.cn（国际展览导航）；https://www.cnexpo.com（中国会展网）；https://www.shifair.com（世展网）。

2．成功展览的标准

（1）收集了大量的潜在客户名片并和客户做了有效交流。

（2）展览中工作做得很好，对客户询问做了简要记录，做了很重要、重要、待定、一般的标记，或其他标记方法。

（3）与其他同行比，在展览设计、产品陈列和演示、人员表现等企业形象方面比较突出。这 3 个标准可以说是整个参展前中后的核心和灵魂。

（七）咨询寻找法

一些组织，特别是行业组织、技术服务组织、咨询单位等，他们手中往往集中了大量的客户资料和资源以及相关行业和市场信息，通过咨询的方式寻找客户不仅是一个有效的途径，有时还能在客户联系、介绍、市场进入方案建议等方面获得这些组织的服务、帮助和支持。

（八）企业各类活动寻找法

企业通过公共关系活动、市场调研活动、促销活动、技术支持和售后服务活动等，一般都会直接接触客户，这个过程中对客户的观察、了解、深入的沟通都非常有利，也是一个寻找客户的好方法。

（九）利用网络

从当前来看，目前大部分企业主要是通过网络平台帮助中小企业做海外推广。企业选择什么样的平台去推广要视企业的具体情况而定。例如，生产制造型的中小企业就可以到世界工厂网这一平台上去推广。做外贸网站也是企业寻找海外客户的一个重要途径。虽然一些企业已经制作了外贸网站，但是其在内容规划、排名优化以及推广等方面做得还不够好，还需要积极努力，才能真正发挥它的作用。

有效地寻找客户的方法远不止这些，应该说，寻找客户是一个随时随地的过程。

二、建立业务关系

企业通过各种渠道找到国外客户后，须先对客户的资信情况进行调查，然后再考虑是否选择客户并与之建立业务联系。选择客户时企业必须对客户的资金、信誉、经营商品的品种及地区范围、从业人员的人数、技术水平及拥有的业务设施、经营管理水平、提供售后服务和市场情报的能力等进行综合分析排队，选择经营作风好、有经营能力、对我方态度友好的客户作为我们的基本客户并与之建立业务联系。

建立业务关系的函件一般包括下列内容：

（1）如何并在哪里获悉收件人的名称与地址；

（2）写信意图与目的；

（3）本公司所从事的业务范围；

（4）有关本公司的资信状况与信誉的证明人；

（5）期望答复。

三、寻找最佳客户与最差客户

最佳客户是指对你微笑、喜欢你的产品或服务，使你有生意可做的那些客户，他们是你希望的回头客。

好的客户会这样做：①让你做你擅长的事；②认为你的事情有价值并愿意买；③通过向你提出新的要求，来提高你的技术或技能，扩展知识，充分合理利用资源；④带你走向与战略和计划一致的新方向。

差的客户正好相反，他们会这样做：①让你做那些你做不好或做不了的事情；②分散你的注意力，使你改变方向，与你的战略和计划脱离；③只买很少的一部分产品，使你消耗的成本远远超过其可能带来的收入；④要求很多的服务和特别的注意，以至于你无法把精力放在更有价值且有利可图的客户上；⑤尽管你已尽了最大努力，但他们还是不满意。

这里可以运用一下著名的 80/20 原则。如果概括一下你全部的客户，你的经营收入的80%是由 20%的客户带来的，而这 20%的客户就是你的最佳客户。显然，你有更多的理由让他们对你的产品或服务更满意。再看看另外的 80%的客户，对于他们中的许多人来说，你宁愿在竞争中放弃。在你分析这 80%的客户所做的事情以及你为他们所做的事情之后，你会发现有些客户没有什么用，有时会造成麻烦。例如，他们的财务状况很糟糕，不能及时付款。如果没有这些客户，可能你的处境会更好。有时，永远不能拒绝客户的信条会使你陷入误区和麻烦。

对付差的客户，可以这样做：①找出他们是谁；②把他们变成好客户或者放弃他们。

 任务操作

通过网上调查，河北越洋食品有限公司业务员李伟获得该产品的日本 YOKUYO CO., LTD（3-3-5，AKASAKA MINATOKU，TOKYO TEL：0081-3-5545-0739）的联系方式，并向其发出函电，欲与之建立贸易关系。

操作指南

函电内容如下。

河北越洋食品有限公司

HEBEI YUEYANG FOOD CO.，LTD.

NO.73 HEBEI ROAD，QINHUANGDAO，CHINA

YOKUYO CO.，LTD.

3-3-5，AKASAKA MINATOKU，TOKYO

JAN.10，2023

Subject：Proposal for Business Partnership

Dear Sirs，

　　I am writing on behalf of our company based in China．We are particularly impressed by the high quality scallops of your company．We are interested in establishing a business relationship with your company．

　　Our corporation，as a production oriented foreign trade organization，deals in the import and export of relevant products for seafood．We are doing business with over 30 countries and regions in the world．With our extensive experience and expertise in the seafood industry，we believe that a partnership between our companies would be mutually beneficial．

　　We should appreciate your catalogues and quotations of your products．It's our honor to discuss this potential partnership further at your earliest convenience．We look forward to the possibility of working together and creating a successful partnership．

Yours sincerely，

LI WEI

 项目小结

　　进口贸易调研包括国内市场调研、国际市场调研和制定经营方案 3 项基本任务。要通过广泛深入的国内外市场调研，制定科学、周密的进口方案。积极开发全球市场是企业发展壮大的必走之路，采取低成本开发渠道是企业以低成本领先获得竞争优势的必备条件。寻找客户的途径十分广泛，企业除了参加展会以及海外营销等一些昂贵的手段外，还可以采用一些低成本的手法。企业要根据自身的条件，采取适合自己的一些低成本开发策略，进而获得客户和市场。

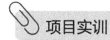 项目实训

实训操作一：

　　天津 ABC 公司业务员王一，接到了秦皇岛客户向其求购播种机的订单，货物名称和规格为 SPACED SEEDER NO.A1214，数量为 4 台。假设你是王一，请进行相关国际市场

调查，并制定进口经营方案。

实训操作二：

天津 ABC 公司业务员王一，接到了秦皇岛客户向其求购播种机的订单，货物名称和规格为 SPACED SEEDER NO.A1214，请通过多种途径获得供应商的信息。

实训操作三：

天津 ABC 公司业务员王一，通过网络查找到该播种机的供应方德国 DEF 有限公司，该公司的地址是 NO.20 GAGNJIA RD．KOLONMY BAY，HAMBURG，GERMANY。请以王一的身份，写一份建交函。

项目十　进口交易磋商与签约

　　进口交易的磋商和签订进口合同，是国际购买货物的完整交易程序不可缺少的重要组成部分。进口交易磋商包括磋商的方式、内容和程序3个方面。

　　磋商的方式通常有：①书面洽谈方式，如采用信件、电报、电传、传真等通信方式来洽谈交易；②口头洽谈方式，如请外商来国内面谈或参加广交会、国际博览会等，另外还包括双方通过国际长途电话进行的交易磋商；③行为表示的方式，如在拍卖市场上的拍卖、购进活动等。

　　进口交易磋商的内容主要是就购进某种商品的各项交易条件，如商品的品质、数量、包装、价格、装运、支付、索赔、仲裁等进行协商。由于许多老客户之间，事先已就"一般交易条件"达成协议或形成了一些习惯做法，或者已订立了长期的贸易协议等原因，一笔交易就不一定需要对各项条款一一重新协商。

　　进口交易磋商的一般程序包括询盘、发盘、还盘和接受4个环节。其中发盘和接受是达成交易的必备环节和法律步骤。发盘在出口交易磋商中已介绍过，在此不再赘述。

　　签订进口合同是在接受后，通过口头或书面的形式达成，是交易双方履行合同的依据。

任务一　询　盘

任务介绍

　　在国际贸易中，当询盘人对对方的产品感兴趣，需要了解对方产品的具体信息（包括生产能力、供货渠道、产品品质规格、价格等）时，可以以函电的方式向对方发出询盘。

任务解析

　　询盘人发出询盘的目的有时只是了解市场行情，有时则是表达与对方成交的愿望，希望对方能及时发盘。询盘中涉及的交易条件往往不够明确或带有某些保留条件，因此它对询盘人与被询盘人都没有法律上的约束力。若被询盘人愿与询盘人成交，还需要同对方进行进一步的洽商。

知识储备

　　询盘是交易的一方为购买或销售货物而通过口头或函电的方式向对方提出的有关交易条件的询问。询盘通常由买方发出，一般被称为"邀请发盘"；询盘以对价格的询问为主要内容，有时也会涉及商品的品质、数量（重量）、包装、装运条件等内容，并要求对方报价；有时只说明所要买卖商品的范围，目的是让对方进一步介绍情况。

一、询盘函的撰写要点

撰写询盘函，无须写得过分客气，只要具体、简洁、措辞得体就可以。其具体步骤如下。

（1）对来信表示感谢，并言明对哪些商品有兴趣。

（2）询问具体的交易条件。

（3）希望对方尽快回复。

二、询盘时的注意问题

询盘不是交易磋商的必经步骤，但往往是一笔交易的起点。询盘时，当事人一般需注意以下问题。

（1）询盘不一定要有"询盘"（ENQUIRY）字样，凡含有询问、探询交易条件或价格方面的意思表示均可做询盘处理。

（2）业务中询盘虽无法律约束力，但当事人仍须考虑询盘的必要性，尽量避免只是询价而不购买或不售货，以免有损信誉。

（3）询价时，询价人不应只考虑如何询问商品的价格，也应注意询问其他交易条件，争取获得比较全面的交易信息或条件，以免进口商品不符合要求。

（4）要尊重对方询价，对对方询价，无论是否出售或购买均应及时处理与答复。

（5）询盘可以同时向一个或几个交易对象发出，但不应在同时期集中做出，以免暴露我方销售或购买意图。

（6）询盘的对象既不能过窄，也不能过宽。过窄难以了解国外市场情况，过宽则会引起市场价格波动。

（7）应以简明切题和礼貌诚恳为原则，以使对方能够很高兴地迅速做出报盘反应。

 任务操作

河北越洋食品有限公司是一家生产型外贸企业，通过网络了解到日本 YOKUYO CO.，LTD 的情况，河北越洋食品有限公司对其产品很感兴趣，计划购买 24 000 千克冻虾夷贝柱，现该公司指派外贸业务员李伟向日本 YOKUYO CO.，LTD 就货物 CRF 价格、装运条件询盘。

操作指南

Dear Sirs，

I am writing on behalf of HEBEI YUEYANG FOOD CO.，LTD.，a production-oriented foreign trade enterprise based in China. We recently came across information about your esteemed company, YOKUYO CO.，LTD.，through online research and are highly interested in your products.

Specifically，we are interested in purchasing 24 000 kilograms of Patinopecten yessoensis weighing about 10～50 grams per piece. We believe that your company's expertise and reputation in producing such aquatic product perfectly with our requirements.

We shall be glad to receive your best quotations for them，with indications of packing，for February shipment，CFR XINGANG，CHINA.

We are eager to establish a fruitful business relationship with you and look forward to your prompt response to our inquiry. Should you require any further clarification or information from our end，please do not hesitate to contact us.

Yours faithfully,

HEBEI YUEYANG FOOD CO.，LTD.

LI WEI

任务二　进口报价核算

任务介绍

对进口商品报价进行核算，主要包括供应商报价和各项进口费用。通过核算，进口商可以进行经济效益分析，以决定是否进口。

任务解析

企业进口货物，不论是在国内销售，还是自身使用、加工，都必须核算进口成本，以便进行经济效益分析，做到进口合理化并最大限度地降低进口成本，节约外汇支出，或在一定的外汇数量下，增加实际进口量，从而提高企业的经济效益。因此，对进口商品价格做出全面、准确的核算非常重要。

知识储备

我国进口业务大多数是按 FOB 价格条件成交的，准确核算 FOB 价格、CFR 价格、CIF 价格，将更有利于询盘和还盘。因此，在计算价格时，首先需要明确价格的构成，即价格中有哪些组成部分，然后需清楚地了解各组成部分的计算方法，也就是成本、各项费用以及利润的计算依据，最后将各部分加以合理地汇总即可。通过进口价格测算，进行经济效益分析，决定是否进口。货物的进口价格公式如下：

货物的进口价格=进口合同的成本价+进口费用+利润

一、进口商品总成本的核算

进口总成本的大小是决定进口盈亏的关键因素。在进口费用不变的情况下，进口总成本的大小取决于成交价格的高低以及汇率的变动。

由于从国外进口商品的货价、运费、保险费通常用外币计算并支付外汇，因此进口商品的成本要依据购买外汇的成本来核算，即要按人民币市场汇价把外汇折合成人民币才能算出人民币的货价成本。其计算公式如下：

$$人民币货价成本 = CIF 价（以外币计）\times 人民币市场汇价$$

计算进口商品的总成本时，可参考以下公式：

$$进口商品总成本 = R \times CIF \times (1+A+D+V+D \times V) + P + F$$

式中：R——外汇汇率；

  CIF——货物到岸价；

  A——外贸公司的进口代理费费率；

  D——海关进口关税税率；

  V——海关代征增值税税率；

  P——到岸港口的港务费；

  F——港口或机场到仓库（货主地）的内陆运费。

二、进口需要涉及的相关核算公式

（一）进口的费用，以 FOB 条件为基础

进口的费用包括很多内容，如果以 FOB 条件从国外装运为基础，有如下内容。

（1）国外运输费用。从出口国港口、机构或边境到我国边境、港口、机场等的海、陆、空的运输费用。国际贸易中通常采用集装箱运输，因此在核算国外运输费用时，进口商要根据产品的体积、包装单位、销售单位、规格描述来计算进口数量（20 英尺集装箱的有效容积为 25 米^3，40 英尺集装箱的有效容积为 55 米^3），然后到船公司找到对应该批货物目的港的运价。如果进口数量正好够装整箱（20 英尺或 40 英尺），则直接取其运价为海运费；如果不够装整箱，则用产品总体积×拼箱的价格来算出海运费。

（2）运输保险费。上述运输途中的保险费用。进口交易中，进口商一般会按照和保险公司签订的预约保险合同承担保险费用。其公式如下：

$$保险费 = 保险金额 \times 保险费率$$

保险金额以进口货物的 CIF 价格为准，若要加成投保，可以加成 10%为宜。若按 CFR 或 FOB 条件进口，保险金额则按保险费率和平均运费率直接计算。其公式如下：

按 CFR 进口时：

$$保险金额 = CFR 价格 \times (1+保险费率)$$

按 FOB 进口时：

$$保险金额 = FOB 价格 \times (1+平均运费率+保险费率)$$

（3）卸货费用。这类费用包括码头卸货费、起重机费、驳船费、码头建设费、码头仓租费等。

（4）进口税货物在进口环节由海关征收（包括代征）的税费，主要有进口关税、消费税、增值税、反消费税、反补贴税等。

关税是货物在进口环节由海关征收的一个基本税种。其计算公式如下。

$$进口关税税额=完税价格（合同的到岸价）×关税税率$$

（5）银行费用。我国进口贸易大多通过银行付款，而银行要收取有关手续费，如开证费、结汇手续等。

以 L/C 方式成交，银行费用=开证费+赎单费

以 D/P、D/A 方式成交，银行费用=赎单费

以 T/T 方式成交，银行费用=汇款手续费

其中，汇款手续费=汇款金额×汇款费率

（6）进口商品的检验费和其他公证费。要到相关管理部门查询有关费率，分别核算要支出的费用。

（7）报关提货费。要到相关管理部门查询有关费率，分别核算要支出的费用。

（8）国内运输费。

（9）利息支出。即从开证付款至收回货款之间所发生的利息。

（10）外贸公司代理进口费。每个公司都有自己的代理费率，要视具体情况而定。

（11）其他费用。如杂费等。

（二）进口价格核算的相关公式

（1）在 FOB 术语条件下。

$$国内销售价格=进口价格+进口费用+进口利润$$
$$进口价格=FOB 价格=国内销售价格-进口费用-进口利润$$
进口费用=国外运费+国外保费+进口关税+进口消费税+进口增值税+实缴增值税+
$$银行费用+垫款利息+其他进口费用$$

关税是货物在进口环节由海关征收的一个基本税种。关税的计算公式为

进口关税（税额）=进口关税的完税价格（合同到岸价）×进口关税税率=CIF×进口关税税率

$$进口关税的完税价格=CIF=CFR+国外保费=FOB+国外运费+国外保费$$
$$进口消费税=进口消费税的完税价格×进口消费税税率$$
$$进口消费税的完税价格=（进口关税的完税价格+进口关税）÷（1-进口消费税税率）$$
$$进口增值税=进口增值税的完税价格×进口增值税税率$$
$$进口增值税的完税价格=进口关税的完税价格+进口关税+进口消费税$$
$$实缴增值税=国内销售价格÷（1+增值税税率）×增值税税率-进口增值税$$

其他进口费用包括国内运费、国内保费、港口杂费、报检费、报关费、业务定额费等。

$$进口利润=进口价格×预期利润率$$

（2）CFR 术语时，以上公式中进口价格为 CFR 价，不包括国外运费。

（3）CIF 术语时，以上公式中进口价格为 CIF 价，不包括国外运费和国外保费。

（4）不征收消费税时，以上公式中不包括进口消费税。

（5）进口免税时，以上公式中不包括进口关税、进口消费税、进口代缴增值税、实缴增值税。

（三）不同条件下的进口价格核算公式的应用

（1）在进口报价时，进口商是在锁定国内销售价格、进口费用和进口利润的前提下，进行进口价格核算的。其计算公式如下：

$$进口价格＝国内销售价格－进口费用－进口利润$$

（2）在进口还价时，进口商是在进口价格、进口费用和国内销售价格确定的情况下，核算进口利润，为进口还价提供依据的。其计算公式如下：

$$进口利润＝国内销售价格－进口价格－进口费用$$

（3）在进口还价时，进口商是在进口价格、进口费用和进口利润确定的情况下，核算国内销售价格，为与国内客户谈判提供依据的。其计算公式如下：

$$国内销售价格＝进口价格＋进口利润＋进口费用$$

 任务操作

2023年1月18日，日方对李伟的询盘给出回复。单价为25.50千克/美元，CFR新港；数量为24 000千克，装1个40HRF；冻虾夷贝柱的H.S.CODE为0307229000，进口关税税率为8.5%，增值税税率为9%。

经该公司外贸业务员李伟查询，新港报关和集港费用为RMB3 000/40HRF，由天津到目的地秦皇岛的运费为RMB 3 000/40HRF，保险费率0.3%，其他费用为RMB6 000；当日美元汇率按USD1=RMB7.16/7.18计；预计本批货物在公司加工后再售价为251.3千克/元。计算该笔业务的预期销售利润率。

操作指南

（1）CIF=CFR 价+国外保费
  = CFR 价÷［1－（1+保险加成率）× 保险费率］
  =25.50÷［1－（1+10%）× 0.3%］
  =25.584（美元/千克）
  CIF=25.584×7.18=183.693（元/千克）

（2）进口费用核算如下：
进口关税=进口关税的完税价格×进口关税税率=CIF×进口关税税率
  =25.584×8.5%=2.175（元/千克）
进口增值税=进口增值税的完税价格×进口增值税税率
实缴增值税=国内销售价格÷（1+增值税税率）×增值税税率-进口增值税
进口增值税+实缴增值税=国内销售价格÷（1+增值税税率）×增值税税率
  =251.3÷（1+9%）×9%=20.750（元/千克）
进口费用= 2.175+20.750+（3 000+3 000+6 000）÷24 000=23.425（元/千克）

（3）整理得，进口利润=国内销售价格–进口价格 CIF–进口费用

$$=251.3–183.693–23.425=44.182（元/千克）$$

（4）预期销售利润率=进口利润÷国内销售价格=44.182÷251.3=17.58%

注意： 计算时保留3位小数，最后取小数点后2位。

提示： 由以上核算不难看出，进口核算并不深奥，其中的关键是掌握各项内容的计算基础并细心地加以汇总。上述的进口核算可以说是一个比较精确的核算范例，在实际交易中，进口商往往会采用一些简单粗略或简化的计算方法以使核算更为快捷。

任务三 还 盘

任务介绍

在经过对数个发盘的审核和比价之后，就可以有针对性地还盘。还盘是指受盘人收到发盘后，经过比价，对发盘的内容不同意或不完全同意。为了进一步洽商交易，面向发盘人提出修改建议或新的限制性条件的口头或书面表示。

任务解析

还盘不是交易磋商的必经阶段。有时交易双方无须还盘即可成交；有时则要经过多次还盘、再还盘才能对各项交易条件达成一致；还有时虽经多次反复还盘，但终因双方分歧太大而不能成交。在实际业务中，对客户的还盘与再还盘应认真研究：首先要判断还盘的性质，即是否具有法律约束力；其次是分析还盘中修改或变更的内容；最后结合市场动态、客户经营作风、其他客户的还盘及我方的经营意图等情况做出处理，有的接受，有的可以再还盘。同时，在我方的还盘中，也同样要注意还盘是否具有法律约束力问题。

知识储备

进出口业务中，一经还盘，原发盘即失去效力，发盘人不再受其约束，一项还盘等于是受盘人向原发盘人提出的一项新的发盘。还盘可以是还价，也可以是改变其他交易条件，如改变支付条件、改变贸易术语、提高佣金和折扣等，从而使各种交易条件对我方更有利。

一、还盘函的撰写要点

（1）确认对方来函，礼节性地感谢对方来函，并简洁地表明我方对来函的总体态度。

（2）强调发盘条件的合理性并列明理由，如可强调订货量大，付款条件优惠等。

（3）提出我方条件，并催促订单，发货。请使用具有说服力的语言，如数量折扣，优

惠的付款方式，较早的交货期等吸引订货或发货。若不能接受对方的条件，则推荐其他替代品，寻求新的商机或委婉暂停交易，保持客户关系。

二、还盘时应注意的问题

（1）还盘可以明确使用"还盘"字样，也可不使用，只是在内容中表示对发盘的修改。

（2）还盘可以针对价格，也可以针对交易商品的品质、数量、装运、支付条件等，要综合分析，灵活运用其他交易条件讨价还价。

（3）还盘时，一般只针对原发盘提出不同意见和需要修改的部分，已同意的内容在还盘中可以省略。

（4）接到还价（盘）后要与原发价（盘）进行核对，找出还盘（价）中提出的新内容，结合市场变化情况和我方购货意图认真对待和考虑。供大于求，还盘条件可严格一些；反之，还盘条件可灵活一些。

 任务操作

2023年1月18日，河北越洋食品有限公司收到日本公司的报价。该公司业务员李伟向日本公司还盘，接受日本公司的报价，但是付款条件改为"买方必须在2023年2月10日之前开立不可撤销的、即期议付信用证并送达卖方，在装运日之后的15天内在日本交单有效"。

操作指南

撰写的还盘函如下：

Dear Sirs,

　　We have received your offer of Jan. 18th with thanks. We have accepted the quotation of your goods.

　　In reply, we very much regret to state that we find you are extremely demanding on your time of payment.

　　"The buyer shall establish an irrevocable Letter of Credit at sight, reaching the seller not later than Feb. 10, 2023 and remaining valid for negotiation in Japan for further 15 days after the effected shipment." Meanwhile Information indicates that the means of payment is available in most Chinese importers. So if you should agree to our suggestion, we might come to terms.

　　We hope you will consider our counter-offer most favorably and inform us at your earliest convenience.

　　We are looking forward to your early reply.

Yours sincerely,

LI WEI

任务四　接　受

任务介绍

在国际贸易中，接受通常是在交易双方经过多次还盘后，对交易条件达成一致时，买方通过函电的方式向卖方表达同意交易的愿望。这是签订正式书面合同的前提。

任务解析

接受是交易磋商的必需环节。在进出口交易磋商中，一方的发盘或还盘被另一方接受，合同即宣告成立。同时，为了便于履约和监督，双方通常会签订一份合同。表示接受的信函最主要的目的是要告诉对方合同已经寄出，希望对方会签，同时表达成交的愉快心情。例如：

（1）We are glad that through our mutual effort finally we have reached the agreement.

（2）We believe the first transaction will turn out to be profitable to both of us.

（3）We are sending you our Sales Contract No. 123 in duplicate. Please sign it and return one copy for our file.

（4）We have forwarded the contract for your perusal and kindly request your signature to formalize the agreement.

知识储备

接受是交易的一方无条件地同意对方在发盘或还盘中所提出的交易条件，并愿意按这些条件与对方成交、签订合同的表示。一般情况下，发盘一经接受，合同即告成立，交易双方均受其约束。

一、接受函的写作要点

（1）感谢对方所做出的让步，并表示愿意按信中条件成交订货。

（2）重复交易条件并请对方确认。在金额较大，双方交易磋商回合较多时，为了避免差错和误解，有必要将最后商定的各项交易条件一一列明，并要求对方确认。

（3）附合同或销售确认书请对方会签。

（4）对合同中履行的一些问题做进一步强调。

（5）表达合同达成的愉快心情并对未来交易作进一步展望。

二、接受时必须注意的问题

（1）关于逾期接受问题。从原则上讲，逾期接受是一项无效的接受。但是，《联合国国际货物买卖合同公约》同时又主张，一项逾期接受是否有效应取决于发盘人。如果发盘人认为逾期接受是可以接受的，并毫不迟延地以口头或书面形式通知受盘人，则该逾期接受有效；如果是因传递不正常而延误，造成逾期接受，则除非发盘人在收到该逾期接受时毫不迟延地以口头或书面形式通知受盘人原发盘已失效，该逾期接受就仍然有效。

（2）关于有条件接受问题。从原则上讲，有条件的接受是一项无效的接受。但是，有以下两种情况必须注意。

第一，一方在接受另一方发盘的前提下，提出某种希望或建议。例如，要求在可能情况下提前装运。这是一种期望，不是对发盘提出的更改条件。这种期望无论发盘人同意与否，都不影响交易的成立，应视为有效接受。

第二，接受通知内载有的某些更改条件，但这些更改在实质上并不变更发盘的条件，只要发盘人没有及时表示异议，仍能构成有效接受而成立合同，而且合同条件以发盘的条件以及接受中所载更改的为准。《联合国国际货物买卖合同公约》规定，凡接受中载有关于价格、支付、商品的品质和数量、交货的时间和地点、赔偿责任范围或解决争端等方面的更改条件，均视为在实质上变更了发盘的条件。换言之，涉及上述范围内容的更改属于实质上的更改，非上述内容的更改为非实质上的更改。但对于这种笼统的规定，各方可有不同解释。为了避免不必要的争议，遇到对方附有更改条件的接受，如不能同意，应及时通知对方。

（3）关于接受的撤回和修改问题。按《联合国国际货物买卖合同公约》的规定，接受于送达发盘人时生效。因此，若撤回或修改通知应先于接受，或与接受同时到达发盘人，受盘人就可以在接受生效前将其撤回或对其进行修改。但已生效的接受是不得撤销和修改的。

在接受的撤回问题上，《联合国国际货物买卖合同公约》的规定同遵循"到达原则"的大陆法系国家的法律规定一致，但英美法系国家依据"投邮原则"认为接受在发出时即生效，因此接受不能撤回。我们应注意到法律规定上的这种差别，以免在实际业务中产生误解或争议。

（4）对综合盘和复合盘的接受。综合盘也称为联合发盘或一揽子发盘，它是将两个或两个以上的发盘搭配在一起，作为一个发盘对外发出。对于综合盘，受盘人只能全部接受或全部拒绝，若接受其中的一部分而拒绝另一部分，就构成了受盘人的还盘。

复合盘是发盘人向受盘人同时发出的两个或两个以上的各自独立的发盘，受盘人可以接受其中的一部分发盘而拒绝另一部分发盘。

 ## 任务操作

2023 年 1 月 19 日，日本 YOKUYO CO., LTD.来函，同意河北越洋食品限公司还盘中的交易条件，内容如下：单价为 USD25.50/千克，CFR 新港；数量为 24 000 千克，装 1 个 40 HRF。买方必须在 2023 年 2 月 10 日之前开立不可撤销的、即期议付信用证并送达卖方，在装运日之后的 15 天内在日本交单有效。李伟给日本 YOKUYO CO., LTD.回函，表示接受。

操作指南

李伟的回函内容如下。

Dear Sirs,

Thank you for your letter dated Jan. 19th. We are pleasured to your Making Concessions. After due consideration, we have pleasure in confirming the following offer and accepting it:

1. Commodity: Patinopecten Yessoensis, 10-50 grams/piece

2. Quantity: 24 000 kilograms

3. Price: USD 25.50/kilogram CFR XINGANG, CHINA.

4. Payment: The buyer shall establish irrevocable Letter of Credit at sight, reaching the seller not later than Feb. 10, 2023 and remaining valid for negotiation in Japan for further 15 days after the effected shipment.

5. Time of Shipment: Not later than Feb. 28, 2023.

We are looking forward to your early reply.

Yours faithfully,

LI WEI

任务五 拟订购货合同

 ## 任务介绍

合同是买卖双方达成交易的协议书，它明确了买卖双方的权利与义务，对双方都具有法律约束力。在国际贸易中，一项发盘被有效接受后，交易即告达成，买卖双方合同关系成立。这时就需要进口方按照合同格式就购货合同编号、商品名称、品质、数量、价格、装运、保险、索赔、不可抗力等条款进行详细填写，并在约定时间和地点签约。

 ## 任务解析

拟定购货合同要遵循交易双方的意见，切实根据交易磋商的结果，将各项内容填入贸易合同中。通常，合同正本一式两份，经双方签字后，买卖双方各保存一份。合同内容要简洁、准确。

 ## 知识储备

一、进口合同的内容

（一）约首

（1）合同名称和编号。

（2）前文，包括订约日期、当事人名称及地址、签约地址、签约缘由、电报挂号、电话传真号码等内容。

（3）在合同序言部分还常常写明双方订立合同的意愿和执行合同的保证，对买卖双方都具有约束力。

（二）正文

（1）合同的基本条款，包括商品名称和品质规格条款、数量条款、价格条款、付款条款、包装条款、交货时间与地点、运输条款、保险条款、检验条款、索赔条款等。

（2）特别条款，如安装和调试条款等。

（3）通用条款，如不可抗力条款等。

（三）结尾

结尾包括合同份数、合同的有效期、合同使用的文字及其效力、订约时间与地点、买卖双方和见证签字盖章。

二、拟订进口合同的注意事项

（1）合同的名称必须正确体现合同的内容。为简便易懂、查找方便，编制合同编号时应考虑如下因素：①订货年度；②承办进口订货的公司代号；③订货单位代号；④商品类别代号；⑤合同顺序号；⑥供货国代号。

（2）订约日期：一般情况下，签字日期在订约日期之后，最后的签字日期即为合同生效日期。订约地点：我方进口合同应在我国签字，如在国外签字，合同应订明依据法和诉讼管辖条款。订约当事人名称、地址：合同双方均应以其全名在合同中准确表明其法律身份。

（3）品质条款要具体、明确，不能含混不清。例如，凭样成交的应注明交货品质与样品完全相符，并注明样品寄送日期。另外，对某些机电产品，应注明最低的品质保证条款和检验方法。

（4）合同中如有仲裁条款的约定，在履行合同过程中发生的纠纷如双方无法协商解决时，由约定的仲裁机构裁决。

（5）合同的签订、变更或解除的通知或者协议，均应采用书面形式。

（6）合同达成后应如何通过、以何种方式通知以及通知效力发生时期均应在合同中加以约定。

（7）进口合同的商品名称应注意：①使用国际通用名称；②注意同物异名问题；③注意同名异物问题；④名称应具有代表性和规定性；⑤使用有利于运费的名称。

（8）计量单位、包装物的重量、计算数量的方法等都要明确规定。

（9）计价货币最好是采用国际上的软货币。单价条款中的计价数量单位、单位价格金额、计价货币和贸易术语缺一不可，且前后左右顺序不能随意颠倒。单价与总值的金额要吻合，且币别要保持一致。保险条款也要因不同的贸易术语而异。

（10）进口贸易中宜使用 FOB 条件，并写明交货时间与地点。

（11）依据双方需要，确定不同的付款时间和付款方式。如付款时间分为 4 期，依次是交货前付款、交货付款、凭单付款、交货后付款。付款方式有汇款、托收、信用证等。

（12）订立运输条款时，要在合同中明确规定具体的装运时间，选择费用低、装卸效率高的港口作为装运港或目的港，注意分批装运、转运，尤其是特殊的分运、转运的条款规定。

（13）检验、索赔、不可抗力等条款要根据相应法律制定。

（14）各条款内容之间前后一致，忌相互矛盾，内容、措辞要严谨。

 任务操作

河北越洋食品有限公司欲从日本 YOKUYO CO.，LTD.进口冻虾夷贝柱（*Patinopecten yessoensis*），型号为 10～50 克。2023 年 1 月 20 日，双方经过多次磋商后签订合同。单价为 USD 25.50/千克，CFR 宁波港；数量为 24 000 千克，装 1 个 40 英尺冻柜；冻虾夷贝柱的 H.S.CODE 为 0307229000，进口关税税率为 8.5%，增值税税率为 9%。请你代李伟拟订购货合同。

操作指南

拟订的购货合同如下。

PURCHASE CONTRACT

Contract No：YY230120JK   Date of Signature：Jan．20，2023

The Buyer：HEBEI YUEYANG FOOD CO.，LTD.

　　Address：NO.73 HEBEI ROAD，QINHUANGDAO，CHINA

The Seller：YOKUYO CO.，LTD.

　　Address：3-3-5，AKASAKA MINATOKU，TOKYO

This Contract is made by and between the Buyer and Seller，whereby the Buyer agrees to buy and the Seller agrees to sell the under-mentioned commodity according to the terms and conditions stipulated below：

1．Description of Goods：Patinopecten Yessoensis，10-50 grams/piece

2．Quantity：24 000 kilograms

3．Unit Price：USD 25.50/kilogram CFR XINGANG，CHINA

4．Total Value：USD 612 000.00（Say in US Dollar Six hundred and Twelve Thousand only）

5．Country of Origin and Manufacturer：JAPAN/YOKUYO CO.，LTD.

6．Packing：The Seller shall undertake to pack the goods in container with skid packing suitable for long distance ocean transportation，and be liable for any rust，damage and loss attributable to inadequate or improper protective measure taken by the Seller in regard to the packing.

7．Shipping Mark：

HBYY

YY230120JK

XINGANG，CHINA

C/N.1

8．Time of Shipment：Not later than Feb．28，2023.

9．Port of Shipment and Destination：From OSAKA，JAPAN to XINGANG， CHINA.

10．Insurance：Shipment insurance shall be covered by the Buyer.

11. Terms of Payment：The buyer shall establish irrevocable Letter of Credit at sight，reaching the seller not later than Feb.10，2023 and remaining valid for negotiation in Japan for further 15 days after the effected shipment.

12. Documents：

（1）Commercial Invoice SIGNED IN INK in 5 copies

（2）Full set of clean on board Bills of Lading made out to order and blank endorsed，marked "freight prepaid" notifying APPLICANT

（3）Packing List in 5 copies

（4）Certificate of Analysis in 3 copies

（5）Certification of the Safety Level of the Radiation for the import into the People's Republic of China

（6）For fish and fishery products intended for export from Japan to The People's Republic of China by Ministry of Health，Labour and Welfare.

（7）Certificate of JAPANESE Origin in 1 ORIGINAL issued by Japanese government agencies.

（8）A copy of the fax to the buyer，advising the shipment within 24 hours when it is effected.

Other documents，if any.

13. Guarantee of Quality：The Seller shall guarantee that the goods，the goods meet the inspection and quarantine requirements for inbound goods in China.

14. Inspection and Claims：

（1）After the arrival of the goods at the port of destination，the Buyer shall apply to the China Entry-Exit Inspection and Quarantine（CIQ）for a preliminary inspection in respect of the quality，specification and quantity of the goods and a Survey Report shall be issued by CIQ. If discrepancies are found by CIQ regarding specifications，and/or the quantity，except when the responsibilities lie with the insurance company or shipping company，the Buyer shall，within 120 days after arrival of the goods at the port of destination，have the right to reject the goods or to lodge a claim against the Seller.

（2）Should the quality and specifications of the goods not be in conformity with the contract，or should the goods prove defective within the guarantee period stipulated in Clause 13 for any reason，including latent defects or the use of unsuitable material，the Buyer shall arrange for a survey to be carried out by CIQ and shall have the right to lodge a claim against the Seller on the strength of the Survey Report.

15. Banking Charges：All banking charges outside the opening bank are for the seller's account.

16. Other Terms：（omitted）

This contract is made in two originals，one original for each party in witness thereof.

THE BUYER：HEBEI YUEYANG FOOD CO.，LTD.

LI WEI

THE SELLER：YOKUYO CO.，LTD.

 项目小结

　　交易磋商是签订合同的基础，磋商的成功与否，直接关系合同的质量，关系国家和企业的利益。进口交易磋商多以谈判为主，特别是进口机械设备、成套设备，往往还包括技术转让的内容，所以比出口交易的磋商更为复杂。进口交易磋商与签约的程序一般有询盘、发盘、还盘、接受和订立合同 5 个环节。

 项目实训

实训操作一：

　　天津 ABC Ltd. 是本市最大的播种机进口商之一，欲与德国汉堡 DEF Ltd. 建立业务联系，目前对播种机感兴趣，详见随函附上的第 5678 号询价单，请尽速答复。如价格合理、装运期可以接受，我方会下达订单。天津 ABC 公司业务员王一受公司委托，向对方发询盘函。假如你是王一，请完成下列询盘函。

```
Dear sirs,




```

实训操作二：

　　2023 年 3 月 1 日，天津 ABC Ltd. 的业务员王一，接到了 DEF Ltd. 的报价，货物名称和规格为 SPACED SEEDER NO.A1214，数量为 4 台，单价为 EUR10 000.00/SET FOB HAMBURG，GERMANY，用 4 个箱子，2 个 20 英尺柜装运。进口关税税率为 5%，进口环节增值税税率为 17%，从德国汉堡到中国天津的海上运费为 2 000 欧元/20 英尺柜，一切险的费率为 0.2%，天津到秦皇岛的陆地运费为 800 元/20 英尺柜，其他国内进口费按国内销售价格的 4% 计算，汇率为 1 欧元=7.75～7.76 元人民币。银行费用为 200 欧元。报关、检验、公证等业务费用为 1 000 元人民币。天津港卸货费为 2 000 元人民币。预期国内销售价格为 RMB 140 000/台。计算该笔业务的预期销售利润率。

实训操作三：

　　2023 年 3 月 1 日，天津 ABC Ltd. 的业务员王一，接到了德国汉堡 DEF Ltd. 的来信，报 4 台播种机，每台 10 000.00 欧元。播种机质量不错，但是经核算价格太高。其他国家类似质量的产品有些低于你方价格的 30%，如果可以降价，比如 10%，我们就可以成交。王一受公司委托，向对方发还盘，要求尽速答复。假如你是王一，请完成下列还盘函。

Dear Sirs,

实训操作四：

天津 ABC Ltd. 的业务员王一于 2023 年 3 月 3 日接到了德国汉堡 DEF Ltd. 关于播种机的还盘，主要内容有：EUR10 000.00/SET　FOB HAMBURG，GERMANY；中国银行天津分行开立即期信用证，2023 年 4 月 15 日前装运，议付期后 15 天仍然有效。该公司表示接受，这时王一就可以发出接受函。假如你是王一，请完成下列接受函。

Dear sirs,

实训操作五：

2023 年 3 月 28 日，天津 ABC Ltd.（地址：中国天津滨江路 74 号）的业务员王一与德国生产商 DEF Ltd.（地址：NO. 20 GAGNJIA RD. KOLONMY BAY，HAMBURG，GERMANY）经过多次磋商，达成共识，拟写合同内容如下：货物名称和规格为 SPACED SEEDER NO.A1214，数量为 4 台，EUR10 000.00/SET HAMBURG，GERMANY，进口关税税率为 5%，进口环节增值税税率为 17%，从德国汉堡到中国天津的海上运费为 2 000 欧元/20 英尺柜，用 4 个箱子，2 个 20 英尺柜装运。合同编号：DEF090328。唛头是 DEF090328、中国天津、NO.1～4。收到有关信用证后 45 天内装运，4 月 15 日前开立即期信用证，议付期后 15 天支付仍然有效，不允许分运与转运。运输保险由买方负责。货物质量保证期为 12～18 个月。有关单据：全套清洁已装船海运提单，注明运费，空白背书，并通知买方；发票一式五份，注明合同号；装箱单一式五份；质量和数量证明书一式两份，由制造商提供；由制造商提供德国原产地证明书复印件一份；合同生效后 3 个工作日内发一份传真给买方，通知装船详情；货物到达目的港后，买方应向中国出入境检验检疫机构（海关）申请初步检验货物的质量、规格和数量，应当出具检验报告。如发现有关规范、数量的责任，保险公司和航运公司除外，买方在货物到达目的港 120 天内，有权拒绝接收货物或向卖方提出索赔；该质量和规格的产品不符合合同规定，或在担保期限之内被证明有瑕疵，包括潜在的缺陷或使用不合适的材料，买方应进行调查，并可以根据海关和下属机构提供的检验报告向卖方提出索赔。除开证行费用外，其余所有银行费用由卖方负责。合同一式两份，双方各保存一份。假如你是王一，请完成以下购货合同。

CONTRACT

Contract No：   Date of Signature：

The Buyer：

Address：

The Seller：

Address：

This Contract is made by and between the Buyer and Seller，whereby the Buyer agrees to buy and the Seller agrees to sell the under-mentioned commodity according to the terms and conditions stipulated below：

1．Description of Goods：

2．Quantity：

3．Unit Price：

4．Total Value：

5．Country of Origin and Manufacturer：

6．Packing：

7．Shipping Mark：

8．Time of Shipment：

9．Port of Shipment and Destination：

10．Insurance：

11．Terms of Payment：

12．Documents：

13．Guarantee of Quality：

14．Inspection and Claims：

15．Banking Charges：

This contract is made in two originals，one original for each party in witness thereof.

THE BUYER：TIANJIN ABC CO.，LTD.   THE SELLER：DEF LTD.

　　　　　　WANG YI   PETTER

项目十一　办理进口批件

进口贸易根据不同的管理要求，需要办理的批准证件不同，进口管理证件的发放部门也不尽相同。进口商在向开证行申请开证之前必须抓紧办理如下进口批件工作：一是向商务部相关部门申请办理进口许可证，二是向当地海关申请办理进出口货物征减税证明。

任务一　申请签发进口许可证

任务介绍

进口许可证制度是进口国采用的行政管理手续，它要求进口商向有关行政管理机构呈交申请书或其他文件，作为货物进口至海关边境的先决条件，即进口商进口商品必须凭申请到的进口许可证进行，否则一律不予进口的贸易管理制度。

任务解析

一国政府为了禁止、控制或统计某些进口商品的需要，规定只有从指定的政府机关申办并领取进口许可证（import license），商品才允许进口。中国商务部、海关总署发布的《进口许可证管理货物目录》规定，从事进口贸易需要关注商务部发布的进口许可证管理货物目录和许可证发证机构名录。例如，2024 年属于许可证管理的进口货物为消耗臭氧层物质和重点旧机电产品。商务部或者受商务部委托的省级商务主管部门负责对上述货物的进口实施许可，并向符合条件的申请人签发中华人民共和国进口许可证（简称进口许可证）。

（1）重点旧机电产品进口单位申领的进口许可证和在京的属于国务院国资委管理企业申领的进口许可证，由商务部配额许可证事务局（简称许可证局）签发。

（2）消耗臭氧层物质进口单位申领的进口许可证，由省级商务主管部门签发。相关要求按《消耗臭氧层物质进出口管理办法》执行。

知识储备

一、进口许可证的申请

进口许可证的申领方式分为网上申领方式和书面申领方式。

1. 网上申请方式

企业申领用于身份认证的电子钥匙→企业在线填写申请表→上传申请附件电子扫描版→提交申请表→初审通过→复审通过→生成电子许可证→电子许可证发送海关→企业凭许可证号办理报关手续（如有需要可以打印纸质许可证书）。

2. 书面申领

企业到相关签发机构的办证窗口提交申请材料→窗口人员检查提交材料→对符合要求的申请由窗口人员录入申请表→初审通过→复审通过→生成电子许可证→电子许可证发送海关→企业凭许可证号办理报关手续（如有需要可以打印纸质许可证书）。

二、签发和获取

（1）发证机构收到相关行政主管部门批准文件（含电子文本、数据）和相关材料并经审核无误后，3 个工作日签发进口许可证。

（2）获取方式

申请企业可获得进口许可证电子证书。

申请企业可通过网上办事系统自助查询办理进程，凭进口许可证号办理海关报关手续。

 任务操作

本书中的秦皇岛越洋食品有限公司进口的冻虾夷贝柱不需要办理进口许可证，为方便读者了解进口许可证办理过程，下面将网上申领方式办理进口许可证的主要流程做一介绍。

1. 登录平台

统一平台地址：http://ecomp.mofcom.gov.cn/loginCorp.html。

插入电子钥匙，系统自动读取电子钥匙中的用户名，企业输入密码进行登录（图 11-1），全程电子化。

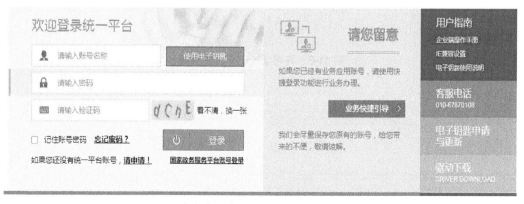

图 11-1　商务部业务系统统一平台企业端登录界面

点击"进入应用"按钮，见图 11-2。进入许可证统一平台企业端，见图 11-3。

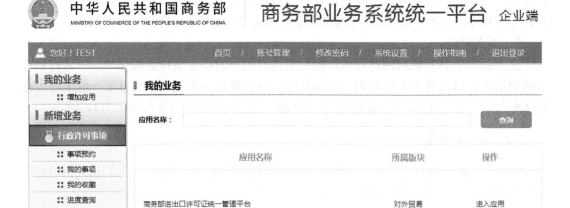

图 11-2　商务部业务系统统一平台企业端行政许可事项

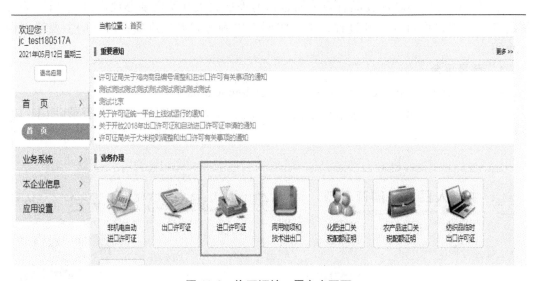

图 11-3　许可证统一平台主页面

2．填写申请表

进口许可证申请表界面和填写进口许可证申请表界面分别见图 11-4 和图 11-5。

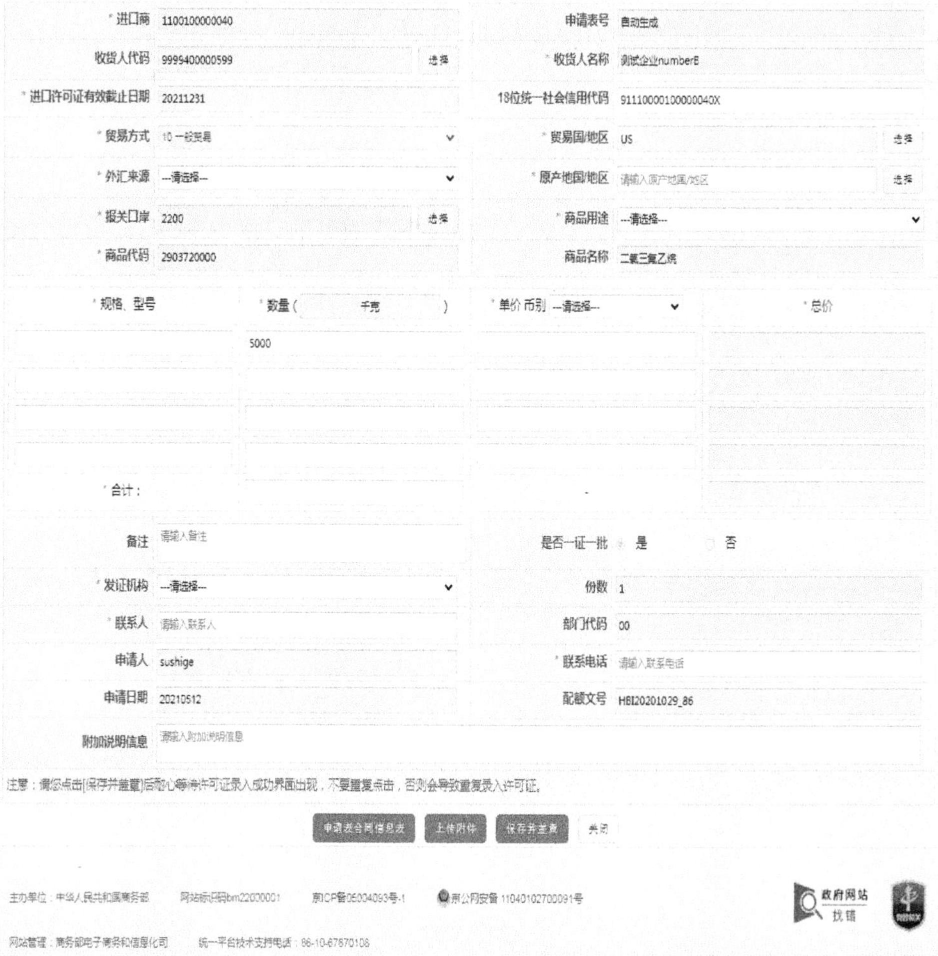

*进口商	1100100000040		申请表号	自动生成
收货人代码	9999400000599	选择	*收货人名称	测试企业numberE
*进口许可证有效截止日期	20211231		18位统一社会信用代码	9111000010000040X
*贸易方式	10 一般贸易		*贸易国/地区	US
*外汇来源	---请选择---		*原产地国/地区	请输入原产地国/地区
*报关口岸	2200	选择	*商品用途	---请选择---
*商品代码	2903720000		商品名称	二氯三氟乙烷

*规格、型号	*数量（ 千克 ）	*单价 币别 ---请选择---	*总价
	5000		

*合计：	
备注	请输入备注
*发证机构	---请选择---
*联系人	请输入联系人
申请人	sushige
申请日期	20210512
附加说明信息	请输入附加说明信息

是否一证一批 是 否	
份数	1
部门代码	00
*联系电话	请输入联系电话
配额文号	HBI20201029_86

注意：请您点击[保存并盖章]后耐心等待许可证录入成功界面出现，不要重复点击，否则会导致重复录入许可证。

申请送合同信息表　上传附件　保存并盖章　关闭

主办单位：中华人民共和国商务部 网站标识码bm22000001 京ICP备05004093号-1 京公网安备 11043102700091号

网站管理：商务部电子商务和信息化司 统一平台技术支持电话：86-10-67870108

政府网站找错

图 11-4 进口许可证申请表界面

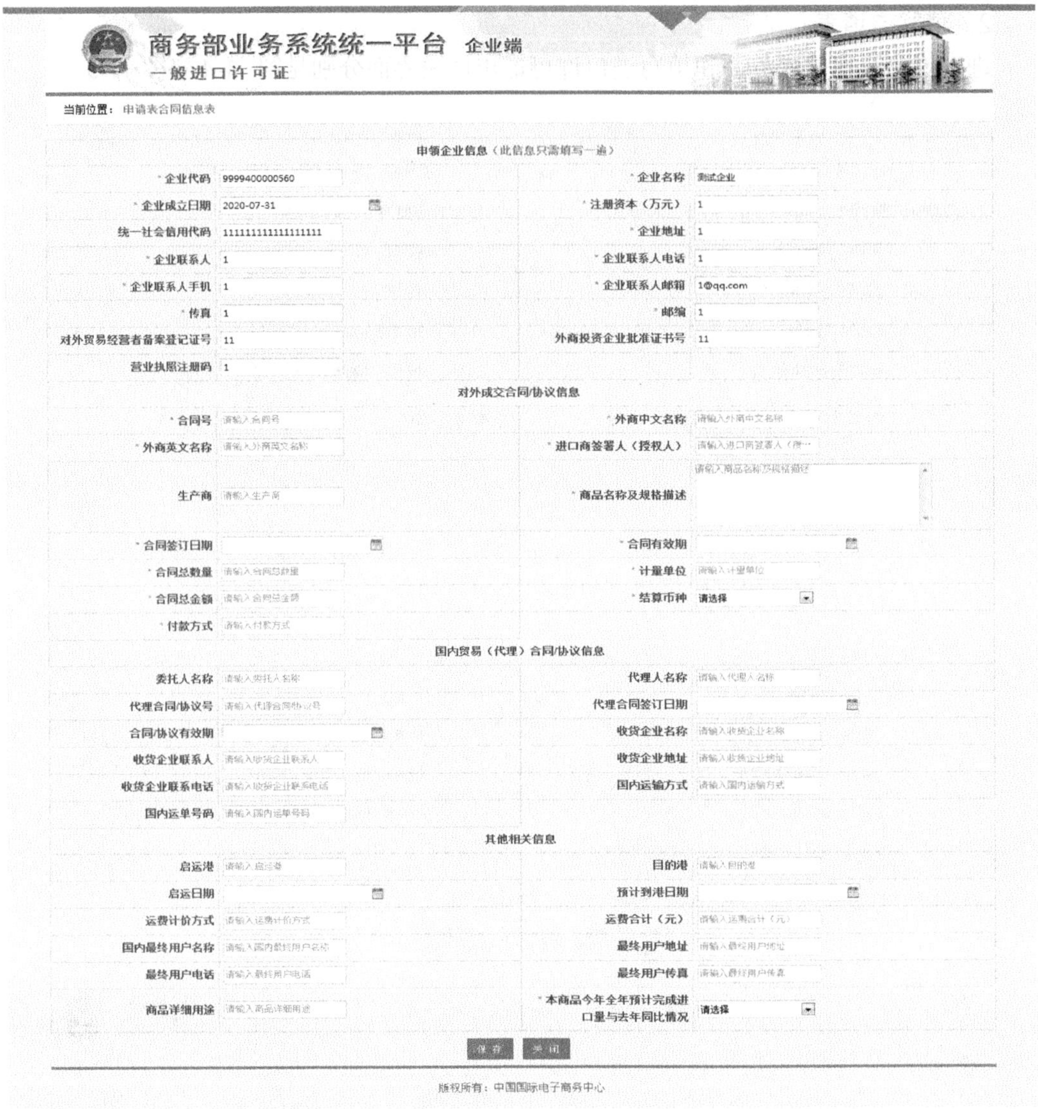

图 11-5 填写进口许可证申请表界面

年度许可证填写按照跨年度设计，当年度超过 1214（12 月 14 日）只可以选择下一年度，其余时间只能选择当前年度。

进口商号：由登录企事业所决定。

申请表号：由系统自动生成。

收货人：由收货人页面弹出选择。

单位名称：当选择"收货人"时，自动填写。

进口许可证有效截止日期：通过时间控件获取。

贸易方式：贸易方式表中查询所得，默认为空。

出口国（地区）：从国别表页面弹出选择。

外汇来源：从外汇来源中查询所得，默认为空。

原产地国（地区）：由国别表弹出选择，数据由国别表查得。

报关口岸：由报关口岸页面弹出选择，数据由报关口岸表查得。

商品用途：从商品用途下拉表中查询所得，默认为空。

商品代码：由商品页面弹出选择，数据由商品表查得。

名称：当选择"商品代码"时，自动填写。

规格、型号：根据商品型号直接填写。

数量：根据所选择的商品默认决定商品的数量单位，并且数量只能填数字。

单价、币别：从币别表中查询所得，单价只能填写数字。

总价：数量与单价的乘积，自动生成，不需要手工填写，在后台会把总价换算成同等金额的美元的值。

合计：有两个，第一个合计是数量的合计，第二个合计是总量的合计，由 js 自动生成，不需要手工填写。

备注（最多 32 个汉字）：备注默认为空，当是否一批一证可以手动选择时，若是否一批一证选择是，那么备注就默认为空，否则就默认为一批一证，用户也可以手动填写增加其他备注信息。

一批一证：根据需求选择。

是否异地领证：根据需求选择，默认为否。

异地出证机构：默认为空，不能选择。

发证机构：根据企业属主自动选择，可根据实际情况进行修改。

份数：默认为 1 份，可以录入 100 份以内，只能录入数字。

联系人：由企业录入。

部门代码：由所登录机构所决定，不能修改。

申请人：默认为当前登录用户，不能修改。

联系电话：由企业录入。

申请日期：默认为当前日期。

配额文号：由企业录入。

附加说明信息：由企业录入。

点击"保存"按钮后，检查进口商收货人，出口国，原产地国，报关口岸，商品代码是否录入正确。

企业端-申请许可证-填写申请表，申请表添加保存并盖章，调用国富安签章控件接口，添加上传附件功能、添加申请表合同信息表。

申请表上方显示是否绑定签章，语句显示如下：若为绑定签章"提示消息：您未绑定签章，请尽快绑定签章，点这里自助办理"，绑定则显示："提示消息：您已绑定签章，点这里自助办理"这里连接国富安签章查看和绑定连接。

企业端—申请许可证—填写申请表，申请表添加"申请表合同信息表"按钮，点击显示申请表合同信息表，页面如图 11-6 所示。

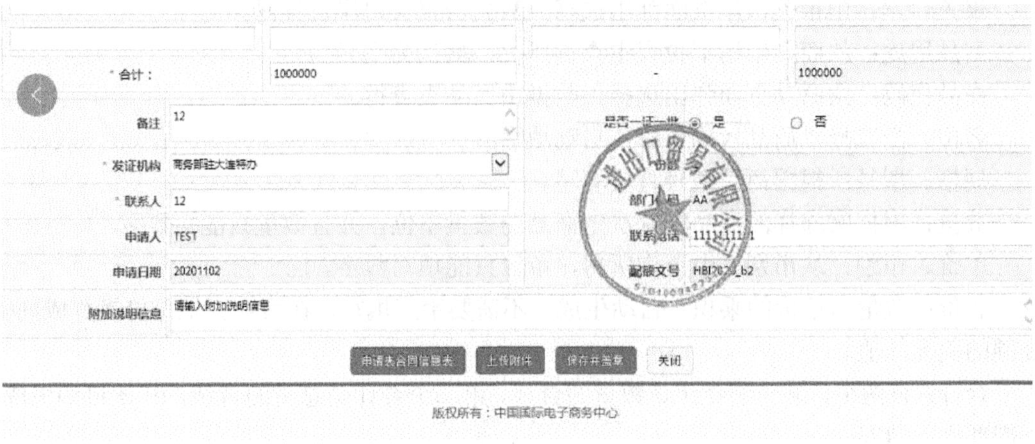

图 11-6　申请表合同信息表

3．提交审批

进口许可证审批通过，根据申请表号查询条件，显示在待审申请表查看中，企业可以对本企业的数据进行结果查看。

所有申请表浏览页面添加申请表合同信息表浏览、附件上传浏览，浏览页面可查看企业签章内容。

4．查看打印申请表

在"查看电子许可证"列表中选择对应许可证，下载电子许可证。

任务二　办理自动进口许可证

任务介绍

自动进口许可证（automatic import license）是指商务部授权发证机构依法对实行自动进口许可管理的货物颁发的准予进口的许可证件。自动进口许可证（自动进口许可机电产品除外）监管证件代码为"7"。机电产品自动进口许可证监管证件代码为"O"。加工贸易自动进口许可证监管证件代码为"V"，管理商品有原油、成品油。凡属于《自动进口许可管理货物目录》的进口货物，都需要向海关交验商务部授权发证机构签发的自动进口许可证。进口经营者凭自动进口许可证明向海关办理报关验放手续。

任务解析

一、自动进口许可证的适用范围

自动进口许可证适用于《自动进口许可管理货物目录（2024 年）》内货物的进口。商务部会同海关总署制定、调整和发布每一年度的《自动进口许可管理货物目录》。凭自动进口许可证向海关办理报关验放手续。

2024 年自动进口许可货物有 45 种，其中商务部实施自动进口许可的货物有 24 种，即牛肉、猪肉、羊肉、鲜奶、奶粉、木薯、大麦、高粱、大豆、油菜籽、食糖、玉米酒糟、豆粕、烟草、原油、成品油、化肥、二醋酸纤维丝束、烟草机械、移动通信产品、卫星、广播、电视设备及关键部件、汽车产品、飞机、船舶；受商务部委托的省级地方商务主管部门或地方、部门机电办实施自动进口许可的货物有 21 种，即肉鸡、植物油、铁矿石、铜精矿、煤、成品油、四氯乙烯、化肥、聚氯乙烯、氯丁橡胶、钢材、工程机械、印刷机械、纺织机械、金属冶炼及加工设备、金属加工机床、电气设备、汽车产品、飞机、船舶、医疗设备。①

二、受理机构

（1）商务部。负责受理牛肉、猪肉、羊肉、鲜奶、奶粉、木薯、大麦、高粱、大豆、油菜籽、食糖（关税配额外）、玉米酒糟、豆粕、烟草、原油、成品油（除燃料油外）、化肥（氯化钾）、二醋酸纤维丝束、烟草机械、移动通信产品、卫星广播电视设备及关键部件、汽车产品、飞机、船舶货物自动进口许可申请并实施许可。在京的属于国务院国资委管理企业提出的非机电类货物自动进口许可申请亦由商务部负责受理并实施许可。

（2）受商务部委托的各省、自治区、直辖市、计划单列市及新疆生产建设兵团商务主管部门（以下简称省级地方商务主管部门）。负责受理肉鸡、植物油、铁矿石、铜精矿、煤、成品油（燃料油）、化肥（氯化钾）、钢材货物自动进口许可申请并实施许可。

（3）受商务部委托的地方、部门机电产品进出口办公室（以下简称地方、部门机电办）。负责受理工程机械、印刷机械、纺织机械、金属冶炼及加工设备、金属加工机床、电气设备、汽车产品、飞机、船舶、医疗设备货物自动进口许可申请并实施许可。

三、审批数量

无数量限制。

但是申请原油、成品油自动进口许可证且不属于国营贸易企业的申请人，应按所获得的非国营贸易允许量办理自动进口许可手续。

四、申请条件

（1）申请人已依法办理对外贸易经营者备案登记。

（2）申请人已依法订立货物进口合同。

（3）申请人已获得进口国营贸易经营资格或非国营贸易允许量（适用于原油、成品油进口申请）。

五、禁止性要求

申请人有以下情形的，不予受理或者不予许可：

（1）不符合上述所列申请条件的。

（2）隐瞒有关情况或者提供虚假材料的。

---

① 资料来源：自动进口许可管理货物目录（2024 年），https://m.mofcom.gov.cn/article/zcfb/zcblgg/202312/20231203463866.shtml。

六、申请材料目录

（1）《自动进口许可证申请表》（适用于进口非机电类货物）。原件，1份。

（2）《机电产品进口申请表》（适用于进口机电类货物）。原件，1份。

（3）企业法人营业执照。复印件，1份。

（4）货物进口合同。原件，1份。

（5）国家广播电视主管部门批准文件（适用于申请进口广播电视及卫星设备）。

（6）国家烟草主管部门编制的年度计划（适用于申请进口烟草设备）。

（7）国家无线电管理委员会签发的型号核准证（复印件）或地方无线电管理部门在《机电产品进口申请表》备注栏的签章盖章（适用于申请进口移动通信设备）。

（8）向设区的市级人民政府水路运输管理部门提出增加运力的申请及报经有许可权限部门批准的证明文件（适用于申请进口运输类船舶）。

（9）中国船级社出具的旧船进口检验报告（适用于申请进口旧船舶）。

（10）发展改革委或者民航局的批复复印件及经营许可证复印件（适用于申请进口飞机）。

七、申请接收

窗口接收：

商务部行政事务服务大厅；省级地方商务主管部门；地方、部门机电办分别受理其对应的商品申请。

网上接收：商务部业务系统统一平台（https://ecomp.mofcom.gov.cn/）。

八、自动进口许可证有效期

自动进口许可证有效期为6个月，公历年度内有效。有特殊原因需要延期的可按规定办理延期换证手续。

九、办结时限

10个工作日。

十、收费依据标准

不收费。

十一、领取方式

商务部或者商务部委托的机构作出准予许可的决定后，申请人可在商务部业务系统统一平台（https://ecomp.mofcom.gov.cn/）实时查询结果，并领取自动进口许可证电子证书。自动进口许可证纸质证书由申请人自取。

十二、办理基本流程

（一）流程一（商务部实施许可）

《货物自动进口许可
事项服务指南》

商务部实施自动进口许可证申请流程见图 11-7。

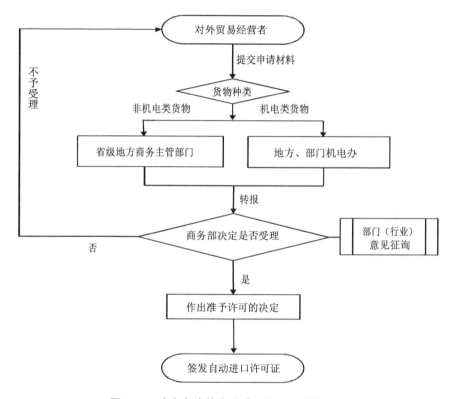

图 11-7　商务部实施自动进口许可证申请流程

注：流程一的项目编码为 18010，适用于牛肉、猪肉、羊肉、鲜奶、奶粉、木薯、大麦、高粱、大豆、油菜籽、食糖（关税配额外）、玉米酒糟、豆粕、烟草、原油、成品油（不含燃料油）、化肥（氯化钾）、二醋酸纤维丝束、烟草机械、移动通信产品、卫星广播电视设备及关键部件、汽车产品、飞机、船舶等货物。

（二）流程二（省级地方商务主管部门实施许可）

省级地方商务主管部门实施自动进口许可证申请流程见图 11-8。

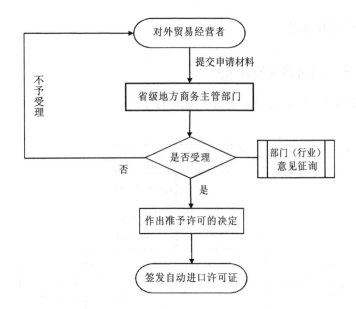

图 11-8　省级地方商务主管部门实施自动进口许可证申请流程

注：流程二的项目编码为 D18014，适用于肉鸡、植物油、铁矿石、铜精矿、铝土矿、煤、成品油（燃料油）、氧化铝、化肥（不含氯化钾）、钢材等货物。

（三）流程三（地方、部门机电办实施许可）

地方、部门机电办实施自动进口许可证申请流程见图 11-9。

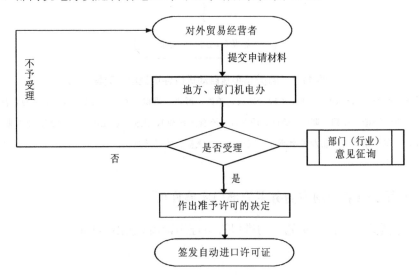

图 11-9　地方、部门机电办实施自动进口许可证申请流程

注：流程三的项目编码为 D18014，适用于工程机械、印刷机械、纺织机械、金属冶炼及加工设备、金属加工机床、电气设备、汽车产品、飞机、船舶、医疗设备等货物。

知识储备

自动进口许可证申请表的填写规范

凡申领进口许可证的单位，应按以下规范填写进口许可证申请表。

进口商：应填写经外经贸部批准或核定的进出口企业名称及编码。外商投资企业进口也应填写公司名称及编码；非外贸单位进口，应填写"自购"，编码为"00000002"；如接受国外捐赠，此栏应填写"赠送"，编码为"00000001"。

收货人：应填写配额指标单位，配额指标单位应与批准的配额证明一致。

进口许可证号：由发证机关编排。

进口许可证有效截止日期：一般为 1 年（另有规定者除外）。

贸易方式：此栏的内容有一般贸易、易货贸易、补偿贸易、协定贸易、进料加工、来料加工、外商投资企业进口、国际租赁、国际贷款进口、国际援助、国际招标、国际展销、国际拍卖、捐赠、赠送、边境贸易、许可贸易等。

外汇来源：此栏的内容有银行购汇、外资、贷款、赠送、索赔、无偿援助、劳务等。外商投资企业进口、租赁等填写"外资"；对外承包工程调回设备和驻外机构调回的进口许可证管理商品、公用物品，应填写"劳务"。

报关口岸：应填写进口到货口岸。

出口国（地区）：即外商的国别（地区）。

原产地国：应填写商品进行实质性加工的国别、地区。

商品用途：可填写自用、生产用、内销、维修、样品等。

商品名称和编码：应按商务部公布的实行进口许可证管理商品目录填写。

规格、型号：只能填写同一编码商品不同规格型号的 4 种，多于四种型应另行填写许可证申请表。

单位：是指计量单位。各商品使用的计量单位由商务部统一规定，不得任意变动。合同中使用的计量单位与规定的计量单位不一致时，应换算成统一计量单位。非限制进口商品，此栏以"套"为计量单位。

数量：应按商务部规定的计量单位填写，允许保留 1 位小数。

单价（币值）：应填写成交时用的价格或估计价格，并与计量单位一致。

 任务操作

合同签订后，外贸业务员应在进口报关前通过网上申领方式申领自动进口许可证。

操作指南

1. 申请时登录商务部业务系统统一平台（https://ecomp.mofcom.gov.cn/），进入申领系统。

2. 按要求如实在线填写《自动进口许可证申请表》等资料。在线查看《自动进口许可证申请表》状态，待复审通过后打印《自动进口许可证申请表》并加盖公章。

任务三 办理进口减免税证明

 任务介绍

减免税政策是国家对符合条件的企业、单位和个人实施的一项税收优惠政策。企业、单位和个人在办理进口免税证明过程中，需要掌握关税减免的种类，以便能够确定所报货物是否属于国家减免税的范围，熟悉办理进口免税证明的流程及进出口货物征免税申请表的填写方法。

 任务解析

进出口货物减免税申请人（简称减免税申请人）应当向其主管海关申请办理减免税审核确认、减免税货物税款担保、减免税货物后续管理等相关业务。

 知识储备

一、关税减免的种类

（一）法定减免税

法定减免税是税法中明确列出的减税或免税。符合税法规定可予减免税的进出口货物，纳税义务人无须提出申请，海关可按规定直接予以减免税。海关对法定减免税货物一般不进行后续管理。

下列进出口货物、物品予以减免关税：

（1）关税税额在人民币 50 元以下的一票货物，可免征关税。

（2）无商业价值的广告品和货样，可免征关税。

（3）外国政府、国际组织无偿赠送的物资，可免征关税。

（4）进出境运输工具装载的途中必需的燃料、物料和饮食用品，可予免税。

（5）在海关放行前损失的货物，可免征关税。

（6）在海关放行前遭受损坏的货物，可以根据海关认定的受损程度减征关税。

（7）我国缔结或者参加的国际条约规定减征、免征关税的货物、物品，按照规定予以减免关税。

（8）法律规定减征、免征关税的其他货物、物品。

（二）特定减免税

特定减免税也称政策性减免税。在法定减免税之外，国家按照国际通行规则和我国实际情况，制定发布的有关进出口货物减免关税的政策，称为特定或政策性减免税。特定减免税货物一般有地区、企业和用途的限制，海关需要进行后续管理，也需要进行减免税统计。

按照国际通行规则实施的关税优惠具体如下。

（1）科教用品。

（2）残疾人专用品。

（3）慈善捐赠物资。

（4）重大技术装备。

（三）暂时免税

暂时进境或者暂时出境的下列货物，在进境或者出境时纳税义务人向海关缴纳相当于应纳税款的保证金或者提供其他担保的，可以暂不缴纳关税，并应当自进境或者出境之日起 6 个月内复运出境或者复运进境；需要延长复运出境或者复运进境期限的，纳税义务人应当根据海关总署的规定向海关办理延期手续。

（1）在展览会、交易会、会议及类似活动中展示或者使用的货物。

（2）文化、体育交流活动中使用的表演、比赛用品。

（3）进行新闻报道或者摄制电影、电视节目使用的仪器、设备及用品。

（4）开展科研、教学、医疗活动使用的仪器、设备及用品。

（5）在上述（1）～（4）所列活动中使用的交通工具及特种车辆。

（6）货样。

（7）供安装、调试、检测设备时使用的仪器、工具。

（8）盛装货物的容器。

（9）其他用于非商业目的的货物。

（四）临时减免税

临时减免税是指以上法定和特定减免税以外的其他减免税，即由国务院根据《中华人民共和国海关法》对某个单位、某类商品、某个项目或某批进出口货物的特殊情况，给予特别照顾，一案一批，专文下达的减免税。

二、减免税申请

（一）需要提交的申请材料

（1）进出口货物征免税申请表（原件，1 份）。

（2）事业单位法人证书、国家机关设立文件、社团登记证书、民办非企业单位登记证书、基金会登记证书等证明材料（复印件，1 份）。

（3）进出口合同、发票以及相关货物的产品情况资料（复印件，1 份）。

（二）办理路径

除海关总署有明确规定外，申请人可选择通过"互联网+海关"（http://online.customs.gov.cn）门户网站"税费业务—减免税业务"功能模块或通过国际贸易"单一窗口"标准版减免税业务功能模块向海关提交减免税申请表及随附单证资料电子数据，无须以纸质形式提交。

三、货物征免税申请表

进出口货物征免税申请表如表 11-1 所示。

表 11-1 进出口货物征免税申请表

减免税申请人 海关注册编码/统一社会信用代码	减免税申请人种类 种类代码	减免税申请人 市场主体类型	市场主体代码
收发货人 海关注册编码/统一社会信用代码	受委托人 海关注册编码/统一社会信用代码	减免税申请人所在地	
是否已递交《减免税货物使用状况报告书》 □需要递交、已经递交、暂未递交 □需要递交 □暂未递交 □无须报告		征免性质代码	

项目信息编号	注册资本	注册资本币制	项目名称
项目主管部门/代码	项目性质/代码	项目批文号	产业政策条目代码
境外投资者	外方国别/代码	投资比例	项目所在地
立项日期	开始日期	结束日期	减免税额度（数量）
投资总额	币制	用汇额度（美元）	减免税额度（美元）
项目信息备注			
申报地海关/代码	进（出）口岸	合同协议号	政策依据
成交方式	免税物资确认表	确认表有效期	免税物资主管单位
是否已申报进口 □是 □否		报关单编号：（已申报进口货物填写）	

项号	商品编号	商品名称	规格型号	申报数量	申报计量单位	总价	币制	原产国（地区）
1								
2								
3								
4								
5								
商品信息备注								

联系人 电话	我公司（单位）承诺向海关所提交的申请材料以及本表所填报内容真实、准确、完整，并对其承担相应的法律责任。 减免税申请人（签章）： 年 月 日

任务操作

操作指南

1. 减免税申请人提出申请

减免税申请人在货物申报进出口前，通过"互联网+海关"门户网站"税费业务—减免税业务"功能模块或通过国际贸易"单一窗口"标准版减免税业务功能模块向主管海关递交申请表及随附单证资料。选择无纸申报的，应同时扫描上传随附单据资料。

选择有纸申报的，应同时向主管海关提交纸面申请材料。

2. 海关受理

海关收到申请后，对减免税申请人所提交的申请材料是否齐全、有效，填报是否规范进行审核。经审核符合规定的，予以受理；不符合规定的，一次性告知需要补正的材料。

3. 海关审核确认

海关受理申请后，经审核符合政策规定的，作出征税、减税或者免税的决定，制发《中华人民共和国海关进出口货物征免税确认通知书》（以下简称《征免税确认通知书》）。

4. 申请结果查询和《征免税确认通知书》申领

申请人可通过"互联网+海关"门户网站"税费业务—减免税业务"功能模块或国际贸易"单一窗口"标准版减免税业务功能模块查询《征免税确认通知书》编号及电子信息。

进口货物申报时，收发货人或受委托的报关企业应按规定将《征免税确认通知书》编号填写在进口货物报关单"备案号"栏目中。

减免税申请人如需要纸质《征免税确认通知书》留存的，可在该《征免税确认通知书》有效期内向主管海关申请领取。

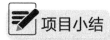 项目小结

进口许可证是国际上普遍采用的对进口贸易实施管理的措施。进口许可证的有效期为1年，当年有效。需要关注最新的《进口许可证管理货物目录》。

自动进口许可证的申请是办理进口批件的一个重要环节。办理批件之前，要清楚商品需要办理证件的类型。对于自动进口许可证所属商品，可查询商务部会同海关总署每年公布的《自动许可证管理货物目录》；对于办理机构，可查询商务部会同海关总署每年授权的自动进口许可证管理机构。

确定商品是否属于减免范围，是外贸人员办理减免税要知道的问题，可以通过下列文件确定商品是否属于减免范围。例如，科教用品，可依据《科学研究和教学用品免征进口税收规定》；残疾人专用品，可依据《残疾人专用品免征进口税收暂行规定》；慈善捐赠物资，可依据《慈善捐赠物资免征进口税收暂行办法》；重大技术装备，可依据《国家支持发展的重大技术装备和产品目录》和《重大技术装备和产品进口关键零部件及原材料商品目录》。需要注意的是，要及时关注这些依据最新的修订版本。

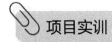 项目实训

操作实训一：
登录商务部政务大厅网站（http://egov.mofcom.gov.cn/），浏览相关内容。

操作实训二：
查找播种机、一般数控机床是否属于减免税货物范畴。

项目十二　申请开证和修改信用证

如果贸易合同采用信用证支付方式进行结算，则开立信用证是履行进口合同的第一步。在信用证结算方式下，按照合同约定，进口商要及时向开证行提出开证申请，办理开立信用证相关手续。出口商审核信用证后，会提出信用证的修改要求，进口商要根据出口商的要求，向开证行办理修改信用证的修改手续。

任务一　申请开立信用证

 任务介绍

如果在合同中买卖双方约定采用信用证支付方式进行结算，进口商必须按照合同规定，及时向开证行申请开立信用证。为此要填写开证申请书并缴纳开证费和保证金。开证行审核无误后，开出信用证，通过通知行，传递给出口商。

 任务解析

买方开立信用证前，应选择合适的开证行，一般多选择与买方关系密切且有资金往来的银行。确定开证行后，及时向银行提交开证申请书和合同副本，同时缴纳开证费和保证金。开证行对进口商的资信情况审核后，开立信用证。完成本任务的步骤如下。

第一步：确定开证行。

第二步：完成开证申请书的书写。

第三步：向开证行办理相关开证手续。

第四步：开证行开立信用证。

 知识储备

一、申请开立信用证的手续

申请开立信用证的具体手续有以下3点。

（1）递交有关合同的副本及附件：进口商在向银行申请开证时，要向银行递交进口合同的副本以及所需附件，如进口许可证、进口配额证、某些部门审批文件等。

（2）填写开证申请书：进口商根据银行规定的统一开证申请书格式，填写一式三份的申请书，一份留业务部门，一份留财务部门，一份交银行。填写开证申请书，必须按合同条款的具体规定，写明信用证的各项要求，内容要明确、完整，无词义不清的记载。

（3）缴纳保证金：按照国际贸易的习惯做法，若进口商向银行开立信用证，应向银行缴纳一定比例的保证金，其金额一般为信用证金额的百分之几到百分之几十，一般根据进口商的资信情况而定。在我国的进口业务中，开证行根据不同企业和交易情况，要求开证申请人缴纳一定比例的人民币保证金，然后银行才予以开证。

二、进口开证中必须要注意的问题

（1）申请开立信用证前，一定要落实进口批准手续及外汇来源。

（2）开证时间的掌握应在卖方收到信用证后能在合同规定的装运期内出运为原则。

（3）开证要求"证同一致"，必须以对外签订的正本合同为依据。不能以"参阅××号合同"为依据，也不能将有关合同附件附在信用证后，因信用证是一个独立的文件，不依附于任何贸易合同。

（4）如为远期，要明确汇票期限，价格条款必须与相应的单据要求、费用负担及表示方法相吻合。

（5）由于银行是凭单付款，不管货物质量如何，也不受合同约束，所以为使货物质量符合规定，可在开证时规定要求对方提供商检证书，明确货物的规格品质，指定商检机构。

（6）信用证内容明白无误，明确规定各种单据的出单人，规定各单据表述的内容。

（7）合同规定的条款应转化在相应的信用证条件里，因为信用证结算方式下，只要单据表面与信用证条款相符合，开证行就必须按规定付款。如信用证申请书中含有某些条件而未列明应提交与之相应的单据，银行将认为未列此条件而不予理睬。

（8）国外通知行由开证行指定。如果进出口商在订立合同时，坚持指定通知行，可供开证行在选择通知行时参考。

（9）在信用证中规定是否允许分批装运、转运、不接受第三者装运单据等条款，如果没有规定，则将被认为允许分批、允许转运、接受第三者装运单据。

（10）我方国有商业银行开出的信用证一般不接受要求其他银行保兑的条款。

三、开证行的开证条件

（1）申请人必须是具有法人资格和进口经营权的企业和单位，在开证行开立本币或外币账户，财务、经营状况正常，资信良好，与开证行保持稳定的结算业务往来并获得开证行给予的进口开证授信额度。

（2）企业和单位经营的进口商品在批准经营的范围之内。

（3）进出口双方选择以信用证作为结算方式。

（4）提供一定比例的保证金及其他形式的担保，对于资信良好的优质企业和单位，可免收保证金。

四、开证申请书的缮制

进口商向开证行申请开立信用证需要填写开证行提供的开证申请书，该申请书通常是由开证行事先印制。各个银行的开证申请书的格式和内容基本相同。开证申请书是开证行对外开证的条件和依据。进口商是开证申请人。开证申请书一般包括两部分内容，正面内容是开证申请，背面内容是开证申请人承诺书。

进口开证申请书正面的主要内容如下：

（1）申请开证日期（date）。

在申请书右上角填写实际申请日期。

（2）致（to）。

银行印制的申请书上事先都会印就开证行的名称、地址，银行的 SWIFT 代码、电传号码等也可同时显示。

（3）信用证号码（credit No.）。

此栏由银行填写。

（4）传递方式。

①信开（issued by airmail）。开证行以航邮将信用证寄给通知行。

②简电开（with brief advice by teletransmission）。开证行将信用证主要内容发电预先通知受益人，受益人在开证前预先获知内容，银行承担必须使其生效的责任，但简电本身并非信用证的有效文本，不能凭以议付或付款，银行随后寄出的证实书才是正式、有效的信用证。

③快递（issued by express delivery）。开证行以快递方式（如 DHIL）将信用证寄给通知行。

④全电开 [issued by teletransmission（which shall be the operative instrument）]。开证行将信用证的全部内容加注密押后以电报、电传、传真及数据传送网络（如 SWIFT）等方式传送给通知行，该传递方式通常由开证行决定，如申请人欲使用特定的电信方式，则应在附加指示中予以声明。

目前国内银行大多是用全电开的方式开立信用证，而且是用 SWIFT 方式开证。

（5）到期日和到期地点（expiry date and place）。

填写信用证的到期日和到期地点。要注意信用证的到期日与合同中的装运日之间的联系。如果合同或开证要求中没有明确规定交单期限，应将信用证的到期日规定在最迟装运日后的 10 天或 15 天。信用证的到期地点为受益人所在国家。

（6）申请人（applicant）。

填写申请人的全称及详细地址，还要注明联系电话、传真等信息，便于有关当事人之间的联系。

（7）受益人（beneficiary）。

填写受益人的全称及详细地址，也要注明联系电话、传真等信息，便于联系。

（8）通知行（advising bank）。

如果对通知行无特别要求，可以留空不填，开证行会自行选择合适的出口地银行作为通知行。如果该信用证需要通过收报行以外的另一家银行转递、通知或加具保兑后给受益人，则该项目填写该银行。

（9）币种及金额（大、小写）[currency and amount（in figures &．words）]。

分别用数字和文字两种形式表示金额，并且表明币制。信用证金额是开证行付款责任的最高限额，必须根据合同的规定明确表示清楚，如果允许有一定比例的上下浮动，要在信用证中明确表示出来。

（10）接管/收货地、目的地/运至……/交付地、最迟装运日期（port of loading/airport of

departure，place of final destination/for transport to/place of delivery，latest date of shipment）。

按实际填写，如允许有转运地/港，也应清楚标明。

（11）部分装运（partial shipment）、转运（transshipment）。

根据合同的实际规定打"×"进行选择。

（12）付款方式（credit available with/by）。

写明该信用证可由哪家银行即期付款、承兑、议付或延期付款。信用证有效兑付方式的选择要与合同要求一致。

①即期付款（by sight payment）。即期付款信用证是指受益人根据开证行的指示开立即期汇票或无须汇票仅凭运输单据即可向指定银行提示请求付款的信用证。

②承兑（by acceptance）。承兑信用证是指信用证规定开证行对于受益人开立以开证行为付款人或以其他银行为付款人的远期汇票，在审单无误后，应承担承兑汇票并于到期日付款的信用证。

③议付（by negotiation）。议付信用证是指开证行承诺延伸至第三当事人，即议付行，其拥有议付或购买受益人提交信用证规定的汇票/单据的权利行为的信用证。如果信用证不限制某银行议付，可由受益人选择任何愿意议付的银行，提交汇票、单据给所选银行请求议付，这种信用证称为自由议付信用证；反之，称为限制性议付信用证。

在国际贸易实务中，如果没有特别要求，通常会填写议付。

④延期付款（by deferred payment at）。该信用证是指不需要汇票，仅凭受益人交来单据，如审核相符，自指定银行承担延期付款责任起，延长至到期日付款的信用证。该信用证除能够使欧洲地区进口商免向政府缴纳印花税、免开具汇票外，其他都类似于远期信用证。

（13）汇票要求（beneficiary's draft）。

金额应根据合同规定填写为发票金额的一定百分比。可以是发票金额的100%（全部货款都用信用证支付），可以是部分信用证，部分托收，此时按信用证下的金额比例填写。

付款期限可根据实际写即期或远期，如属后者必须填写具体的天数。信用证条件下的付款人通常是开证行，也可能是开证行指定的另外一家银行。

"on us"意为指定开证行为付款人。通常信用证项下汇票的付款人应为开证行或指定的付款行。

（14）货物描述（description of goods）。

要注意货物描述与价格条款的填写要与合同保持一致。

（15）信用证需要提交的单据（documents required）。

根据UCP600，信用证业务是一项纯单据业务，银行处理的仅是单据，所以信用证申请书上应按合同要求明确写出所应出具的单据，包括单据的种类、每种单据所表示的内容、正本和副本的份数、出单人等，一般要求提示的单据有提单（或空运单、收货单）、发票、装箱单、重量证明、保险单、数量证明、质量证明、产地证、装船通知、商检证明等以及其他开证申请人要求的证明等。在所需单据前的括号里打"×"。如果在申请书的印制格式中未能包括某种要求受益人提交的单据，可以在特别条款中加列。

（16）保兑指示（confirmation instruction）。

如果信用证是保兑或可转让的，应在此加注有关字样。

（17）申请书下面是有关申请人的开户银行（填银行名称）、账户号码、执行人、联系电话、申请人（法人代表）签名等内容。

<u>进口开证申请书背面的主要内容如下：</u>

（1）开证依据及表明受 UCP600 的约束。

（2）表明银行按时支付货款、手续费、利息及有关费用。

（3）表明审单期限。

（4）声明该信用证及其项下业务往来函电及单据，如因邮电或其他方式传递过程中发生遗失、延误、错漏等，银行概不负责。

（5）信用证修改办法等。

（6）声明如申请书字迹不清或词义含糊，引起的后果由申请人负责。

 任务操作

河北越洋食品有限公司与日本 YOKUYO CO.，LTD.达成合同所采用的结算方式为信用证（L/C），业务员根据双方合同约定的内容，申请开立即期信用证。

操作指南

1．确定开证行

河北越洋食品有限公司根据资金往来情况选择中国银行秦皇岛分行为开证行。

2．填写开证申请书

2023 年 1 月 20 日，河北越洋食品有限公司与 YOKUYO CO.，LTD.达成以下主要协议条款。

1．商品：冻虾夷贝柱，型号为 10～50 克/个

2．数量：24 000 千克

3．价格：USD 25.50/千克，CFR XINGANG，CHINA

4．金额：612 000.00 美元

5．运输：最迟在 2023 年 2 月 28 日装运，从日本大阪到中国新港，不允许转运和分批装运。

6．付款：买方必须在 2023 年 2 月 10 日之前开立不可撤销的、即期议付信用证并送达卖方，在装运日之后的 15 天内在日本交单有效。

7．保险：由买方投保。

8．单据：（1）手签的商业发票一式五份。

　　　　（2）装箱单一式五份。

　　　　（3）全套清洁已装船海运提单，做成空白指示抬头，空白背书，标注运费预付，通知买方。

　　　　（4）由制造商出具的质量检验证书和数量检验证书正本各三份。

　　　　（5）中华人民共和国进口辐射安全等级证书。

　　　　（6）日本出口到中华人民共和国的鱼类和渔业产品证明。

　　　　（7）由日本政府机构签发的日本原产地证书正本一份。

　　　　（8）装船通知传真给买方，装船 24 小时内的装船通知一份。

外贸业务员李伟，于 2023 年 1 月 26 日向中国银行秦皇岛分行办理申请电开信用证手续，根据以上主要协议条款和以下信息填写开证申请书。

（1）通知行是 the Sumitomo Mitsui Banking Corporation，Tokyo Branch。

（2）所有单据显示信用证号码。

这样，进口商即成为开证申请人，开证申请书是银行开具信用证的依据。

买卖双方签订的贸易合同（项目十）是进口商开证申请的依据。填写的开证申请书如下。

IRREVOCABLE DOCUMENTARY CREDIT APPLICATION

To：BANK OF CHINA，QINHUANGDAO BRANCH　　　　　　　　Date：JAN. 26，2023

（　）Issue by airmail （　）With brief advice by teletransmission （×）Issue by teletransmission （　）Issue by express	Credit No. Date and place of expiry MAR.1,2023,JAPAN
Applicant HEBEI YUEYANG FOOD CO., LTD. NO.73 HEBEI ROAD, QINHUANGDAO, CHINA	Beneficiary YOKUYO CO., LTD.. AKASAKA MINATOKU, TOKYO
Advising Bank THE SUMITOMO MITSUI BANKING CORPORATION, KYOTO BRANCH	Amount USD 612 000.00 SAY：U.S. DOLLARS SIX HUNDRED AND TWELVE THOUSAND ONLY.

Partial shipments （　）allowed （×）not allowed	Transshipment （　）allowed （×）not allowed	Credit available with ANY BANK IN JAPAN By（　）sight payment（　）acceptance （×）negotiation　（　）deferred payment at
Loading on board：　OSAKA, JAPAN Not later than：　Feb. 28, 2023 For transportation to：XINGANG, CHINA （　）FOB（×）CFR（　）CIF（　）other terms		against the documents detailed herein （×）and beneficiary's draft（s）for　100%　of invoice value 　at　　×××　sight drawn on ISSUING BANK

Documents required：（marked with ×）

1.（×）Commercial Invoice SIGNED IN INK　in　5　copies indicating ＿＿＿＿＿.

2.（×）Full set of clean on board Bills of Lading made out to order and blank endorsed，marked "freight [ ]to collect/[×]prepaid" notifying APPLICANT .

（　）Airway Bills/Cargo Receipts/Copy of Railway Bills issued by ＿＿＿＿＿ showing "freight [ ]to collect/[ ]prepaid"　[ ]indicating freight amount and consigned to＿＿＿＿.

3.（　）Insurance Policy/Certificate in ＿＿＿ for ＿＿of the invoice value showing claims payable in China in the same currency of the draft，blank endorsed，covering ＿＿＿＿.

4.（×）Packing List/Weight Memo in_5_copies indicating＿＿＿＿＿＿＿＿＿＿＿＿＿＿.

5.（×）Certificate of Quality in_3 ORIGINALS_issued by_THE MANUFACTURER_.

6.（×）Certificate of Quantity in_3 ORIGINALS_issued by_THE MANUFACTURER_.

7.（×）Certificate of _JAPANESE_ Origin in_1 ORIGINAL_issued by_JAPANESE GOVERNMENT AGENCIES_.

　（×）Other documents，if any

+ A COPY OF THE FAX TO THE BUYER，ADVISING THE SHIPMENT WITHIN 24 HOURS WHEN IT IS EFFECTED.

+ CERTIFICATION OF ANALYSIS IN 3 COPIES.

+ CERTIFICATION OF THE SAFETY LEVEL OF THE RADIATION FOR THE IMPORT INTO THE PEOPLE'S REPUBLIC OF CHINA IN 1 COPY.

+ FOR FISH AND FISHERY PRODUCTS INTENDED FOR EXPORT FROM JAPAN TO THE PEOPLE'S REPUBLIC OF CHINA BY MINISTRY OF HEALTH，LABOUR AND WELFARE IN 1 COPY.

Description of goods：

PATINOPECTEN YESSOENSIS，24 000 KILOGRAMS，USD25.50/KILOGRAM CFR XINGANG，CHINA

Additional instructions：

1.（×）All banking charges outside the opening bank are for beneficiary's account.

2.（×）Documents must be presented within _15_ days after date of shipment but within the validity of this credit.

3.（　）Both quantity and credit amount ＿＿＿ percent more or less are allowed.

　（×）Other terms，if any

+ALL DOCUMENTS MUST SHOW THE CREDIT NO.

STAMP OF APPLICANT：HEBEI YUEYANG FOOD CO.，LTD.

3. 向开证行办理相关开证手续

河北越洋食品有限公司向银行办理相关手续，递交有关合同的副本及附件并缴纳保证金。

4. 开证行开立信用证

中国银行秦皇岛分行审核了河北越洋食品有限公司提交的相关资料后，按照开证申请书开立信用证。开证后，在法律上就与进口商构成了开立信用证的权利与义务的关系，两者之间的契约就是信用证。

任务二 申请修改信用证

 任务介绍

进口商接到出口商修改函后，要认真审核修改函内容，若出口商的修改要求不合理，应尽快与出口商做进一步沟通，直到双方满意为止；若出口商的修改要求合理，应根据出口商的要求向开证行提出修改信用证的要求。

 任务解析

申请修改信用证的步骤如图 12-1 所示。

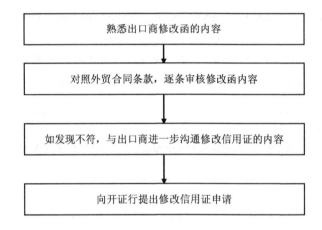

图 12-1 申请修改信用证的步骤

 知识储备

信用证修改是指当出口商对信用证进行审核后，发现信用证中有与合同规定不符、不能接受或无法办到的条款，为了不影响合同的履行和安全收汇，可按合同规定对信用证进行修改。信用证的修改可以由任何一方提出，然后由进口商向开证行办理修改信用证手续。

一、信用证修改的原因

1. 出口商要求修改信用证的原因

（1）信用证内容与贸易合同不符。若按信用证发货、制单，则可能违反合同规定的义务；若按合同发货、制单，则不能安全、及时地从银行获得付款，所以必须对信用证进行修改。

（2）信用证中的某些条款受益人无法做到。信用证中若要求出口商提供某种特殊的单据，但出口商根据实际情况无法获得这种单据，那么如果接受信用证的这个条款将影响收汇。

（3）货源或船期、交单期出现问题。信用证规定的某些时间太紧，出口商在信用证规定的时间内无法完成备货、办理租船订舱或交单等事宜，那么需要对信用证的某些期限延长。

（4）信用中含有不利于出口商的"软条款"等。

2．进口商要求修改信用证的原因

（1）进口商在申请开证时遗漏了某些重要问题，如对议付单据的规定等。

（2）进口国的政策等情况发生变化，如政府颁布新的政策规定，要求进口货物时必须具备一定的条件才能进口，进口商要求修改信用证以使其符合新政策规定。

（3）进口商有预谋地修改信用证，以通过修改信用证使出口商无法按信用证的要求发货制单，并以此来达到拒绝接收货物、要求降价的目的。

在信用证的条款和合同规定不符时，进口商通常为了自己的利益，即使发现了不符点也不会主动提出修改要求。

3．开证行要求修改信用证的原因

开证行由于工作上的疏忽，在打字或传递上发生错误而要求修改信用证。

二、信用证修改中应注意的问题

1．进口商应注意的问题

（1）认真审核改证函。进口商在收到出口商发出的改证函后，要认真对照合同，逐条审核改证函中提出的信用证修改意见，分析出口商的修改意图。若修改要求合理，则应及时办理改证手续。

（2）及时与出口商沟通。在审核改证函中，如果发现出口商提出的改证要求与合同不符，或对进口商不利，进口商要及时与出口商沟通，直到双方达成共识，进口商才可以办理改证手续。

2．出口商应注意的问题

（1）分析进口商改证意图。若改证要求由进口商提出，出口商接到改证函后，要分析进口商的改证意图，若改证要求合理，则出口商应同意进口商修改信用证；若改证要求不合理，则出口商要据理力争。

（2）修改通知的处理。进口商办理改证手续后，开证行通过通知行向出口商发出修改通知，出口商收到修改通知后，要么对修改内容全部接受，要么对修改内容全部拒绝。对同一修改的内容不允许部分接受，部分接受将被视为拒绝修改通知。

三、信用证修改申请书的填写规范

1．修改时间（date of amendment）

填写该修改书的填写时间。

2．修改次数（No．of amendment）

一般由开证行填写。

3．原信用证号码（amendment to our documentary credit No.）

填写该修改书对应的原信用证的号码。

4．致（to）

填写开证行的名称。

5．申请人（applicant）

填写开证申请人的名称和地址。

6．通知行（advising bank）

填写通知行的名称和地址。

7．在本次修改前的受益人［beneficiary（before this amendment）］

填写原信用证受益人的名称和地址。

8．币种及金额［currency and amount（in figures &. words）］

填写原信用证的金额。

9．上述信用证修改如下（The above mentioned credit is amended as follows）

填写需要修改的内容。先在"□"上打"√"，再在横线上填写相应文字。如果修改内容未列出，在 other terms 下方的空白处填写，并在该项前的"□"上打"√"。

10．银行费用（banking charges）

填写银行费用由谁承担。

11．申请人签字［authorized signature（s）］

进口商在此位置填写公司名称并签字。

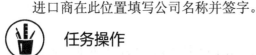 **任务操作**

河北越洋食品有限公司收到日本 YOKUYO CO.，LTD. 发来的改证函后，对照外贸合同条款，仔细审核改证函的内容，判断其修改要求是否合理。河北越洋食品有限公司决定向开证行提出信用证修改申请。

操作指南

1．熟悉出口商修改函的内容

进口商河北越洋食品有限公司于 2023 年 1 月 27 日收到出口商发来的改证函如下。

YOKUYO CO.，LTD.

3-3-5，AKASAKA MINATOKU，TOKYO

TO：HEBEI YUEYANG FOOD CO.，LTD.   DATE：JAN．27，2023
    NO.73 HEBEI ROAD，QINHUANGDAO，CHINA

DEAR SIRS，

    Thank you for your L/C No. LK007 established by BANK OF CHINA，QINHUANGDAO BRANCH dated JAN．26，2023．However we are sorry to find it contains the following discrepancies.

    1．The beneficiary's address should be 3-3-5，AKASAKA MINATOKU，TOKYO，JAPAN.

    2．Please extend the validity of the L/C to MAR.15，2023.

    Thank you for your kind cooperation，please see to it that the L/C amendment reach us before Feb.10，2023，failing which we shall not be able to effect punctual shipment.

                       Best regards，

                           Kurz

                       Manager

                 YOKUYO CO.，LTD.

2．对照外贸合同条款，逐条审核改证函内容

河北越洋食品有限公司对照外贸合同条款，认真逐条审核改证函的各项条款，发现出

口商提出的条款的确与合同条款不相符合，应该对信用证进行修改。

3. 进口商向开证行提出信用证修改申请

河北越洋食品有限公司决定修改信用证，于 2023 年 1 月 28 日填写信用证修改申请书，向开证行中国银行秦皇岛分行提出修改信用证的要求，同时，还要缴纳一定的改证费用。

进口商填写的改证申请书如下。

中 国 银 行

BANK OF CHINA

信用证修改申请书

APPLICATION FOR AMENDMENT

Date of Amendment：Jan．28，2023	No．of Amendment：

Amendment to Our Documentary Credit No. LK007

To：BANK OF CHINA QINHUANGDAO BRANCH

Applicant	Advising Bank
HEBEI YUEYANG FOOD CO．，LTD. NO.73 HEBEI ROAD，QINHUANGDAO，CHINA	THE SUMITOMO MITSUI BANKING CORPORATION，KYOTO BRANCH
Beneficiary（before this amendment） YOKUYO CO．，LTD. 3-3-5，AKASAKA MINATOKU，TOKYO	Amount USD 612 000.00

The above mentioned credit is amended as follows:

☐ Shipment date extended to _____

☑ Expiry date extended to ___MAR．15，2023._____

☐ Amount increased/decreased by _____ to _____

☑ Other terms:

1. The beneficiary's address should be 3-3-5，AKASAKA MINATOKU，TOKYO，JAPAN

☐ Banking charges：

All other terms and conditions remain unchanged.

Authorized Signature（s）

HEBEI YUEYANG FOOD CO．，LTD.

This Amendment is Subject to Uniform Customs and Practice for Documentary Credits International Chamber of Commerce Publication No.600.

---

4. 开证行发出信用证改证书

开证行审核信用证修改申请书的内容后，开出信用证改证书给通知行。通知行审核后，将信用证修改通知书传递给出口商，完成信用证的改证流程。

 项目小结

　　本项目包括开立信用证和修改信用证两个任务。开立信用证一般要经过选择合适的开证行、填写开证申请书、办理相关开证手续 3 个主要环节。开证行审核相关资料并通过后，按照进口商填写的开证申请书内容开立信用证。信用证修改一般要经过以下 3 个步骤：首先，进口商要对出口商提出的修改要求认真审核；其次，进口商确定修改要求合理后，填写信用证修改申请书，并向开证行申请改证；最后，开证行根据修改申请书改证。

 项目实训

　　操作实训一：

　　根据以下交易背景，填写开证申请书。

　　浙江久恒进出口有限公司（杭州市学源街 99 号）欲从意大利 Itela（Asia）Ltd.（Room 1019，Tower 9，Enterprise Square，9 Sheung Yuet Road，Kowloon Bay Hong Kong）进口自动络筒机（Automatic Winder），型号为 PM1，到中国杭州销售。2023 年 11 月 19 日，双方经过多次磋商后，签订合同。单价为 USD150 000.00，CIF 上海港；数量为 4 台，装 4 个 40'FCL；自动络筒机的 HS 编码为 84454010，海关监管证件代码为 ABO，进口关税税率为 4%，增值税税率为 17%。浙江久恒进出口有限公司与 Itela（Asia）Ltd.达成以下主要协议条款。

---

1. 商品：自动络筒机，型号为 PM1。
2. 数量：4 台。
3. 价格：150 000 美元/台，CIF 上海港，依据 INCOTERMS® 2020。
4. 金额：600 000 美元。
5. 运输：最迟在 2024 年 3 月 31 日装运，从意大利主港至中国上海，不允许转运和分批装运。
6. 付款：买方必须在 2023 年 12 月 10 日之前开立不可撤销的、即期议付信用证，信用证有效期直至装船后 21 天为止。
7. 保险：由卖方投保。
8. 单据：（1）签字的商业发票一式三份，注明信用证号码和合同号码。
　　　　　（2）装箱单一式三份。
　　　　　（3）全套清洁已装船海运提单，做成空白指示抬头，空白背书，标注运费预付，通知买方。
　　　　　（4）按发票金额 110%投保一切险和战争险的保险单一式两份。
　　　　　（5）由制造商出具的品质及数量证明书正本各一份。
　　　　　（6）装运后两个工作日以内通知买方已装船的传真副本一份。
　　　　　（7）由制造商出具的证明一份，证实用于货物包装的木质材料已经过高温处理并加施 IPPC 专用标识，或证实包装采用非木质材料。

　　请以外贸业务员郭伟的身份，于 2023 年 11 月 25 日向中国银行浙江省分行办理申请电开信用证手续，通知行是 Bank of China（Hong Kong）Limited，根据以上主要协议条款填写以下开证申请书。

IRREVOCABLE DOCUMENTARY CREDIT APPLICATION

To：　　　　　　　Date：

（　）Issue by airmail （　）With brief advice by teletransmission （　）Issue by teletransmission （　）Issue by express	Credit No. Date and place of expiry
Applicant	Beneficiary
Advising Bank	Amount

Partial shipments （　）allowed （　）not allowed	Transshipment （　）allowed （　）not allowed	Credit available with_____ By（　）sight payment （　）acceptance 　（　）negotiation 　 （　）deferred payment at against the documents detailed herein

Loading on board：

Not later than：

For transportation to：

（　）FOB（　）CFR（　）CIF（　）other terms

（　）and beneficiary's draft（s）for ____% of invoice value

at _____ sight

drawn on_____

Documents required：（marked with ✕）

1. （　）Commercial Invoice_____in _____ copies indicating _____

2. （　）Full set of clean on board Bills of Lading made out to order and blank endorsed，marked "freight [　] to collect/[　]prepaid" notifying _____ .

（　）Airway Bills/Cargo Receipts/Copy of Railway Bills issued by _____ showing "freight [　]to collect/[　] prepaid" [　] indicating freight amount and consigned to_____.

3. （　）Insurance Policy/Certificate in _____ for ____of the invoice value showing claims payable in China in the same currency of the draft，blank endorsed，covering _____.

4. （　）Packing List/Weight Memo in_____copies indicating_____.

5. （　）Certificate of Quality in_____copies issued by_____.

6. （　）Certificate of Quantity in_____copies issued by_____.

7. （　）Certificate of ____Origin in____ copies issued by _____.

　（　）Other documents，if any

Description of goods：

Additional instructions：

1. （　）All banking charges outside the opening bank are for beneficiary's account.

2. （　）Documents must be presented within _____ days after date of shipment but within the validity of this credit.

3. （　）Both quantity and credit amount _____ percent more or less are allowed.

　（　）Other terms，if any

STAMP OF APPLICANT：

操作实训二:

根据出口商改证函资料,填写信用证修改申请书如下。

出口商改证函资料

DEF LTD.

NO. 20 GAGNJIA RD. KOLONMY BAY, HAMBURG, GERMANY

TO: TIANJIN ABC CO., LTD.   DATE: APR. 15, 2023

NO. 74 BINJIANG Rd. TIANJIN, CHINA

DEAR SIRS,

Thank you for your L/C No.DL090411 established by BANK OF CHINA, TIANJIN BRANCH dated APR. 1, 2023. However we are sorry to find it contains the following discrepancies.

1. The beneficiary's address should be NO. 20 GAGNJIA RD. KOLONMY BAY, HAMBURG, GERMANY not No. 20 Wang Hoi Rd. KOLONMY BAY, HAMBURG.

2. Please delete the clause of Certificate of Quality issued importer.

3. Please extend the shipment date and the validity of the L/C to MAY 31, 2023 and JUNE 15, 2023 respectively.

Thank you for your kind cooperation, please see to it that the L/C amendment reach us before APR. 19, 2023, failing which we shall not be able to effect punctual shipment.

Best regards,
John
Manager
DEF LTD.

中 国 银 行
BANK OF CHINA
信用证修改申请书
APPLICATION FOR AMENDMENT

Date of Amendment: No. of Amendment:

Amendment to Our Documentary Credit No. DL090411

To:

Applicant	Advising Bank INTESA SANPAOLO S.P.A., HAMBURG BRANCH Germany
Beneficiary (before this amendment)	Amount

The above mentioned credit is amended as follows:

☐ Shipment date extended to _____

☐ Expiry date extended to _____

☐ Amount increased/decreased by _____ to _____

☐ Other terms:

☐ Banking charges:

All other terms and conditions remain unchanged.

Authorized Signature（s）

This Amendment is Subject to Uniform Customs and Practice for Documentary Credits International Chamber of Commerce Publication No.600.

项目十三 对外付款操作

开立信用证后，若出口商确认信用证，就要开始办理订舱和投保手续。在 CFR 和 CIF 术语下，由出口商办理订舱手续；在 FOB 术语下，由进口商办理订舱手续。特别是在 FOB 术语下，进口商要做好船货的衔接问题。在 CIF 术语下，由出口商办理保险手续；在 FOB 和 CFR 术语下，由进口商办理保险手续。

办理完租船订舱和运输保险手续后，进口商的一个重要任务就是支付货款。进口商必须充分了解不同支付方式下需要面对的工作，以避免由于操作失误而造成的损失。

国际货款的支付方法主要有汇付、托收和信用证方式，进口业务以信用证方式使用最为普遍。在实际业务中，一般可以单独使用某种支付方式，也可以视需要将各种支付方式结合使用。

任务一 办理汇付项下的对外付款

 任务介绍

汇付又称汇款，是国际贸易实务中对外付款方式之一，是指付款人主动通过银行或其他途径将款项汇交收款人。对外贸易的货款如采用汇付，一般是由买方按合同约定的条件和时间，将货款通过银行，汇交给卖方。

 任务解析

汇付的方式有信汇（M/T）、电汇（T/T）、票汇（D/D）。汇付方式一般用于买方的预付货款，但也有用于先装货发运的情形，即所谓的"先装后付"。在使用汇付方式时，应在合同中明确规定汇付的时间、具体的汇付方式和汇付金额等。在预付货款情况下，汇付的时间应与合同规定的交货时间相衔接。

 知识储备

一、汇款的概念

汇款（remittance）是进口方通过银行将款项汇给出口方，主要用于贸易中的货款、预付款、佣金等方面，是支付货款最简便的方式。

二、汇款当事人

（1）汇款人（remitter）：汇出钱的人，一般是进口商。

（2）收款人（payee or beneficiary）：收到款项的人，也称受益人，一般是出口商。

（3）汇出行（remitting bank）：办理汇出款的银行。

（4）汇入行（paying bank）：汇出行委托支付汇款的银行，一般是收款人的结账银行。

三、汇款方式

汇付方式可分为信汇、电汇和票汇 3 种。

（1）信汇（mail transfer，M/T）是汇出行应汇款人的申请，将信汇委托书寄给汇入行，授权解付一定金额给收款人的一种汇款方式。在 M/T 方式下，汇款人填写信汇申请书并交款付费给汇出行，取得信汇回执。汇出行把信汇委托书（M/T advice）或支付通知书（payment order）邮寄给汇入行。汇入行凭委托书或通知书通知收款人取款。收款人持信汇通知到汇入行取款时，须在"收款人"收据上签字或盖章交给汇入行，汇入行凭以解付汇款，然后将付讫借记通知书寄给汇出行。信汇是以信汇委托书作为结算工具的。信汇方式的优点是，费用较为低廉，但收款人收到汇款的时间较迟。

（2）电汇（telephone transfer，T/T）是汇出行应汇款人的申请，拍发加押电报（cable）或电传（telex）或 SWIFT 等电文形式发出付款委托通知书（payment order）给收款人所在地汇入行，委托它将款项解付给指定的收款人的方式。以上电文形式中，电报方式已基本淘汰，目前多以电传或 SWIFT 发出付款指示。电汇方式的优点是，收款人可迅速收到汇款，安全便利，但费用较高。

（3）票汇（remittance by banker's demand draft，D/D）是以银行即期汇票（demand draft）作为支付工具的一种汇付方式。票汇方式下，汇款人填写申请书，并交款付费给汇出行。汇出行开立银行即期汇票交给汇款人由汇款人自行邮寄给收款人，同时汇出行将票汇通知书邮寄给汇入行。票汇方式的优点是，票汇比较灵活简便，但却有丢失或毁损的风险。

四、T/T 业务流程

在汇付中应用比较多的就是电汇（T/T）业务，所以此处主要介绍 T/T 的业务流程。

1. "装运前 T/T"业务流程

（1）进口商在合同规定期限内，填写境外汇款申请书，并向其交款付费，向银行申请电汇。

（2）汇出行按进口商的指示，用电传或 Swift 方式向国外代理行发出汇款通知，把资金划给汇入行。

（3）汇入行解付给出口商。

（4）出口商办理出口手续，装运货物。

（5）出口商得到提单。

（6）出口商直接把提单邮寄给进口商，或要求承运人或货代电放提单给进口商。

（7）进口商凭提单或凭电放提单和电放保函换取提货单，然后向承运人或货代提货。

"装运前 T/T"业务流程如图 13-1 所示。

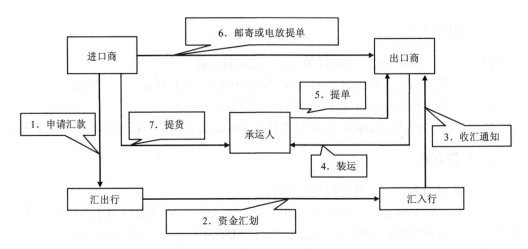

图 13-1 "装运前 T/T" 业务流程示意图

2. "装运后见提单传真件 T/T" 业务流程

（1）出口商在合同规定时间内办理出口手续，装运货物。

（2）出口商得到提单。

（3）出口商将提单传真给进口商。

（4）进口商填写境外汇款申请书，并向其交款付费，向银行申请电汇。

（5）汇出行按进口商的指示，用电传或 SWIFT 方式向国外代理行发出汇款通知，把资金划给汇入行。

（6）汇入行解付给出口商。

（7）出口商直接把提单邮寄给进口商，或要求承运人或货代电放提单给进口商。

（8）进口商凭提单或凭电放提单和电放保函换取提货单，然后向承运人或货代提货。

"装运后见提单传真件 T/T" 业务流程如图 13-2 所示。

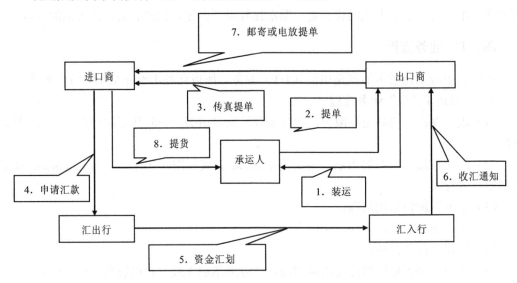

图 13-2 "装运后见提单传真件 T/T" 业务流程示意图

3. "装运后 T/T"业务流程

（1）出口商在合同规定时间内办理出口手续，装运货物。

（2）出口商得到提单。

（3）出口商直接把提单邮寄给进口商，或要求承运人或货代电放提单给进口商。

（4）进口商凭提单或凭电放提单和电放保函换取提货单，然后向承运人或货代提货。

（5）进口商填写境外汇款申请书，并向其交款付费，向银行申请电汇。

（6）汇出行按进口商的指示，用电传或 SWIFT 方式向国外代理行发出汇款通知，把资金划给汇入行。

（7）汇入行解付给出口商。

"装运后 T/T"业务流程如图 13-3 所示。

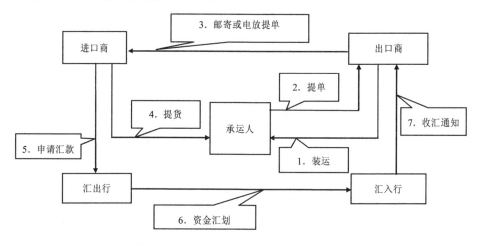

图 13-3 "装运后 T/T"业务流程示意图

五、汇付项下对外付款的操作

（1）填写银行提供的格式化的境外汇款申请书，并加盖预留在银行的印鉴章。

（2）提交外汇管理要求的单据。

六、对外电汇业务购汇、付汇操作办法

（一）购汇申请——《购买外汇申请书》

1. 填写购买外汇申请书

客户如需在银行购汇后对外支付，需按银行规定格式填写《购买外汇申请书》或《支付清单》，银行凭该申请书或支付清单核对客户提交的有效凭证和有效商业单据内容。申请书或支付清单的内容应与有效凭证和有效商业单据相符并符合有关规定。

2. 提交有效凭证、有效商业单据

无论客户采取何种结算方式对外付汇，均需按有关规定提交有效凭证和有效商业单据。

（二）《境外汇款申请书》的填报说明

《境外汇款申请书》样式如下。

<table>
<tr><td colspan="4" align="center">境外汇款申请书
APPLICATION FOR FUNDS TRANSFERS（OVERSEAS）</td></tr>
<tr><td colspan="2">致：
To:</td><td colspan="2">日期：
Date：</td></tr>
<tr><td colspan="2">□电汇 T/T □票汇 D/D □信汇 M/T</td><td>发报等级 Priority</td><td>□电汇 Normal □电汇 Urgent</td></tr>
<tr><td colspan="2">申报号码 BOP Reporting No.</td><td colspan="2">□□□□□ □□□□ □□ □□□□□ □□□□</td></tr>
<tr><td>20</td><td>银行业务编号
Bank Transaction Ref. No.</td><td>收电行/付款行
Receiver/Drawn on</td><td></td></tr>
<tr><td>32A</td><td>汇款币种及金额
Currency & Inter-bank Settlement Amount</td><td colspan="2">金额大写
Amount in Words</td></tr>
<tr><td rowspan="3" align="center">其
中</td><td>现汇金额 Amount FX</td><td colspan="2">账号 Account No.</td></tr>
<tr><td>购汇金额 Amount of Purchase</td><td colspan="2">账号 Account No.</td></tr>
<tr><td>其他金额 Amount of Others</td><td colspan="2">账号 Account No.</td></tr>
<tr><td>50a</td><td>汇款人名称及地址
Remitter's Name & Address</td><td colspan="2"></td></tr>
<tr><td colspan="2">□对公组织机构代码 Unit Code□□□□□□□□□</td><td>□对私</td><td>□个人身份证号码 Indivudual ID No.
□中国居民个人 Resident Individual
□中国非居民个人 Non-Resident Individual</td></tr>
<tr><td>54/56a</td><td>收款银行之代理行名称及地址
Correspondent of Beneficiary's Banker Name & Address</td><td colspan="2"></td></tr>
<tr><td>57a</td><td>收款人开户银行名称及地址
Beneficiary's Bank Name & Address</td><td colspan="2">收款人开户银行在其代理行账号 Beneficiary's Bank Account No.</td></tr>
<tr><td></td><td></td><td colspan="2"></td></tr>
<tr><td>59a</td><td>收款人名称及地址
Beneficiary's Name & Address</td><td colspan="2">收款人账号 Beneficiary's Account No.</td></tr>
<tr><td rowspan="3">70</td><td rowspan="3">汇款附言
Remittance Information</td><td rowspan="3">只限140个字位
Not Exceeding
140 Characters</td><td>71A 国内外费用承担</td></tr>
<tr><td>All Bank's Charges If Any Are to Be Bone By</td></tr>
<tr><td>□汇款人 OUR □收款人 BEN □共同 SHA</td></tr>
</table>

收款人常驻国家（地区）名称及代码 Beneficiary Resident Country/Region Name & Code □□□			
请选择：□预付货款 Advance Payment□货到付款 Payment against Delivery□退款 Refund□其他 Others			
交易编码 BOP Transaction Code	□□□□□ □□□□□	相应币种及金额 Currency & Amount	交易附言 Transaction Remark
是否为进口核销项下付款		□是□否 ｜ 合同号	发票号
外汇局批件/备案表号		报关单经营 单位代码	□□□□□□□□□□
报关单号		报关单币种及总金额	本次核注金额 ｜

银行专用栏 For Bank Use Only		申请人签章 Applicant's Signature	银行签章 Bank's Signature
购汇汇率 Rate @		请按照贵行背页所列条款代办 以上汇款并进行申报 Please effect the upwards remittance subject to the conditions overleaf	
等值人民币 RMB Equivalent			
手续费 Commission			
电报费 Cable Charges		申请人姓名 Name of Applicant	核准人签字 Authorized Person
合计 Total Charges		电话 Phone No.	日期 Date
支付费用方式	□现金 by Cash □支票 by Check □账户 from Account		
核印 Sig.Ver		经办 Maker ｜	复核 Checker ｜

《境外汇款申请书》的填报说明如下。

（1）境外汇款申请书：凡采用电汇、票汇或信汇方式对境外付款的机构或个人（统称"汇款人"），须逐笔填写此申请书。

（2）日期：是指汇款人填写此申请书的日期。

（3）申报号码：根据国家外汇管理局有关申报号码的编制规则，由银行编制（此栏由银行填写）。

（4）银行业务编号：是指该笔业务在银行的业务编号（此栏由银行填写）。

（5）收电行/付款行：（此栏由银行填写）。

（6）汇款币种及金额：是指汇款人申请汇出的实际付款币种及金额。

（7）现汇金额：汇款人申请汇出的实际付款金额中，直接从外汇账户（包括外汇保证金账户）中支付的金额；汇款人将从银行购买的外汇存入外汇账户（包括外汇保证金账户）后对境外支付的金额应作为现汇金额；汇款人以外币现钞方式对境外支付的金额作为现汇金额。

（8）购汇金额：是指汇款人申请汇出的实际付款金额中，向银行购买外汇直接对境外支付的金额。

（9）其他金额：是指汇款人除购汇和现汇以外对境外支付的金额，包括跨境人民币交易以及记账贸易项下交易等的金额。

（10）账号：是指银行对境外付款时扣款的账号，包括人民币账号、现汇账号、现钞账号、保证金账号、银行卡号。如从多个同类账户扣款，填写金额大的扣款账号。

（11）汇款人名称及地址：对公项下填写汇款人预留银行印鉴或国家市场监督管理总局颁发的组织机构代码证或国家外汇管理局及其分支局（以下简称外汇局）签发的特殊机构代码赋码通知书上的名称及地址；对私项下填写个人身份证件上的名称及住址。

（12）组织机构代码：按国家市场监督管理总局颁发的组织机构代码证或外汇局签发的特殊机构代码赋码通知书上的单位组织机构代码或特殊机构代码填写。

（13）个人身份证件号码：包括境内居民个人的身份证号、军官证号等以及境外居民个人的护照号等。

（14）中国居民个人/中国非居民个人：根据《国际收支统计申报办法》中对中国居民/中国非居民的定义进行选择。

（15）收款银行之代理行名称及地址：为中转银行的名称，所在国家、城市及其在清算系统中的识别代码。

（16）收款人开户银行名称及地址：为收款人开户银行名称，所在国家、城市及其在清算系统中的识别代码。

（17）收款人开户银行在其代理行的账号：为收款银行在其中转行的账号。

（18）收款人名称及地址：是指收款人全称及其所在国家、城市。

（19）汇款附言：由汇款人填写所汇款项的必要说明，可用英文填写且不超过 140 字符（受 SWIFT 系统限制）。

（20）国内外费用承担：是指由汇款人确定办理对境外汇款时发生的国内外费用由何方承担，并在所选项前的"□"中打"√"。

（21）收款人常驻国家（地区）名称及代码：是指该笔境外汇款的实际收款人常驻的国家或地区。名称用中文填写，代码根据第一联背面"国家（地区）名称代码表"填写。

（22）交易编码：应根据本笔对境外付款交易性质对应的"国际收支交易编码表（支出）"填写。如果本笔付款为多种交易，则在第一行填写最大金额交易的国际收支交易编码，第二行填写次大金额交易的国际收支交易编码；如果本笔付款涉及进口付汇核销项下交易，则核销项下交易视同最大金额交易处理；如果本笔付款为退款，则应填写本笔付款对应原涉外收款人的国际收支交易编码。

（23）相应币种及金额：应根据填报的交易编码填写，如果本笔对境外付款为多种交易性质，则在第一行填写最大金额交易相应的币种及金额，第二行填写其余币种及金额。两栏合计数应等于汇款币种及金额；如果本笔付款涉及进口付汇核销项下交易，则核销项下交易视同最大金额交易处理。

（24）交易附言：应对本笔对境外付款交易性质进行详细描述。如果本笔付款为多种交易性质，则应对相应的对境外付款交易性质分别进行详细描述；如果本笔付款为退款，则应填写本笔付款对应原涉外收款人的申报号码。

（25）外汇局批件/备案表号：是指外汇局签发的，银行凭以对境外付款的各种批件或进口付汇备案表号。

（26）报关单经营单位代码：是指由海关颁发给企业的"自理报关单位注册登记证明书"上的代码。

（27）报关单号：是指海关报关单上的编码，应与海关报关数据库中提示的编码一致。若有多张报关单，表格不够填写，可附附页。

（28）最迟装运日期：是指货物的实际装运日期。境外工程物资和转口贸易项下的支付中最迟装运日期应为收汇日期。

（29）购汇汇率（银行专用栏）：是指对境外汇款金额中，以人民币购汇部分的汇率。

 任务操作

说明： 本书中的河北越洋食品有限公司在合同约定的付款方式为信用证，为便于读者了解电汇付款的操作，本任务采用福建福安进出口有限公司的业务示例加以说明。

2024年2月5日，福建福安进出口有限公司向其开户行中国银行福建省分行办理普通电汇手续。GASON M AND M PRECISION SYSTEMS CORPORATION 在 M AND T BANK 的账号为 MT30908Y1290。福建福安进出口有限公司的组织机构代码为3536960345，用人民币购汇，人民币账号为 80020002700605302，银行费用由汇款人承担。请以业务员刘英的身份填写以下境外汇款申请书。

操作指南

境外汇款申请书填制如下：

境外汇款申请书
APPLICATION FOR FUNDS TRANSFERS（OVERSEAS）

致： To：BANK OF CHINA，FUJIAN BRANCH		日期 Date：Feb. 5，2024	
☑电汇 T/T □票汇 D/D □信汇 M/T	发报等级 Priority	☑电汇 Normal □电汇 Urgent	
申报号码 BOP Reporting No.（略）	□□□□□ □□□□ □□ □□□□□ □□		
20 银行业务编号 Bank Transaction Ref. No.（略）		收电行/付款行（略） Receiver/Drawn on	
32A 汇款币种及金额 Currency & Inter-bank Settlement Amount	USD78000.00	金额大写 Amount in Words	U.S.DOLLARS SEVENTY EIGHT THOUSAND ONLY.
其中	现汇金额 Amount FX		账号 Account No.	
	购汇金额 Amount of Purchase	USD78000.00	账号 Account No.	80020002700605302
	其他金额 Amount of Others		账号 Account No.	
50a 汇款人名称及地址 Remitter's Name & Address	FUJIAN FUAN IMPORT AND EXPORT CO.，LTD. 99 YANGMIN ROAD，FUZHOU，CHINA		

		□个人身份证号码 Indivudual ID No.
√对公组织机构代码 Unit Code ⑤⑤③⑥⑨⑥⓪③④⑤	□对私	□中国居民个人 Resident Individual
		□中国非居民个人 Non-Resident Individual

54/56a 收款银行之代理行名称及地址 Correspondent of Beneficiary's Banker Name & Address	FEDERAL RESERVE BANK

57a 收款人开户银行名称及地址	收款人开户银行在其代理行账号 Beneficiary's Bank Account No.
Beneficiary's Bank Name & Address	MANTUS33INT M AND T BANK, BALTIMORE, MD, U.S.A. ABA 022000046

59a 收款人名称及地址	收款人账号 Beneficiary's Account No. MT30908Y1290
Beneficiary's Name & Address	GASON M AND M PRECISION SYSTEMS CORPORATION 66 PARK ROAD, DAYTON, OH 45449, U.S.A.

70 汇款附言 Remittance Information STANDBY LETTER OF CREDIT NO. SB-913370-0002.	只限 140 个字位 Not Exceeding 140 Characters	71A	国内外费用承担
		All Bank's Charges If Any Are to Be Bone By √汇款人 OUR □收款人 BEN □共同 SHA	

收款人常驻国家（地区）名称及代码 Beneficiary Resident Country/Region Name & Code（略）□□□

请选择：√预付货款 Advance Payment□货到付款 Payment against Delivery□退款 Refund□其他 Others

交易编码（略） BOP Transaction Code □□□□□	相应币种及金额（略） Currency & Amount	交易附言（略） Transaction Remark
是否为进口核销项下付款	√是□否 合同号	发票号（略）
外汇局批件/备案表号（略）	报关单经营单位代码（略）	□□□□□□□□
报关单号（略）	报关单币种及总金额（略）	本次核注金额（略）

银行专用栏 For Bank Use Only	申请人签章 Applicant's Signature	银行签章 Bank's Signature
购汇汇率（略） Rate @	请按照贵行背页所列条款代办以上汇款并进行申报 Please effect the upwards remittance subject to the conditions overleaf	
等值人民币 RMB Equivalent（略）		
手续费（略） Commission		
电报费（略） Cable Charges		核准人签字（略） Authorized Person 日期（略） Date
合计（略） Total Charges	申请人姓名 Name of Applicant	
支付费用方式（略） □现金 by Cash □支票 by Check □账户 from Account	电话 Phone No.（略）	
核印 Sig.Ver（略）	经办 Maker（略）	复核 Checker（略）

任务二　办理托收项下的对外付款

任务介绍

托收是指债权人出具汇票委托银行向债务人收取货款的一种支付方式。托收方式一般都通过银行办理，所以又称银行托收。由出口人根据发票金额开出以进口人为付款人的汇票，向出口地银行提出托收申请，委托出口地银行通过它在进口地的代理行或往来银行向进口人收取货款。尽管银行参与结算，但银行并不提供信用，即委托人最终是否能取得付款或承兑，依赖于付款人的信用，银行仅提供服务而不承担责任，只要其本身没有过失。

在托收业务中，主要涉及 4 个当事人，即委托人、托收行、代收行和付款人。

任务解析

托收的性质为商业信用。银行办理托收业务时，只是按委托人的指示办事，并无承担付款人必然付款的义务。

在进口人拒不付款赎单时，除非事先约定，否则银行没有义务代为保管货物。

知识储备

一、托收的国际惯例

国际商会为调和各有关当事人之间的矛盾，以利于国际贸易和金融活动的开展，早在 1958 年即草拟了《商业单据托收统一规则》，并建议各国银行采用该规则。后几经修订，于 1995 年公布了新的《托收统一规则》（URC 522），并于 1996 年 1 月 1 日生效。

二、托收方式的当事人

托收方式的当事人主要有以下几种。

（1）委托人

在托收中，委托人（principal）是指委托银行（托收行）办理取得付款和/或承兑的一方。委托人可以是光票托收中的债权人，也可以是跟单托收中的出口商。委托人在委托银行办理托收时，应填制由银行提供的托收指示书（collection Instruction），以及向该银行提交相关的金融单据或商业单据，并交付有关的托收费用。

（2）托收行

托收行（remitting bank）是指接受委托人的委托，办理托收的银行。一旦接受委托，托收行负责将有关单据寄送代收行，因而托收行又称寄单行。该银行通常为债权人所在地银行。若有汇票，托收行可以是该汇票的收款人或被背书人。托收行在托收业务中完全处于代理人的地位。作为代理人，托收行必须根据委托人的指示办事。

（3）代收行

代收行（collecting bank）是接受托收行的委托，代为向付款人收款的银行，一般为进口方银行。

（4）付款人

付款人（drawee）是根据托收委托书被提示单据而向代收行付款的进口商。付款人的基本责任就是付款。虽然付款人与代收行之间不存在契约关系，但是付款人向代收行付款，当然以委托人（出口商）提供的单据能证明他已经履行了合同义务为前提。付款人付款不是根据他对代收行应承担的责任，而是根据他与委托人之间订立的贸易合同应承担的债务。

三、托收的种类

根据《托收统一规则》，单据分为金融单据（financial documents）和商业单据（commercial documents）两类。金融单据指汇票、本票、支票，付款收据或其他类似的用以取款的凭证。商业单据指发票、运输单据、所有权凭证或其他类似的单据或其他"非金融"方面的单据。跟单托收（documentary collection）是指金融单据附带商业单据或不用金融单据的商业单据的托收，这是进出口贸易的一种专门支付方式。跟单托收按交单条件的不同，分为付款交单（D/P）和承兑交单（D/A）两种。

（一）付款交单

付款交单（documents against payment，D/P）是指出口人的交单以进口人的付款为条件。即出口人发货后，取得装运单据，委托银行办理托收，并在托收委托书中指示银行，只有在进口人付清货款后，才能把装运单据交给进口人。

1. 付款交单（D/P）业务流程

付款交单（D/P）业务流程如图 13-4 所示。

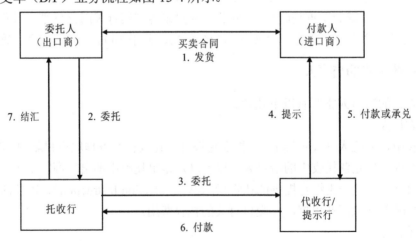

图 13-4　付款交单/承兑交单业务流程

2. 付款交单的分类

按付款时间的不同，付款交单又可分为即期付款交单和远期付款交单两种。

（1）即期付款交单（documents against payment at sight，D/P at sight）：是指出口人发

货后开具即期汇票连同货运单据，通过银行向进口人提示，进口人见票后立即付款，并在付清货款后向银行领取货运单据。

（2）远期付款交单（documents against payment after sight，D/P after sight）：是指出口人发货后开具远期汇票连同货运单据，通过银行向进口人提示，进口人审核无误后即在汇票上进行承兑，并在汇票到期日付清货款后再领取货运单据。

（二）承兑交单

承兑交单（documents against acceptance，D/A）是指出口人的交单以进口人在汇票上承兑为条件。即出口人在装运货物后开具远期汇票连同装运单据，通过银行向进口人提示，进口人承兑汇票后，代收行即将货运单据交给进口人，在汇票到期时，方履行付款义务。承兑交单方式只适用于远期汇票的托收。承兑交单是进口人只要在汇票上承兑之后，即可取得货运单据，凭以提取货物。也就是说，出口人已交出了物权凭证，其收款的保障依赖进口人的信用，一旦进口人到期不付款，出口人便会遭到货物与货款全部落空的损失。因此，出口人对接受这种方式，一般采用很慎重的态度。承兑交单（D/A）业务流程如图 13-4 所示。

四、托收项下对外付款/承兑需要办理的手续

在以托收作为支付方式的货物买卖中，卖方交货后，把单据委托其当地的银行（托收行）转到买方所在地的银行（代收行）时，代收行确定托收委托书及所附汇票与单据无误，如果接受托收行的委托，同意代为收款时，代收行会立即缮制进口来单代收通知书，凭以通知买方验单付款或承兑。代收通知书一般一式多份，除代收行自留备查和作为回单寄托收行外，还送交买方两份，一联叫进口来单代收通知书，另一联叫进口来单代收确认书，与来单通知书一并交给买方的还有一套复印的单据。

五、托收项下买方对外拒绝付款/拒绝承兑的处理

（一）审单时的拒付

买方在审核单据后决定不予付款或不予承兑以换取单据时，要在进口来单确认书上说明拒绝付款或拒绝承兑的理由。加盖约定印鉴并签署日期后，在银行规定的时间内将确认书返回银行，以便代收行能根据托收委托书的指示以快捷的方式通知托收行此结果。

（二）提货后货物与合同不符的处理

托收项下买方凭提单取货（或在空运、陆运、邮寄等其他运输方式下，凭有关部门的到货通知提货）后，如果发现货物的质量与合同规定不符，在付款交单（D/P）条件下，买方只能根据合同向卖方提出索赔；在承兑交单（D/A）条件下，尽管做了承兑，买方仍可以拒付。

 任务操作

说明：本书中的河北越洋食品有限公司在合同中约定的付款方式为信用证，为便于读者了解托收付款方式，本任务采用业务员赵娟向 Mat Garden and Leisure Limited 收款的业务示例加以说明。

2024 年 4 月 15 日，业务员赵娟按销售合同要求装运货物后，向托收行交单，委托其向 Mat Garden and Leisure Limited 收款。合同支付方式采用即期付款交单方式支付。2024 年 4 月 25 日，赵娟获悉，代收行在 Mat Garden and Leisure Limited 未付款的情况下放单，Mat Garden and Leisure Limited 提货销售后破产倒闭，无力付款。请问，外贸业务员赵娟该如何处理该业务？

操作指南

外贸业务员赵娟应通过托收行向代收行索赔，根据 URC522 规定，采用 D/P 付款交单方式时，只有当进口商把货款支付给代理行之后，代收行才能把包括运输单据在内的全套单据交给进口商，否则代收行承担委托人相应的损失。

任务三　办理信用证项下的对外付款

 任务介绍

根据 UCP600 第二条，"信用证是指一项安排，无论称谓如何，该项安排是不可撤销的，进而构成开证行兑付相符交单的确定承诺"。信用证支付方式是随着国际贸易的发展，在银行与金融机构参与国际贸易结算的过程中逐步形成的。信用证支付方式把由进口人履行付款责任转为由银行履行付款责任，保证出口人安全迅速地收到货款，买方按时收到货运单据。因此，在一定程度上解决了进出口人之间互不信任的矛盾，同时也为进出口双方提供了资金融通的便利，所以自出现信用证以来，这种支付方式发展很快，并在国际贸易中被广泛应用。当今，信用证付款已成为国际贸易中一种主要的支付方式。

 任务解析

信用证是银行做出的有条件的付款承诺，即银行根据开证申请人的请求和指示，向受益人开具的有一定金额并在一定期限内凭规定的单据承诺付款的书面文件；或者是银行在规定金额、日期和单据的条件下，愿代开证申请人承购受益人汇票的保证书。属于银行信用，采用的是逆汇法。

 知识储备

一、开证行审单和付款

开证行必须在收到单据次日起至多 5 个工作日的合理时间内审核单据以做出付款或是拒付的决定。

（一）正常单据的处理

正常单据指的是受益人通过指定银行提交的单据符合信用证条款且单单之间完全一致。

进口项下单据经审核无误后，申请人开证行同意付款赎单/承兑，则由开证行向寄单行付款/承兑。

（二）不符单据的处理

（1）拒付。

（2）放弃不符点，申请人付款赎单。

开证行的拒付是独立的。如开证行已确定单据表面与信用证条款不符，可以自行确定联系申请人，请其确认是否对不符点予以接受。但是，这样做不能借此延长 UCP600 规定的期限（5 个银行工作日的合理时间内）。因此，我国的开证行在接到国外交单行寄来的单据后一般都是复印一份连同进口信用证来单通知书及进口信用证来单确认书一并交给开证申请人，限其 3 天内做出答复，以便开证行有时间对外发出通知。

二、开证申请人审单及付款赎单

开证申请人在收到开证行转来的进口信用证来单通知书及复印的单据后，应该对单据进行认真的审核。因为开证行的审单是表面的，单据上记载的货物是否跟合同一致，单据是否为伪造的，银行都不负责任，但这对开证申请人却是至关重要的，所以要认真审核把关。开证申请人的审单除上述银行审单时要注意的事项外，基于其对货物的关注，还可按照行业做法与商品特性来审查单据的真伪性，必要的时候还要根据提单通过委托代理人进行船情调查来确认货物装运的实际情况再付款，这样对最后实际收到货物保障较大。开证申请人如果拒付货款，则应该在信用证来单确认书中明确表示拒绝接受，列出不符点，并加盖全套财务专用章或其他约定印鉴，在银行限定的时间内返还给银行。

对开证行及自行审出的不符点，开证申请人应慎重对待，视不符点性质及各方面情况来确定接受或拒绝。若拒绝，同样要符合国际惯例的规定。

当开证申请人决定付款赎单时，其必须要填写对外付款/承兑通知书，附上进口合同、跟单信用证开证申请书、银行已受理的开证申请回执、进口付汇备案表（若需）、进口许可证或登记表、进口证明（若需），按即期或远期规定的付款日或之前委托开证行银行购汇或现汇支付。

 任务操作

2023 年 2 月 20 日，中国银行秦皇岛分行收到一笔业务的全套单据后通知河北越洋食品有限公司。该公司收到开证行的到单通知书和单据副本，要求在 2 月 22 日前做出是否承兑汇票的答复。否则，将于 2 月 22 日对外承兑，不再另行通知。要求业务员李伟对单据进行审核，且核准无误后进行承兑。

操作指南

当出口商按信用证规定的装运时间发货后，持全套单据进行议付。

业务员李伟进行审单，单据包括发票、装箱单、提单、汇票等。经过审核后单据没有发现问题，故该公司同意开证行付款。2023 年 2 月 21 日，河北越洋食品有限公司业务员向中国银行秦皇岛分行提交对外付款/承兑通知书、购汇/用汇申请书，具体如下。

对外付款/承兑通知书

TO：BANK OF CHINA，QINHUANGDAO BRANCH   DATE：2023-02-21

致：中国银行秦皇岛分行   日期：2023-02-21

AB NO.：AB111120 单据编号	Draft Amount：USD 612 000.00 汇票金额
L/C NO.：LK007 信用证号	Doo Mail Dt. 2023-02-20 寄单日期
Contract No. YY230120JK 合同号	Tenor Type 远期期限

WE ARE IN RECEIPT OF THE AB ADVISE OF DOCUMENTS UNDER THE ABOVE MENTIONED ITEMS WHICH ARE

上述项下的到单通知已收悉我司

☑AGREE TO SIGHT PAYMENT

同意即期付款

AGREE TO ACCEPTANCE AND PAYMENT AT MATURITY

同意承兑并到期付款

APPLY TO REFUSAL OF PAYMENT

申请拒付

DISCREPANCY（IES）

不符点

购汇/用汇申请书

中国银行___秦皇岛___分（支）行：   银行业务编号：25330208

我公司为执行第___YY230120JK___号合同项下对外支付，需向贵行购汇。现按外汇局有关规定向贵行提供下述内容所附文件，请审核并按实际付汇日牌价办理售汇。所需人民币资金从我公司7237000182300420793账户中支付。

1. 购汇金额：USD 612 000.00   美元：陆拾壹万贰仟元整。
2. 用   途：☑ 进口商品 □从属费用 □索退赔款 □其他
3. 支付方式：☑ 信用证 □代收 □汇款（□货到付款 □预付货款）
4. 商品名称：冻虾夷贝柱（*Patinopecten yessoensis*）
5. 数   量：24 000 千克
6. 合 同 号：YY230120JK   金额：USD 612 000.00
7. 发 票 号：KKY-22-01213   金额：USD 612 000.00

8. ☑一般进口商品，无须批文。

　　□控制进口商品，批文随附如下。

　　□进口证明　□许可证　□登记证明　□其他批文

　　批文号码：　　　　　　　批文有效期：

9. 附件：　□批文　　　☑合同/协议　　☑ 发票　　□正本提单

　　　　　　☑ 报关单　　□运费单/收据　　□保险费收据

　　　　　　□佣金单　　□关税证明　　　□仓单　　□其他

申请单位　<u>河北越洋食品有限公司</u>（盖章）

2023 年 2 月 21 日

第三联：客户留存

银行审核意见：

上述内容与随附文件/凭证描述相符，拟按申请书要求办理售汇。

经办人：　　　　　复核人：（复核人章）　　　　　核准人：

售汇日期：　　　　经办人：

（加盖售汇专用章）

 项目小结

　　本项目主要研究汇付、托收和信用证这 3 种主要的对外付款方式，每种付款方式的流程、所需的单据以及要办理的具体手续。汇付中有 T/T、M/T、D/D 3 种，其中 T/T/是应用最广的。托收有国际惯例，应认真按照惯例执行。托收分为付款交单和承兑交单，进出口时应依据自己的情况合理选择。

　　信用证为银行信用，进口商通过开证银行开出信用证，就是向卖方（受益人）提供了银行有条件的付款承诺，同时进口商通过信用证条款控制物权、交货期以及货物的数量和质量。

 项目实训

操作实训一：缮制购汇申请书和境外汇款申请书实训

请根据下列资料，以单证员的角色完成进口电汇相关单据的缮制任务。

1. 合同资料

SALES CONTRACT

Contact no.：CA20230103

Date：2023-09-02

Sellers：CARMEN FOOD CORPTION

Address：No.52 LINCON AVENUE，NEW YORK USA

Buyers：SHANGHAI ZHENGYU IMPORT & EXPORT CORP

Address：DAMING ROAD 125，SHANGHAI，P.R.CHINA

TEL：86-021-889977006

This sales contract is made by and between the sellers and the buyers，whereby the sellers agree to sell and the buyers agree to buy the under-mentioned goods according to the terms and conditions stipulated below.

Name of commodity and specification	Quantity	Unit	Unit price	Amount
CANNED MUSHROOMS PIECES & STEMS	24 000	TIN	CIF SHANGHAI USD 1.10/TIN	USD 26 400.00
Total				USD 26 400.00

Packing：24TINS PACKED IN ONE CARTON

Delivery from：NEW YORK to SHANGHAI

Shipping marks：N/M

Time of shipment：Not later than 2023/10/31，allowing transshipment and partial shipment.

Term of payment：by 30% T/T IN ADVANCE，70% D/P AT SIGHT of invoice value All banking charges outside China（the mainland of China）are for account of the Drawee.

Insurance：To be effected by the Sellers for 110% of full invoice value covering F.P.A. up to SHANGHAI.

Arbitration：All dispute arising from the execution of or in connection with this contract shall be settled amicable by negotiation. In case of settlement can be reached through negotiation the case shall then be submitted to China International Economic & Trade Arbitration Commission. In Shenzhen（or in Beijing）for arbitration in act with its sure of procedures. The arbitral award is final and binding both parties for setting the dispute. The fee，for arbitration shall be borne by the losing party unless otherwise awarded.

The Seller：CARMEN FOOD CORPTION   JACK

The Buyer：SHANGHAI ZHENGYU IMPORT & EXPORT CORP.   包霞

2. 补充资料

（1）商业发票号码：CA0801990

（2）包装情况：每24听装入1箱，所有货物装入1个20'集装箱（COS8899776）毛重10KG/CTN　净重5.5KG/CTN　体积0.3CBM/CTN

（3）HS编码：20061011

（4）船名及航次号：PRINCESS V.82W

（5）提单号码：COSCO083322，做成指示性抬头

（6）运费合计 USD2 000，保费合计 USD100

（7）报检单位登记号：12345Q

（8）生产单位注册号：123456789

（9）报关单位海关注册号：1234567890

（10）人民币账号：CNY 05678

（11）外币账号：WB987654321

（12）收款行：花旗银行

购汇/用汇申请书和境外汇款申请书如下。

购汇/用汇申请书

中国银行_____分（支）行：　　　　银行业务编号：

　我公司为执行第_____号合同项下对外支付，需向贵行购汇。现按外汇局有关规定向贵行提供下述内容所附文件，请审核并按实际付汇日牌价办理售汇。所需人民币资金从我公司____号账户中支付。

1. 购汇金额：
2. 用　　途：□进口商品　□从属费用　□索退赔款　□其他
3. 支付方式：□信用证　□代收　□汇款（□货到付款　□预付货款）
4. 商品名称：
5. 数　　量：
6. 合　同　号：　　　　　　　金额：
7. 发　票　号：　　　　　　　金额：
8. □一般进口商品，无须批文。
　　□控制进口商品，批文随附如下。
　　□进口证明　□许可证　□登记证明　□其他批文
　批文号码：　　　　　　　批文有效期：
9. 附件：□批文　　□合同/协议　　□发票　　□正本提单
　　　　□报关单　□运费单/收据　□保险费收据　□仓单　□关税证明　□仓单　□其他
　　　　□佣金单　□关税证明　□仓单　□其他

　　　　　　　　　　　　　　　　申请单位_____（盖章）
　　　　　　　　　　　　　　　　　　　年　月　日

第三联：客户留存

银行审核意见：

　上述内容与随附文件/凭证描述相符，拟按申请书要求办理售汇。

　经办人：　　　　复核人：（复核人章）　　　核准人：

　售汇日期：　　　经办人：

（加盖售汇专用章）

境外汇款申请书

APPLICATION FOR FUNDS TRANSFERS（OVERSEAS）

致：　　　　　　　　　　　　　　　　　　　　　日期：

To：　　　　　　　　　　　　　　　　　　　　　Date：

□电汇 T/T　□票汇 D/D　□信汇 M/T	发报等级 Priority		□电汇 Normal　□电汇 Urgent
申报号码 BOP Reporting No.	□□□□□□　□□□□　□□　□□□□□□　□□□□		
20 银行业务编号 Bank Transaction Ref. No.		收电行/付款行 Receiver/Drawn on	
32A 汇款币种及金额 Currency&Inter-bank Settlement Amount		金额大写 Amount in Words	
其中	现汇金额 Amount FX	账号 Account No.	
	购汇金额 Amount of Purchase	账号 Account No.	
	其他金额 Amount of Others	账号 Account No.	
50a 汇款人名称及地址 Remitter's Name & Address			
□对公组织机构代码 Unit Code□□□□□□□□□		□对私	□个人身份证号码 Individual ID No. □中国居民个人 Resident Individual □中国非居民个人 Non-Resident Individual
54/56a 收款银行之代理行名称及地址 Correspondent of Beneficiary's Banker Name & Address			
57a 收款人开户银行名称及地址 Beneficiary's Bank Name & Address		收款人开户银行在其代理行账号 Beneficiary's Bank Account No.	
59a 收款人名称及地址 Beneficiary's Name & Address		收款人账号 Beneficiary's Account No.	
70 汇款附言 Remittance Information	只限 140 个字位 Not Exceeding 140 Characters	71A	国内外费用承担 All Bank's Charges If Any Are to Be Bone By
			□汇款人 OUR　□收款人 BEN　□共同 SHA

收款人常驻国家（地区）名称及代码 Beneficiary Resident Country/Region Name & Code		□□□	
请选择：□预付货款 Advance Payment　□货到付款 Payment against Delivery　□退款 Refund　□其他 Others			
交易编码 BOP Transaction Code	□□□□□□ □□□□□□	相应币种及金额 Currency & Amount	交易附言 Transaction Remark
是否为进口核销项下付款	□是　□否	合同号	发票号
外汇局批件/备案表号		报关单经营单位代码（略）□□□□□□□□□□	
报关单号		报关单币种及总金额	本次核注金额

银行专用栏 For Bank Use Only		申请人签章 Applicant's Signature	银行签章 Bank's Signature
购汇汇率 Rate @		请按照贵行背页所列条款代办以 上汇款并进行申报 Please effect the upwards remittance subject to the conditions overleaf	
等值人民币 RMB Equivalent			
手续费 Commission			
电报费 Cable Charges		申请人姓名 Name of Applicant	核准人签字 Authorized Person
合计 Total Charges		电话 Phone No.	日期 Date
支付费用方式	□现金 by Cash □支票 by Check □账户 from Account		
核印 Sig.Ver		经办 Maker	复核 Checker

操作实训二：信用证项下审单付款

合同资料：

PURCHASE　CONTRACT

Contract No：08CN0418USA　　　　　　　　Date of Signature：Apr. 18，2023

The Buyer：GUANGZHOU MACHINERY IMP. & EXP. CO.，LTD.

Address：118 XUEYUAN STREET，GUANGZHOU，CHINA

The Seller：MOON ELECTRONICS TECHNOLOGY CO.，LTD.

Address：8 SUNSET BLVRD NY BOSTON，USA.

This Contract is made by and between the Buyer and Seller，whereby the Buyer agrees to buy and the Seller agrees to sell the under-mentioned commodity according to the terms and conditions stipulated below：

Commodity & Specification	Quantity	Unit Price	Amount
		FOB BOSTON	
PRECISION HIGN SPEED AUTOMATIC PRESS Mate-3 WITH GRIPPER FEEDER GX-80B	1SET	USD110 000.00/STE	USD110 000.00
PRECISION HIGN SPEED AUTOMATIC PRESS ANEX-3 WITH GRIPPER FEEDER GX-40B	1SET	USD170 000.00/SET	USD170 000.00
Total	2SET		USDD280 000.00
Total Contract Value：U.S. DOLLARS TWO HUNDRED AND EIGHTY THOUSAND ONLY.			

Packing： The Seller shall undertake to pack the goods in container with skid packing suitable for long distance ocean transportation，and be liable for any rust，damage and loss attributable to inadequate or improper protective measure taken by the Seller in regard to the packing.

Shipping Mark：

08CN0418USA

GUANGZHOU，CHINA

MADE IN USA

Time of Shipment：Not later than AUGUST 31，2023

Port of Shipment and Destination：From BOSTON，USA to GUANGZHOU，CHINA

Transshipment is not allowed and partial shipment is not allowed.

Insurance：be covered by the buyer for 110% of the invoice value covering ALL RISKS.

Terms of Payment：The buyer shall establish prior to May 15，2023 100% irrevocable L/C at sight in favor of MOON ELECTRONICS TECHNOLOGY CO.，LTD.

Documents：

（1）Commercial Invoice SIGNED IN INK in 5 copies marked contract number，the invoice amount and total contract amount.

（2）Full set of clean on board Bills of Lading made out to order and blank endorsed，marked "freight collect" notifying APPLICANT

（3）Packing List/Weight Memo in 5 copies with indication of both gross and net weights，measurements，quantity of each item.

（4）Certificate of Quality in 3 ORIGINALS issued by THE MANUFACTURER.

（5）Certificate of Quantity in 3 ORIGINALS issued by THE MANUFACTURER.

（6）A COPY OF THE FAX TO THE BUYER，ADVISING THE SHIPMENT

Other documents，if any.

Shipping advice：The seller shall immediately，upon the completion of the loading of the goods，advise the buyers of the Contract No，name of commodity，loaded quantity，invoice values，gross weight，name of vessel and shipment date by TLX/FAX.

Inspection Claims：

（1）After the arrival of the goods at the port of destination，the Buyer shall apply to the China Entry-Exit Inspection and Quarantine Bureau（CIQ）for a preliminary inspection in respect of the quality，specification and quantity of the goods and a Survey Report shall be issued by CIQ. If discrepancies are found by CIQ regarding specifications，and/or the quantity，except when the responsibilities lie with the insurance company or shipping company，the Buyer shall，within 120 days after arrival of the goods at the port of destination，have the right to reject the goods or to lodge a claim against the Seller.

（2）Should the quality and specifications of the goods not be in conformity with the contract，or should the goods prove defective within the guarantee period stipulated in Clause 13 for any reason，including latent defects or the use of unsuitable material，the Buyer shall arrange for a survey to be carried out by CIQ and shall have the right to lodge a claim against the Seller on the strength of the Survey Report.

Banking Charges：All banking charges outside the opening bank are for the Seller's account.

Other Terms：（omitted）

This contract is made in two originals，one original for each party in witness thereof.

THE BUYER：GUANGZHOU MACHINERY IMP. & EXP. CO.，LTD.

　　　　　*****

THE SELLER：MOON ELECTRONICS TECHNOLOGY CO.，LTD.

　　　　　*****

2023 年 8 月 28 日,广州机械进出口有限公司接到中国农业银行广东省分行到单通知及具体单据如下。

<table>
<tr><td colspan="4" align="center">中国农业银行
AGRICULTURAL BANK OF CHINA
进口信用证到单通知
ADVICE OF BILL ARRIVAL</td></tr>
<tr><td>TO:
致:</td><td>GUANGZHOU MACHINERY IMP. & EXP. CO., LTD.
广州机械进出口有限公司</td><td>Date:
日期:</td><td>2023-08-28</td></tr>
<tr><td>Contract No.
合同号</td><td>08CN0418USA</td><td>Draft Amount
汇票金额</td><td>USD280 000.00</td></tr>
<tr><td>L/C No.
信用证号</td><td>LC200807980</td><td>AB No.
到单编号</td><td>AB200808213</td></tr>
<tr><td>Tenor Type
即期/远期</td><td>AT SIGHT</td><td>Maturity Date
到期日</td><td>2023-09-15</td></tr>
<tr><td>Negotiating Bank
议付行</td><td colspan="3">HSBC New York Branch.</td></tr>
<tr><td>Doc. Mail Date
寄单日期</td><td>2023-08-25</td><td>Payment Date
付款日</td><td>2023-09-03</td></tr>
<tr><td colspan="4">PLEASE FIND HEREWITH ENCLOSED THE FOLLOWING DOCUMENTS SENT FROM NEGOTIATING BANK AND ACKNOWLEDGE RECEIPT BY SIGNING AND RETURNING US.
兹附议付行寄来的下列单据,请查收。</td></tr>
</table>

INVOICE	B/L	P/L	C/O	C/Q	P/R	BENE CERT.	L/G
4	2/3+1	3	3	3	1	1	

<table>
<tr><td>DISCREPANCY(IF ANY):
单据不符点:

</td></tr>
<tr><td>REMARKS:
备注:

</td></tr>
<tr><td>NOTE:
1. 该单据将于上述付款日对外付款,请贵司于该日期前将所附《对外付款/承兑通知书》签署意见及核销单一式三联填妥加盖公章后交我行,以便及时对外付款。否则,我行将与上述付款日对外付款,不再另行通知。
2. 如贵司因单据有不符点需拒付,请于上述付款日前将所附单据交我行,并退回全套单据。</td></tr>
<tr><td>

                                （银行盖章）

</td></tr>
</table>

Shipper Insert Name, Address and Phone MOON ELECTRONICS TECHNOLOGY CO., LTD. 8 SUNSET BLVRD NY BOSTON, USA.	B/L No. KDL8963M321
Consignee Insert Name, Address and Phone TO ORDER	中远集装箱运输有限公司 COSCO CONTAINER LINES TLX：33057 COSCO CN FAX：+86（021）6545 8984 **COSCO** ORIGINAL Port-to-Port or Combined Transport BILL OF LADING
Notify Party Insert Name, Address and Phone （It is agreed that no responsibility shall attach to the Carrier or his agents for failure to notify） GUANGZHOU MACHINERY IMP. & EXP. CO., LTD. 118 XUEYUAN STREET, GUANGZHOU, CHINA	RECEIVED in external apparent good order and condition except as other-wise noted. The total number of packages or unites stuffed in the container. The description of the goods and the weights shown in this Bill of Lading are furnished by the Merchants, and which the carrier has no reasonable means of checking and is not a part of this Bill of Lading contract. The carrier has Issued the number of Bills of Lading stated below, all of this tenor and date, one of the original Bills of Lading must be surrendered and endorsed or signed against the delivery of the shipment and whereupon any other original Bills of Lading shall be void. The Merchants agree to be bound by the terms and conditions of this Bill of Lading as if each had personally signed this Bill of Lading. SEE clause 4 on the back of this Bill of Lading（Terms continued on the back Hereof, please read carefully）. *Applicable Only When Document Used as a Combined Transport Bill of Lading.

Combined Transport * Pre - carriage by	Combined Transport* Place of Receipt
Ocean Vessel Voy. No. PRESIDENT V.002	Port of Loading BOSTON, USA
Port of Discharge GUANGZHOU, CHINA	Combined Transport * Place of Delivery

Container/Seal No.	Marks & Nos.	No. of Containers or Packages	Description of Goods（If Dangerous Goods, See Clause 20）	Gross Weight Kgs	Measurement
1×20'GP FCL CN：TCLU9236621 SN：SJSC0321438	08CN0418USA GUANGZHOU MADE IN USA	2 CASES	PRECISION HIGN SPEED AUTOMATIC PRESS	14 635KGS	25. 08CBMS
			Description of Contents for Shipper's Use Only（Not part of This B/L Contract）		

Total Number of containers and/or packages（in words）SAY ONE CONTANER CONTAINS TWO CASES ONLY

Freight & Charges	Revenue Tons		Rate	Per	Prepaid FREIGHT COLLECT		Collect
Ex. Rate：	Prepaid at	Payable at GUANGZHOU			Place and date of issue AUG. 15, 2023		
	Total Prepaid	No. of Original B（s）/L THREE			Signed for the Carrier, COSCO CONTAINER LINES *******		

LADEN ON BOARD THE VESSEL   PRESIDENT   V.002
DATE   AUG.15, 2023   BY   COSCO CONTAINER LINES
                                   ****

MOON ELECTRONICS TECHNOLOGY CO., LTD.

8 SUNSET BLVRD NY BOSTON, USA.

COMMERCIAL INVOICE

To:　GUANGZHOU MACHINERY IMP. & EXP. CO., LTD.　Invoice No.: CHNF09-JY

　　118 XUEYUAN STREET, GUANGZHOU, CHINA　　Invoice Date: AUG. 10, 2023

　　　　　　　　　　　　　　　　　　　　　　S/C No.: 08CN0418USA

From:　BOSTON, USA　To: GUANGZHOU, CHINA

L/C No.: LC202307980　Issued by: AGRICULTURAL BANK OF CHINA, GUANGDONG BRANCH

Marks & Nos.	Description of Goods	Quantity	Unit Price	Amount
08CN0418USA GUANGZHOU MADE IN USA	PRECISION HIGN SPEED AUTOMATIC PRESS Mate-3 WITH GRIPPER FEEDER GX-80B	1 SET	FOB BOSTON USD110 000.00/SET	USD110 000.00
	PRECISION HIGN SPEED AUTOMATIC PRESS ANEX-3 WITH GRIPPER FEEDER GX-40B	1 SET	USD170 000.00/SET	USD170 000.00

TOTAL:　　　　　　　　　　　　　2 SETS　　　　　USD280 000.00

SAY TOTAL: U.S. DOLLARS TWO HUNDRED AND EIGHTY THOUSAND ONLY

COUNTRY OF ORIGIN: U.S.A

EXPORT STANDARD PACKING IN WOODEN CASE

NO. OF PACKAGES: 2

SHIPPED IN 1×20'FCL

　　　　　　　　　　　　　　　　MOON ELECTRONICS TECHNOLOGY CO., LTD.

MOON ELECTRONICS TECHNOLOGY CO., LTD.

8 SUNSET BLVRD NY BOSTON, USA.

PACKING LIST

To: GUANGZHOU MACHINERY IMP. & EXP. CO., LTD.   Invoice No.:   CHNF09-JY

       118 XUEYUAN STREET, GUANGZHOU, CHINA   Invoice Date: AUG. 10, 2023

Marks and Nos	No. and Kind of Packages Description of goods	Weight（Kgs）		Measurement （M³）
		Net	Gross	
08CN0418USA GUANGZHOU MADE IN USA	C/NO.1 1 SET/CASE PRECISION HIGN SPEED AUTOMATIC PRESS Mate-3 WITH GRIPPER FEEDER GX-80B	5 650KGS	6 480KGS	11CBMS （2.5M×2.2M×2M）
	C/NO.2 1 SET/CASE PRECISION HIGN SPEED AUTOMATIC PRESS ANEX-3 WITH GRIPPER FEEDER GX-40B	7 250KGS	8 155KGS	10. 08CBMS （3.2M×2.2M×2M）
TOTAL:	2 SETS	12 900KGS	14 635KGS	21.08CBMS

TOTAL: SAY TWO CASES ONLY.

COUNTRY OF ORIGIN: U.S.A

EXPORT STANDARD PACKING IN WOODEN CASE

NO. OF PACKAGES: 2

SHIPPED IN 1×20'FCL

                                       MOON ELECTRONICS TECHNOLOGY CO., LTD.

MOON ELECTRONICS TECHNOLOGY CO., LTD.

8 SUNSET BLVRD NY BOSTON, USA.

CERTIFICATE OF QUALITY AND QUANTITY

CONSIGNED TO:

GUANGZHOU MACHINERY IMP. & EXP. CO., LTD.

118 XUEYUAN STREET, GUANGZHOU, CHINA

WE HEREBY CERTIFY THAT THE GOODS MENTIONED BELOW HAVE BEEN MANUFACTURED IN ACCORDANCE WITH MANUFACTURER'S STANDAND PROCEDURES IN USA AND BRAND-NEW.

COMMODITY:

1. PRECISION HIGN SPEED AUTOMATIC PRESS Mate-3 WITH GRIPPER FEEDER GX-80B

2. PRECISION HIGN SPEED AUTOMATIC PRESS ANEX-3 WITH GRIPPER FEEDER GX-40B

COUNTRY OF ORIGIN AND MANUFACTURER:

MOON ELECTRONICS TECHNOLOGY CO., LTD. USA

MOON ELECTRONICS TECHNOLOGY CO., LTD.

MOON ELECTRONICS TECHNOLOGY CO., LTD.

8 SUNSET BLVRD NY BOSTON, USA

SHIPPING ADVICE

TO:	DATE: AUG. 15, 2023
GUANGZHOU MACHINERY MP. & EXP. CO., LTD.	L/C NO.: LC200807980
118 XUEYUAN STREET, GUANGZHOU, CHINA	DATE: MAY. 12, 2023
	ISSUING BANK: AGRICULTURAL BANK OF CHINA, GUANGDONG BRANCH

DEAR SIR OR MADAM:

WE ARE PLEASED TO ADVICE YOU THAT THE FOLLOWING MENTIONED GOODS HAVE BEEN SHIPPED OUT, FULL DETAILS WERE SHOWN AS FOLLOWS:

INVOICE NO.:	CHNF09-JY
BILL OF LADING NO.	KDL8963M321
OCEAN VESSEL:	PRESIDENT V.002
PORT OF SHIPMENT:	BOSTON

PORT OF DESTINATION：	GUANGZHOU
DATE OF SHIPMENT：	AUG．15，2023
CONTAINER/SEAL NOL：	CN：TCLU9236621 SN：SJSC0321438
ESTIMATED DATE OF ARRIVAL：	SEP．20，2023
DESCRIPTION OF GOODS	1．PRECISION HIGN SPEED AUTOMATIC PRESS Mate-3 QUANTITY：1 SET 2．PRECISION HIGN SPEED AUTOMATIC PRESS ANEX-3 QUANTITY：1 SET
SHIPPING MARKS：	08CN0418USA GUANGZHOU MADE IN USA
QUANTITY：	2 CASES
GROSS WEIGHT：	14 635KGS
NET WEIGHT：	12 900KGS
TOTAL VALUE：	USD280000.00

FOR AND ON BEHALF OF

MOON ELECTRONICS TECHNOLOGY CO.，LTD.

BILL OF EXCHANGE

	ZAGRICULTURAL BANK OF CHINA，	LC202307980
Drawn Under	GUANGDONG BRANCH	Irrevocable L/C No.
Dated	MAY 12，2023	Payable with interest @ %
No.	CHNF09-JY Exchange for	USD280 000.00 NY
		USA

at   sight of this FIRST of Exchange （Second of Exchange Being unpaid）

******

Pay to the order of   HSBC New York Branch.

the sum of   U.S. DOLLARS TWO HUNDRED AND EIGHTY THOUSAND ONLY.

AGRICULTURAL BANK OF CHINA，GUANGDONG BRANCH

To

请根据进口合同及相关资料审核上述单据，并指出错误。

项目十四　进口整合报关操作

　　进口业务操作中，进口货物自装运港起运后，进口商接到出口商发出的装船通知和在付款赎单，取得全套单据后，同船公司的代理人联系确定货物到港时间。同时，一些船公司也会根据提单载明的通知方地址、电话通知其在目的港的船务代理向进口商发出到货通知，通知进口商货物到港时间和提货的要求。

　　进口商向船公司确认货物确实到达目的港后，持加盖本公司公章的正本提单，到船公司代理处办理换单手续。进口收货人凭"到货通知书"和提单向船代换取提货单。

　　收货人凭提货单等单证向口岸监管部门报关检验，海关审核后在提货单上加盖海关放行章，准予进口商提运。

任务一　办理进口接货

任务介绍

　　与出口货运业务相同的是，进口货运的业务流程涉及单位部门众多，流程也较复杂。进口商获悉到货情况后，应该凭付款赎单获得的正本提单或提单副本随同有效的担保向承运人或其代理人获取可向港口装卸部门提取货物的凭证——提货单（delivery order），以便提货。

任务解析

　　进口商在得到全套单据后，要查清该进口货物属于哪家船公司承运、哪家作为船舶代理、在哪儿可以换到供通关用的提货单。其具体要做的工作如下：

　　（1）提前与船公司或船舶代理部门联系，确定船到港时间、地点，如需转船应确认二程船名。

　　（2）提前与船公司或船舶代理部门确认换单费、押箱费、换单的时间。

　　（3）提前联系场站，确认提箱费、掏箱费、装车费、回空费。

知识储备

　　在 FOB 贸易术语下，由买方租船订舱。买方在收到卖方预计装船时间后，联系船公司办理租船订舱事宜。在实务操作中，如果货物较少，买方也可委托卖方联系船公司办理租船订舱。但是买方要了解卖方租船订舱的情况，以便后续办理保险。

　　海运进口接货工作一般包括以下一些工作环节。

一、进口订舱

1．租船、订舱

按照贸易合同的规定，负责货物运输的一方要根据货物的性质和数量来决定租船或订舱。大宗货物需要整船装运的，洽租适当船舶承运，小批量的杂货，大多向班轮公司订舱。不论租船或订舱，均需办理租船或订舱手续。除个别情况外，一般均委托货运代理公司来办理。在办理委托时，委托人需填写《进口租船订舱联系单》并提出具体要求，办理订舱。

2．掌握船舶动态

掌握进口货物船舶动态，对装卸港的工作安排，尤其对卸货港的卸船工作安排极为重要。船舶动态主要包括船名、船籍、船舶性质、装卸港顺序、预抵港日期、船舶吃水和该船所载货物的名称数量等方面的信息。船舶动态信息来源可获自各船公司提供的船期表、国外发货人寄来的装船通知、单证资料、发货电报以及有关单位编制的进口船舶动态资料等。

3．收集和整理单证

进口货物运输单证一般包括商务单证和船务单证两大类。商务单证有贸易合同正本或副本、发票、提单、装箱单、品质证明书和保险单等。船务单证主要有载货清单、货物积载图、租船合同或提单副本。如系程租船，还应有装卸准备就绪通知书（notice of readiness）、装货事实记录（loading statement of facts）、装卸货物时间表（time sheet）等，以便计算滞期费、速遣费。单证多由装货港口的代理和港口轮船代理公司、银行、国外发货人提供。近洋航线的单证也可由进口船舶携带而来。

进口货物的各种单证是港口进行卸货、报关、报验、交接和疏运等项工作不可缺少的资料，因此负责运输的部门收到单证后，应以此与进口合同进行核对。若份数不够，要及时复制，分发有关单位，以便船只到港后，各单位相互配合，共同做好接卸疏运等工作。

4．进口换单

进口换单须知具体如下。

（1）提单完整有效。正本提单应有"original"字样，并有船公司发货港代理的签字盖章。副本提单应字迹清晰可辨，内容完整。

（2）提单背书正确有效。记名提单应有与提单收货人一致的公章真迹背书，指示提单应有与提单发货人一致的真迹背书及提单持有人的公章真迹背书。

（3）持副本提单换单应出具有收货人公章的真迹背书的保函，且副本提单与保函上的背书应一致。

（4）换单后，应仔细核对提单与提货单内容，并在"船代留底联"上签名，留电话。如发现问题，可及时向经办人员问询。

5．进口整合报关

2018 年我国实行了关检合并政策，原出入境检验检疫系统统一以海关名义对外开展工作，口岸一线旅检、查验和窗口岗位实现统一上岗、统一着海关制服、统一佩戴关衔。企业由"中国国际贸易单一窗口"进行一次申报，便可完成原来的报检和报关申报。凡列入《出入境检验检疫机构实施检验检疫的进出境商品目录》的进口商品都要进行法定检验。如进口的是危险品，应在船舶到港前向港口、航运、铁路等部门提供《化学品安全技术说明书》，其中品名与危险货物编号（简称危规号）必须正确无误。

《中华人民共和国海关法》规定，海关依照本法和其他有关法律、行政法规，监管进出境的运输工具、货物、行李物品、邮递物品和其他物品，征收关税和其他税、费，查缉走私等。对于进口商来说，入境货物报关的程序包括 4 步：进口申报、配合查验、缴纳税费和提取货物。进口货物需向海关报关，填制《中华人民共和国进口货物报关单》。报关单的内容主要有船名、贸易国别、货名、标记、件数、重量、金额、经营单位、运杂费和保险费等，货主凭报关单、发票、品质证明书等单证向海关申报进口。办理报关的进口货物，经海关查验放行，交纳进口关税后，方可提运。

6. 保险

若系买方以 FOB 或 CFR 条件成交的进口货物，由买方办理保险。买方负责进口的单位在收到发货人装船通知后应立即办理投保手续。目前为简化手续和防止发生漏保现象，一般采用预约保险办法，由负责进口的单位与保险公司签订进口货物预约保险合同。

二、货物进口接货的具体流程

（1）进口商在银行通过付款或承兑赎单，获得提单。

（2）船公司（承运人）将船舶信息发给在进口目的港的船舶代理。

（3）船代通知收货人船舶到港时间。

（4）船代安排装运公司通知港口准备靠泊卸船。

（5）港口进行卸船操作。

（6）港口把货物放港口堆场（CY）。

（7）进口商或货运代理人拿着正本提单到船代办理换单手续。

换单时凭带背书的正本提单（如是电报放货，可带电报放货的传真件与保函）去船公司或船舶代理部门换取提货单和设备交接单。

换单时的注意事项：①背书有两种形式，如果提单上收货人栏显示"TO ORDER"则由"SHIPPER"背书；如果收货人栏显示其真正的收货人，则需收货人背书。②保函是由进口方出具给船舶代理的一份请求放货的书面证明。保函（P&I 船东保赔协会）内容包括进口港、目的港、船名、航次、提单号、件重尺及进口方签章。③换单时应仔细核对提单或电放副本与提货单上的集装箱箱号及封号是否一致。④提货单共分五联，即白色提货联、蓝色费用账单、红色费用账单、绿色交货记录、浅绿色交货记录。⑤设备交接单是集装箱进出港区、场站时，用箱人、运箱人与管箱人或其代理人之间交接集装箱及其他机械设备的凭证，并兼管箱人发放集装箱的凭证的功能。当集装箱或机械设备在集装箱码头堆场或货运站借出或回收时，由码头堆场或货运站制作设备交接单，经双方签字后，作为两者之间设备交接的凭证。

集装箱设备交接单分进场和出场两种，交接手续均在码头堆场大门口办理。出码头堆场时，码头堆场工作人员与用箱人、运箱人就设备交接单上的以下主要内容共同进行审核：用箱人名称和地址，出堆场时间与目的，集装箱箱号、规格、封志号以及是空箱还是重箱，有关机械设备的情况，正常还是异常等。进码头堆场时，码头堆场的工作人员与用箱人、运箱人就设备交接单上的下列内容共同进行审核：集装箱、机械设备归还日期、具体时间及归还时的外表状况，集装箱、机械设备归还人的名称与地址，进堆场的目的，整箱货交箱货主的名称和地址，拟装船的船次、航线、卸箱港等。

（8）由收发货人或代理报关行在单一窗口网上报关报检，将编制好的报检电报单和相关文件（包括进出口合同、发票、装箱单、运输文件等相关文件）通过电子平台或纸质形式提交给海关或检验检疫机构进行申报。

申报前在中国国际贸易单一窗口签署通关无纸化协议，通关作业无纸化是指海关以企业分类管理和风险分析为基础，按照风险等级对进出口货物实施分类，运用信息化技术改变海关验凭进出口收发货人递交纸质报关单及随附单证办理通关手续的做法，直接对企业联网申报的报关单及随附单证的电子数据进行无纸审核、验放处理的通关作业方式。协议的甲方为全国各直属海关，乙方为在海关注册登记的进出口收发货人或报关企业，丙方为中国电子口岸数据中心。

（9）检验检疫。海关或检验检疫机构会对货物进行检验、抽样检测、品质检查等程序，以确保货物符合相关法规和质量标准。

（10）缴纳费用。根据规定支付相关的报检费用、关税、进口环节税和其他费。

（11）申报审批。检验检疫合格后，海关或检验检疫机构会给予货物审批和放行，可以进行进出口流程。

（12）海关通关放行后，海关给予收发货人或报关行无纸化放行通知书，根据国内各港口所需材料不同，提交相应手续并缴纳港杂费。协调办理接货和提离事项。其中集装箱接货手续包括：所有提货手续办妥后，可通知事先联系好的堆场提货；重箱由堆场提到收货人场地后，应在免费期内及时掏箱以免产生滞箱费；货物提清后还回还箱点，取回设备交接单证明箱体无残损，去船公司或船舶代理部门取回押箱费。

三、租船洽谈的程序和租船合同

1. 租船洽谈的程序

租船洽谈的程序主要有以下几个环节：

（1）询租。询租是指租船人向船东或租船经纪人发出租船单，让对方知道你有什么货，要租什么船。

（2）报价和还价。报价是指报价人向对方提出租船的主要条件，通常是船东先报价，报价和还价交替进行，这就是讨价还价，通常要经若干回合才能成交。

（3）签约。签约是指签订租船合同。如果是直接通过船东租下来的，由租船人自己签；如果是通过代理人租下来的，可以由代理人签，也可以由租船人自己签。租船合同通常缮制正本两份，双方各执一份。

2. 租船合同

租船合同涉及的内容很多，为了使租船人和船东在洽谈租船合同时有所参考和引用，国际上的航运组织和各种大宗货物商会制定了多种标准租船合同，其中应用比较广泛的有"统一杂货租船合同""统一定期租船合同"等。

 任务操作

业务员在银行办理付款取单，获得了提单，于 2023 年 2 月 15 日船到目的港后积极联系货代提货。

操作指南

1. 进口货物换（集装箱）单费用结算

单证费：CNY 200/票

DHC 费用（除美加线外均收取进口 DHC）

普通箱：CNY470/20'；CNY 760/40'

特种箱：CNY570/20'；CNY 950/40'

本笔业务中，公司需要缴纳的费用为 1 150 元。

2. 进口换取提货单分类及操作

（1）首先需至船公司缴清相关费用，并提供缴费凭证。

（2）向船公司提供客户代码，若为新客户需申请新客户代码。

（3）备齐换单所需单证，不同情况所需单证如下：①正本提单换提货单。客户凭背书齐全的正本提单换取提货单。②银行担保换提货单。如船公司同意收货人凭银行担保提货，且出具保函的银行在船代有相关备案，客户凭"无正本提单提货保函"和提单副本换提货单。收货人应在收到正本提单后及时将正本提单归还船公司以换回"无正本提单提货保函"。③电放形式换单。如船公司同意收货人以电放形式提货，客户凭"电放保函"或凭盖章签字后的电放提单换提货单。④特殊业务，请参照船公司具体指示。

河北越洋食品有限公司的提货单如下。

中国外运

SINOTRANS DALIAN CORP.   No.

提 货 单

DELIVERY ORDER

收货人： HEBEI YUEYANG FOOD CO., LTD.　　致：　新港　　　　港区、场、站

下列货物已办妥手续，运费结清，准予交付收货人。

收货人开户银行账号				
船名 STAR RANGER	航次 2218W	起运港 OSAKA, JAPAN		目的地 XINGANG, CHINA
提单号 NSSLNISXG23Q0002	交付条款 CY-CY	预付海运费		合同号 YY230120JK
卸货地点 XINGANG, CHINA	抵港日期 FEB.15, 2023	进库场日期 FEB.15, 2023		第一程运输
货名	Patinopecten Yessoensis	集装箱号/铅封号		
集装箱数	1×40' HRF	NSRU8006248/NS814824		
件数	1 600 CARTONS			
重量	25 440.00KGS			
体积	40.00CBM			

标　志 N/M		
请核对发货。			

收货人章	海关章	检验检疫章	
1	2	3	4
5	6	7	8

3．提货

　　河北越洋食品有限公司的进口货物是冻虾夷贝柱，需要报商检。网上报关报检，缴纳费用，经查验合格，获得无纸化放行通知书。港杂费用结清后，港方将提货联退给提货人供提货用。所有提货手续办妥后，到集装箱堆场提货。货物提清后还回还箱点，取回设备交接单证明箱体无残损，去船公司或船舶代理部门取回押箱费。

　　业务员李伟完成港区接货手续后，自行安排车队将货物自码头仓库运至公司目的地，进口业务接货工作完成。

任务二　办理进口报检

 任务介绍

　　进口商检宗旨：防止动植物传染病、寄生虫病传入/传出国境；保护农牧渔业生产；保护人体健康；促进对外经济贸易发展。例如，入境动植物及动植物产品要依法实施检疫是因为在自然界中，动物病、虫有一定的地区性。它们中许多种类，包括某些危害性病、虫可以随人为调运动物及动物产品而传播蔓延。这些病、虫传入新地区后能生存、繁衍并产生危害，甚至因新地区的气候环境条件适宜而迅速蔓延，造成严重危害，给人类带来巨大损失。古今中外，随动物及其产品调窜带危害性病、虫而导致农牧业大灾害的事例屡见不鲜。

任务解析

根据《中华人民共和国进出口商品检验法实施条例》，海关总署主管全国进出口商品检验工作。海关总署设在省、自治区、直辖市以及进出口商品的口岸、集散地的出入境检验检疫机构及其分支机构（以下简称出入境检验检疫机构），管理所负责地区的进出口商品检验工作。

法定检验的进口商品的收货人应当持合同、发票、装箱单、提单等必要的凭证和相关批准文件，向报关地的出入境检验检疫机构报检；通关放行后 20 日内，在收货人报检时申报的目的地检验。法定检验的进口商品未经检验的，不准销售，不准使用。进口实行验证管理的商品，收货人应当向报关地的出入境检验检疫机构申请验证。出入境检验检疫机构按照海关总署的规定实施验证。

知识储备

一、报检的分类

1. 法定检验

海关总署应当依照商检法制定、调整必须实施检验的进出口商品目录。

出入境检验检疫机构对列入目录的进出口商品以及法律、行政法规规定须经出入境检验检疫机构检验的其他进出口商品实施检验。

2. 抽查检验

出入境检验检疫机构对法定检验以外的进出口商品，根据国家规定实施抽查检验。

二、报检的地点

（1）法定检验的进口商品应当在收货人报检时申报的目的地检验。

（2）大宗散装商品、易腐烂变质商品、可用作原料的固体废物以及已发生残损、短缺的商品，应当在卸货口岸检验。

（3）对前两款规定的进口商品，海关总署可以根据便利对外贸易和进出口商品检验工作的需要，指定在其他地点检验。

任务操作

河北越洋食品有限责任公司进口日本的冻虾夷贝柱，属进口动物产品，需要报检。

操作指南

河北越洋食品有限责任公司的入境货物检验检疫证明如下。

中华人民共和国出入境检验检疫

入境货物检验检疫证明

编号 20220231000022928001

收货人	河北越洋食品有限责任公司		
发货人	YOKUYO CO., LTD. YOKUYO CO., LTD.		
品名	冻虾夷贝柱	报检数/重量	**/**24 000 千克
包装种类及数量	**1 600 纸制或纤维板制盒/箱	输出国家或地区	日本
合同号	H22108TZ	标记及号码 N/M	
提/运单号	NSSLNISXG23Q0002		
入境口岸	天津		
入境日期	2023 年 2 月 6 日		

证明

清单：

序号 货物品名 品牌 原产国 规格 数/重量 生产日期（批号）

1 冻虾夷贝柱 无品牌 日本 10～50 克/个 **/**24 000 千克 2022-09-23 2022-10-07（KKY-22-01213）

上述货物经检验检疫合格评定，予以通关放行。

****

签字：   日期：2023 年 2 月 10 日

备注集装箱号：NSRU8006248

生产批次号：KKY-22-01213

生产厂家名称：TERAMOTO FISHERY PRODUCTS.INC.FOODFACTORY 注册号 CN110570

****

［5-1(2018.4.20)*2］

货主收执

BD178527

任务三 办理进口报关

 任务介绍

进口货物到货后，由进口公司或委托货运代理公司或报关行根据进口单据填具"进口货物报关单"向海关申报，并随附发票、提单、装箱单、保险单、进口许可证及审批文件、进口合同、产地证和所需的其他证件。如属法定检验的进口商品，还需随附商品检验证书。货、证经海关查验无误后才能放行。

 任务解析

报关是履行海关进出境手续的必要环节之一。它是指进出境运输工具的负责人、货物和物品的收发货人或其代理人，在通过海关监管口岸时，依法进行申报并办理有关手续的过程。

进口货物的收货人或其代理人应当自载运该货的运输工具申报进境之日起14天内向海关办理进口货物的通关申报手续。做出这样的规定是为了加快口岸疏运，促使进口货物早日投入使用，减少差错，防止舞弊。

进口报关流程如图14-1所示。

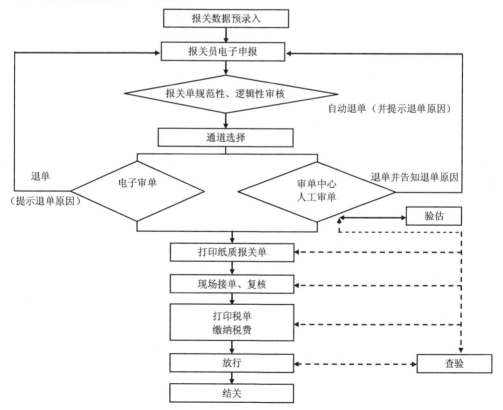

图14-1 进口报关流程

知识储备

一、进口货物报关单的含义及作用

（一）含义

进口货物报关单是指进口货物收发货人或其代理人，按照海关规定的格式对进口货物的实际情况做出书面声明，以此要求海关对其货物按适用的海关制度办理通关手续的法律文书。

（二）作用

进口货物报关单在对外经济贸易活动中具有十分重要的法律地位。它既是海关监管、征税、统计以及开展稽查和调查的重要依据，又是加工贸易进口货物核销、外汇管理的重要凭证，也是海关处理走私、违规案件及税务、外汇管理部门查处骗税和套汇犯罪活动的重要证书。

二、进口报关具体流程

2018 年 8 月 1 日，我国实行关检融合改革，国家质量监督检验检疫总局的出入境检验检疫管理职责和队伍划入海关总署，企业通过"中国国际贸易单一窗口"一次申报，即完成了报检和报关申报。但实行进口货物汇总征税的，则纳税在后。

（一）申报

进口货物申报是指进口货物的收货人或其代理人在进口货物时，在海关规定的期限内，以书面或电子数据交换（EDI）方式向海关申报其进口货物的情况，随附有关货运和商业单证，请求办理进口手续的过程。《中华人民共和国海关法》对进口货物的申报时限作了如下规定：进口货物的收货人应当自运输工具申报进境之日起 14 日内向海关申报。进口货物的收货人超过 14 日期限未向海关申报的，由海关征收滞报金。对于超过 3 个月未向海关申报进口的，其进口货物由海关依法变卖处理。

（二）查验

查验是指海关在接受申报并审核了报关单据后，依法为确定进境货物的性质、原产地、货物状况、数量和价值是否与货物申报单上已填报的内容相符，对货物进行实际检查的行政执法行为。

（三）征税

海关对进口货物，根据《中华人民共和国进出口关税条例》和《中华人民共和国海关进出口税则》的规定，征收进口关税和在进口环节由海关代征增值税、消费税、进口调节税以及海关监管手续费等。海关出具缴款书，进口公司凭缴款书到银行缴纳有关税费。

（四）放行

在完成申报、查验、缴纳税款等手续以后，海关在提货单上签印放行。进口人或其代理人凭海关签印放行的提货单提取进口货物。

三、验收货物

进口货物运达港口卸货时，要进行卸货核对。

如发现短缺，应及时填制"短卸报告"交由船方签认，并根据短缺情况向船方提出保留索赔权的书面声明。

卸货时如发现残损，货物应存放于海关指定仓库，待保险公司会同商检局检验后做出处理。

对于法定检验的进口货物，必须向卸货地或到达地的商检机构报验，未经检验的货物不准投产、销售和使用。如进口货物经商检局检验，发现有残损短缺，应凭商检局出具的证书对外索赔。对于合同规定的卸货港检验的货物，或已发现残损短缺有异状的货物，或合同规定的索赔期即将届满的货物等，都需要在港口进行检验。

一旦发生索赔，有关的单证，如国外发票、装箱单、重量明细单、品质证明书、使用说明书、产品图纸等技术资料、理货残损单、溢短单、商务记录等，都可以作为重要的参考依据。

四、办理缴费

在办完上述手续后，如订货或用货单位在卸货港所在地，则就近转交货物；对订货或用货单位不在卸货地区的，则委托货运代理将货物转运内地并转交给订货或用货单位。关于进口关税和运往内地的费用，由货运代理向进出口公司结算后，进出口公司再向订货部门结算。

五、进口报关单整合申报的一般要求

（1）进出口货物收发货人或其代理人应按照《中华人民共和国海关进出口货物申报管理规定》《报关单填制规范》《规范申报目录》等有关规定要求向海关申报，并对申报内容的真实性、准确性、完整性和规范性承担相应的法律责任。

（2）报关单的填报应做到"两个相符"：一是单证相符，即所填报关单各栏目的内容必须与合同、发票、装箱单、提单及批文等随附单据相符；二是单货相符，即所填报关单各栏目的内容必须与实际进出口货物的情况相符，不得伪报、瞒报、虚报。

（3）不同运输工具、不同航次、不同提运单、不同监管方式、不同备案号、不同征免性质的货物，均应分单填报。同一份报关单上的商品不能同时享受协定税率和减免税。

一份原产地证书，只能用于同一批次进口货物。含有原产地证书管理商品的一份报关单，只能对应一份原产地证书。

同一批次货物中实行原产地证书联网管理的，如涉及多份原产地证书应分单填报，如同时含有非原产地证书商品，港澳 CEPA 项下应分单填报，但《海峡两岸经济合作框架协议》（ECFA）项下可在同一张报关单中填报。

（4）一份报关单所申报的货物，须分项填报的情况主要有：商品编号不同的，商品名称不同的，计量单位不同的，原产国（地区）/最终目的国（地区）不同的，币制不同的，征免不同的等。

六、进口报关单填制规范

登录中华人民共和国海关总署官网可查询《中华人民共和国海关进出口货物报关单填制规范》。

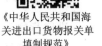

《中华人民共和国海关进出口货物报关单填制规范》

任务操作

填写河北越洋食品有限责任公司进口日本的冻虾夷贝柱的报关单。

操作指南

河北越洋食品有限责任公司报关单如下。

中华人民共和国海关进口货物报关单

预录入编号：020220231000022928　　　海关编号：020220231000022928　　（新港海关）　　　　　　　　页码/页数：1/1

境内收货人（91130392741522551U）河北越洋食品有限公司	进境关别（0202）新港海关	进口日期 20230206	申报日期 20230206	备案号 C042622A0076
境外发货人 YOKUYO CO., LTD.	运输方式（2）水路运输	运输工具名称及航次号 SUNNYCANNA/2219N	提运单号 NSSLNISXG23Q0002	货物存放地点 港强
消费使用单位（91130392741522551U）河北越洋食品有限公司	监管方式（0615）进料对口	征免性质（503）进料加工	许可证号	启运港（JPN000）日本
合同协议号 H22108TZ	贸易国（地区）（JPN）日本	启运国（地区）（JPN）日本	经停港（JPN000）日本	入境口岸（120001）天津

包装种类（22）纸制或纤维板制盒/箱	件数 1600	毛重（千克）25 440	净重（千克）24 000	成交方式（2）C&F	运费	保费 USD/201.564/3	杂费

随附单证及编号
随附单证1：保税核注清单 QD042623I000000018　随附单证2：代理报关委托协议（电子）；发票；装箱单；提/运单；合同；原产地证据文件；兽医（卫生）证书；放射性物质检测合格证明；企业提供的其他证明材料

标记唛码及备注
备注：非预包装 无支付低硫附加费 N/M 集装箱标箱数及号码：2；NSRU8006248；

项号	商品编号	品名称及规格型号	数量及单位	单价/总价/币制	原产国（地区）	最终目的国（地区）	境内目的地	征免
1 (1)	0307229000	冻虾夷贝柱 0|3|冻的|去壳|Patinopecten yessoensis|10～50 克/个 |10KG，13KG，13.6KG，	24 000 千克 24 000 千克	25.500 0 612 000.000 美元	日本 （JPN）	中国（13039/130322）秦皇岛其他/（CHN）	秦皇岛市昌黎县	全免 (3)

特殊关系确认：否　价格影响确认：否　支付特许权使用费公式定价确认：否　暂定价格确认：否　自报自缴：是
确认：否

报关人员　　报关人员证号 02108709　　电话 申报单位（91120116MA05M47Y5K）创信国际货运代理（天津）有限公司	兹申明对以上内容承担如实申报、依法纳税之法律责任 　　　　　　　　申报单位（签章）	海关批注及签章

项目小结

　　进口商在付款赎单之后，应准备接货。进口接货操作须熟练掌握进口接货的流程，尤其是进口换取提货单的工作，这关系到能否安全及时接收货物。

　　进口合同项下的货物进入国境未入关境，不能视为进口货物，只有依法向海关申报，在完成一系列海关手续被海关放行后，才算是合法的进口货物。进口报关包括进口申报、进口查验、征税、放行 4 个环节。

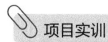
项目实训

　　操作实训：根据交易背景填制进口货物报关单

　　2023 年 9 月 28 日，秦皇岛某进口公司（单位登记号：91130302×××××××××××N）进口了新加坡 COFCO INTERNATIONAL SINGAPORE PTE．LTD.公司的散装巴西黄玉米以水路运输的方式（运输工具及航次号分别为 LYRIC SUN/QHD230901）运至秦皇岛港，秦皇岛海关报关关区代码为 0402，货物将存放至皇岛港杂货公司筒仓 1 号于 2023 年 10 月 6 日填制进口货物报关单，随附合同、发票、装箱单、许可证、提单等申请报检。相关资料如下。

　　预录入编号：040220231023004758

　　海关编号：040220231023004758

　　合同协议号：PYMJK-SS23057

　　监管方式：（0110）一般贸易

　　提运单号：02

　　启运港/经停港：（BRA099）桑托斯（巴西）

　　入境口岸：（130101）秦皇岛

　　征免性质：（101）一般征税

　　监管方式：（0110）一般贸易

　　商品编号：10058001 巴西玉米

　　数量及单位：10 000kg

　　单价/总价/币制：0.4/4 000/美元

　　原产国（地区）：巴西（BRA）

　　随附单证及编号：随附单证 1：关税配额证明 B002023SQB110013

　　随附单证 2：代理报关委托协议（电子）；提/运单

　　企业提供的证明材料：原产地证据文件；企业提供的其他；合同；企业提供的声明；发票；农业转基因

　　标记唛码及备注：备注：合同签约日期 20230607，现货价，无二次结算，滞期费未确定，一口价，用于国家储备，进入中储粮指定存储库点 N/M

　　特殊关系确认：是

　　价格影响确认：否

公式定价确认：否

暂定价格确认：否

支付特许权使用费确认：否

报关人员证号：0111××××

申报单位：（91110105×××××××8A）北京某供应链管理有限公司

中华人民共和国海关进口货物报关单

预录入编号： 　　海关编号： 　　　　　　　　　　　　页码/页数：1/1

境内收货人	进境关别	进口日期	申报日期	备案号
境外发货人	运输方式	运输工具名称及航次号	提运单号	货物存放地点
消费使用单位	监管方式	征免性质	许可证号	启运港
合同协议号	贸易国（地区）	启运国（地区）	经停港	入境口岸

包装种类	件数	毛重（千克）	净重（千克）	成交方式	运费	保费	杂费

随附单证及编号

标记唛码及备注

项号	商品编号	商品名称及规格型号	数量及单位	单价/总价/币制	原产国（地区）	最终目的国（地区）	境内目的地	征免
1								

特殊关系确认：　价格影响确认：　支付特许权使用费确认：　公式定价确认：　暂定价格确认：　自报自缴：

报关人员　　报关人员证号　　电话	兹申明对以上内容承担如实申报、依法纳税之法律责任	海关批注及签章
申报单位	申报单位（签章）	

项目十五　争议与索赔的处理

任务一　争议与索赔的处理详情

任务介绍

由于国家间的商品买卖涉及的范围广，业务环节多，履约时间长，再加上国际市场各种主客观的原因，某一个环节处理不当就会导致交易失败，合同无法履行甚至是毁约，引发双方争议。。外贸业务人员应学会如何处理实践中遇到的贸易纠纷问题，并力求防患于未然。

任务解析

一、争议产生的原因

1.卖方违约，如卖方不交货、未按合同规定条款交货、单证不符等。

2.买方违约，如买方不开或缓开信用证、不付款或不按时付款赎单、无理拒收货物等。

3.合同的条款规定不够明确，双方国家法律和国际贸易惯例解释不同。

4.在履约的过程中出现了双方无法掌控的因素，如不可抗力。

二、国际贸易索赔发生的原因

1. 信用不佳

因交易对象信用不佳，不确实履行契约义务，导致另一方遭受损失而提出索赔，这是最常见的索赔原因。

2. 契约条件不完备或措辞模棱两可

契约内容不够完备，或契约措辞模棱两可，无明确定义，导致履约发生问题时无法依约解决。

3. 法规惯例不一致

各国经贸发展背景不同，外汇贸易管制情况互异，贸易法规惯例不一致，这些都造成贸易遵循立场的困扰。

4. 语言文字不同（沟通落差）

语言文字了解程度难以一致，致使双方交易条件无法正确表达沟通，导致执行上的偏差。

5．不可抗力事故

不可抗力事故，如因天灾导致无法如期交货，或因政策法令变动而无法顺利汇出货款。契约中有订明不可抗力事故条款的情况下，这类索赔通常较易解决。

三、解决争议与索赔的处理方式

1.和解。

2.调解。

3.仲裁。

4.诉讼。

 知识储备

一、争议

争议（Dispute），是指由于交易的一方认为另一方未能全部或部分履行合同中规定的责任和义务而引起的纠纷。

二、违约

违约（breach of contract），是指交易双方中的任何一方违反合同义务的行为。

（一）卖方违约

1．对交货义务不能履行或不能完全履行

对交货义务不能履行或不能完全履行的情形包括：①不履行交货；②延迟交货；③数量、品质与合同不符；④其他违约形式，如包装不当、运输安排不当、交货地点不当等。

2．构成卖方违约的条件

构成卖方违约的条件包括：①卖方的行为违反了合同的约定；②卖方能够预知其违反合同行为将造成的结果；③卖方违反合同完全是由于其自身的原因。

3．卖方违约的性质

根据《联合国国际货物销售合同公约》的规定，卖方违约可以分为根本性违约和非根本性违约两种。只有当违约使买方蒙受损失，以至于实质上剥夺了买方根据合同规定有权期待的东西时，卖方属根本性违约，否则视为非根本性违约。

4．卖方违约的救济方式

买方可以采取的补救措施包括：

（1）要求卖方交付替代货物：若卖方所交付的货物与合同规定不符，而且这种不符合合同的情况已构成根本违反合同，买方有权要求卖方另外再上交一批符合合同要求的货物，以替代原来不符合合同的货物。

（2）要求对货物不符之处进行修补：卖方所交付的与合同不符的货物，在不符的情形不太严重的情况下，买方有要求卖方进行修补的救济权利。

（3）购买替代货物：如果买卖合同被宣告无效，在宣告无效后的一段合理时间内，买方以合理的方式购买替代物，则有权要求卖方赔偿合同价格与替代货物价格之间的差额。这实

际上承认了买方在卖方根本违约时有权解除合同并通过购买替代货物使自己的合同目的得以实现的救济方式。

（4）卖方对不履行义务做出补救：根据《联合国国际货物销售合同公约》第四十八条的规定，卖方在交货日期之后，仍可自负费用，对任何不履行义务做出补救。从某种意义上说，这不是买方主动采取的救济措施，但它最终起到了对双方订立合同的预期利益的维护效用，这对买方是一种利益损害的救济。

（5）要求减价：《联合国国际货物销售合同公约》第五十条规定，如果卖方所交付的货物与合同不符，且这种不符是买方愿意容忍的，不论买方是否已支付货款，买方都可以要求降低价格，减价按实际交付的货物在交货时的价值与符合合同的货物在当时的价值两者之间的比例计算。

（6）拒绝收取货物：《联合国国际货物销售合同公约》规定，如果卖方在规定的日期前交付货物、买方可以收取货物，也可以拒绝收取货物。如果卖方交付的货物数量大于合同规定的数量，买方可以收取也可以拒绝收取多交部分的货物。如果卖方收取多交部分货物的全部或一部分，则必须按合同价格付款。

（二）先期违约

1．先期违约也叫预期违约，是指合同订立之后，履行期届临之前，一方当事人表示拒绝履行合同的意图。先期违约可由违约方明确表示或由另一方从其违约行为中判断出来。

2．先期违约的救济方式包括撤销合同、中止履行合同、请求损害赔偿等。

三、索赔

索赔（claim）是指合同双方在争议发生后，受损害一方因另一方当事人违约致使其遭受损失而向违约方要求损害赔偿的行为。违约的一方对索赔进行处理，即为理赔（claim settlement）。

（一）索赔的内容

1．货物损害的索赔：包括货物的短交、短卸、短失、破损、不符规格、装船延误及其他。

2．商业行为的索赔：包括因时间因素、付款延误、未清偿货款、未履行合约或者毁约给一方造成损失，既有买方索赔也有卖方索赔。

（二）索赔依据

索赔一方索赔时应提交索赔清单和有关单据，如商业发票、清洁提单、装箱单、重量单等。

在向出口商索赔时，应提交商检机构出具的检验证书；在向承运人索赔时，应提交理货报告、货损或货差证明；在向保险公司索赔时，除上述各项证明外，还应附加由保险公司出具的检验报告。

（三）正确选择索赔对象

1．货物包装完好，但数量、品质不符时，原因是装货不足或设计缺陷或制造质量等，责任应在卖方，应向卖方索赔。

2．货物包装破损、污渍，而提单为清洁提单，则原因可能有：包装质量、方式与合同规定不符，不适合装运，应是卖方责任；保证质量方式符合要求，适合装运，则可能是运输安排、作业不当所致，责任在承运方。

3．若运输途中发生保险范围内的意外事故，则可能由保险公司承担责任。

4．在港口内转栈或堆放时也可能发生货损货差等损失，则责任方可能在码头港务方面。

（四）索赔时效

1．向卖方的索赔期限

货到后及时接货清关，实施检验，在合同规定的索赔有效期内提出异议索赔，这是买方首先要做到的。若合同未规定索赔有效期限而且货物的缺损不易被发现时，按照《联合国国际货物销售合同公约》的规定，卖方在实际收到货物后两年内索赔有效。

2．向承运人的索赔期限

若运输合同有约定，按合同执行；若运输合同未作约定，按照国际惯例规定为货物到达目的港、卸离海轮后1年内。

3．向保险公司的索赔期限

根据保险业的惯例，保险索赔或诉讼时效为自货物在最后卸货地卸离运输工具时算起，最多不超过两年。

此外，在规定索赔期限时，还应对索赔期限的起算时间一并做出具体规定，通常有下列几种起算方法：

（1）货到目的港后×××天起算；

（2）货到目的港卸离海轮后×××天起算；

（3）货到买方营业处所或用户所在地后×××天起算；

（4）货物检验后×××天起算。

（五）索赔金额

如果合同规定有约定的损害赔偿的金额或计算方法，通常应按约定的金额或根据计算方法计算出的赔偿金额提出索赔。

如果合同未作具体规定，确定损害赔偿金额的基本原则为：赔偿金额应与因违约而遭受的包括利润在内的损失额相等；赔偿金额应以违约方在订立合同时可预料到的合理损失为限；由于受损害的一方未采取合理措施造成有可能减轻而未减轻的损失，应在赔偿金额中扣除。

四、合同中的索赔条款

1．异议与索赔条款

买卖双方在履约过程中，除规定如一方违反合同另一方有权提出索赔外，还应订明索赔的依据、索赔的期限、赔偿损失的办法和金额等。异议索赔条款主要适用于交货品质、数量等方面的违约行为,这类赔偿的金额不是预先决定的,而是根据货损、货差的实际情况确定的。

2.罚金条款

当一方未能履行合同义务时,应向对方支付一定数额的约定金额,以补偿对方的损失。罚金也称"违约金"。罚金条款一般适用于卖方延期交货,或者买方延迟开立信用证或延期接货等场合下。

五、不可抗力

合同签订以后,不是由于订约当事人的过失或疏忽,而是由于发生了当事人无法预见、无法预防、无法控制和无法避免的意外事故,以至不能履行合同或不能如期履行合同,这样的事件被称为"不可抗力"事件。因此,不可抗力条款是一种免责条款。

六、签订索赔条款的注意事项

合同中索赔条款签订的完善与否是受损方成功获得赔偿的关键。签订国际贸易合同时,除应考虑以下情况,订好索赔条款外,同时还应充分考虑融入仲裁条款,附带写明合同双方产生纠纷时申请仲裁的机构。

(一)签订进口合同商检条款

国内企业在与外商订立进口合同时,尤其要注意写明商品检验条款。进口商依据商检条款行使相应的权利,既为接受合乎质量要求的货物提供了保证,又为因货物质量问题而拒收货物或提出索赔要求提供必要的根据。

争议与索赔条款的内容包括以下四个方面。

1.订明具体检疫项目

进口合同根据进口商品的特点和使用要求,订明具体检验项目。例如,进口原材料时,应根据国内生产和使用的需要,订明详细的品质、规格和成分等理化方面的主要项目,甚至包括上下幅度的具体数据,便于到货时对照验收。又如,进口农产品时,有时应订明生产年份,防止供应方提交多年的陈货,甚至标明色泽,或提供标准样品,以便对照验收等。

2.明确进口商品的检验标准

一般来说,进口方应尽量采用国际标准或国外先进标准检验。国际上检验标准通常每3～5年修订一次,所以进口方选用标准时,应注意制修订标准的时间,尽可能选用较新的版本。引用标准代号的,更要正确注明该代号的版本年份。检验标准中已有抽样、检验方法的,则应具体订明抽样方法和检验方法。

3.明确验货地点、验货时间、验货人

验货地点一般应就是交货地点。例如,船边交货在装运港验货,船上交货在目的港验货。双方当事人也可以约定在另一个地方验货。验货的合理时间由双方当事人约定,检验通常是在交货后便进行。在无约定的情况下,如因争议而涉及这一问题,合理时间期限则可依据有关法律或惯例确定。按照中国法律的规定和国际贸易惯例,当事人在进口合同中一般应规定由中国官方检验机构或国际公认的第三方检验机构完成商品检验。但是,完成商品检验并不能视为买方已接受货物，只有当完成检验后经过一段合理时间后，方可视为买方已经接受了货物。

4．明确索赔期限，包括索赔有效期和品质保证期

索赔有效期是指买方对卖方未按合同约定要求提供商品时，买方向卖方提出赔偿要求的时间期限。索赔有效期的约定应根据进口商品的特点、运输、检验检疫条件等情况而定，一般商品为40天、60天、90天。针对数量较多、技术较复杂、检测时间较长的商品，索赔有效期可适当延长，可订为120天、160天、180天。明确索赔期限另一个重要的问题是索赔期开始计算时间。根据国际贸易惯例，开始计算的时间分为装货日期、进口日期、抵岸时期、卸毕日期。以卸毕日期最为合理，对买方也最为有利。

品质保证期是指买方接受卖方货物后，在保存或使用中发现进口商品品质问题而向卖方提出索赔要求的时间期限。一般情况为1年或1年半。起始日期最好订为"从买方收货后检验、验收、启用之日起计算"或"安装调试完毕之日起计算"。

（二）罚金条款

罚金条款包括赔偿损失的办法和金额等。例如，规定所有退货或索赔所引起的一切费用（包括检验费）及损失均由卖方负担等。买卖大宗商品机械设备的合同，一般还包括罚金条款，其内容主要是：一方如未履行合同所规定的义务，应向对方支付一定数量的约定罚金，以补偿对方的损失，这种方式一般适用于卖方延期交货等。双方还可根据延误时间长短预先约定补偿的金额，同时规定最高罚金额。

七、我方索赔应注意的问题

1．根据公平合理、实事求是的原则，查明对方是否违约并使得我方遭受损失。

2．索赔要求必须在合同规定的限期内提出。

3．正确确定索赔项目和金额，备齐有关单证。

八、我方理赔应注意的问题

1．认真研究对方所提出的索赔是否属实。

2．仔细审核对方所提交的索赔单证和有关文件。

3．如果我方确实应负赔偿责任时，应认真研究，提出赔偿办法或赔偿金额，与对方协商确定。

九、国际贸易索赔的预防

1．诚信原则的遵守。

2．严格选择交易对象，做好对交易对象的诚信调查工作，不接受不合理的订单。

3．时刻关注国际市场的变动。

4．熟悉国际贸易惯例和对方所在国家的法律法规。

5．签订合同报价时要谨慎，仔细研究合同条款，熟知合同内容，严格履行合同条款。

6．尽量利用公正的检验制度和保险确保自身的合法利益不受侵害，风险发生时，及时地转嫁风险减少损失。

7. 从合同的订立、商品的生产、交货、信用证交易过程到合同完全履行完毕为止，始终做好查核工作。

 项目小结

国际交易的目的是使买卖双方的主要利益得到实现，即卖方在付出约定的货物之后要得到足额的外汇，买方在付出外汇后，要得到符合要求的货物。但如上所述，国际贸易环节多、风险大、运作难，一旦出现差错，就有可能影响交易目的的实现，从而产生纠纷。争议和纠纷出现后，如何得到及时、有效的处理，对双方都是至关重要的。一旦发生争议案件，要善用国际规则分析。

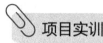 项目实训

操作实训：争议的处理

国内某研究所与日商签订了一项进口合同，欲引进 1 台精密仪器，合同规定 9 月交货。9 月 15 日，日本政府宣布：该仪器属于高科技产品，禁止出口，自宣布之日起 15 日后生效。日商来电，以不可抗力为由要求解除合同。试问日商的要求是否合理？我方应如何处理较为妥当？

主要参考文献

[1] 中国国际贸易学会商务专业培训考试办公室. 外贸业务理论与实务[M]. 北京：中国商务出版社，2012.

[2] 高茜，袁敏华. 进出口业务综合实训[M]. 北京：中国人民大学出版社，2021.

[3] 卢萌，聂延庆，曹岚. 进出口实务项目化教程[M]. 北京：清华大学出版社，2014.

[4] 中华人民共和国进出口商品检验法实施条例[EB/OL].（2022-05-01）. https://www.danzhou.gov.cn/danzhou/rdzt/yshj/zc/flfgjzcwj/kjmy/202306/t20230601_3427055.html.

[5] 海关总署. 符合评估审查要求及有传统贸易的国家或地区输华食品目录[EB/OL]. http://www.customs.gov.cn/customs/302427/302442/index.html.

[6] 商务部对外贸易司，国家机电产品进出口办公室. 货物自动进口许可事项服务指南[EB/OL].（2023-10-13）. http://egov.mofcom.gov.cn/xzxksx/18010/18010.pdf.

[7] 财政部会计财务评价中心. 经济法基础[M]. 北京：中国财经出版传媒集团，经济科学出版社，2023.

[8] 出口退税申报系统都有哪些？[EB/OL].（2023-09-27）. https://www.chinatax.gov.cn/chinatax/c102199t/c5214199/content.html.

[9] 商务部外贸司. 进口许可证管理货物目录（2024年）[EB/OL].（2023-12-29）. http://www.mofcom.gov.cn/article/zwgk/gkzcfb/202312/20231203463753.shtml.

[10] 邵李津，陈忠，陈立金，等. 外贸单证实务[M]. 南京：南京大学出版社，2022.

[11] 米彦泽. 全省进出口总值超六成来自民企[N]. 河北日报，2024-03-02（1）.

[12] 曾慧萍. 进出口业务[M]. 重庆：重庆大学出版社，2020.

[13] 安徽"单一窗口"小课堂[EB/OL].（2024-03-26）. https://swj.luan.gov.cn/kjmyzxtsu/5300511.html.